富比士巨人
——美國經濟的奠基者——

Men Making America

伯蒂·查爾斯·富比士 著　孔寧 譯

鋼鐵大王卡內基 × 發明大王愛迪生 × 汽車大王亨利·福特……

25位商界巨人，美國夢背後的企業家精神

他們，是成功與財富的代名詞
他們，是美國歷史長河中的燈塔
然而他們的故事，卻平凡如你我……

本書不僅是一部企業家傳記
更是一段美國社會經濟
發展史的縮影

B. C.
Forbes

他們的過人之處是什麼？
他們中有多少人是出生在美國本土？
他們的父輩是屬於平民階層，還是中產階級，還是十分富有？

目錄

作者簡介 ……………………………………… 005

序 …………………………………………… 009

譯者序 ………………………………………… 021

阿木爾公司總裁 —— J・奧格登・阿木爾 ……… 023

喬治・費舍・貝克 …………………………… 035

艾爾弗雷德・C・貝德福德 …………………… 047

亞歷山大・格拉漢姆・貝爾 …………………… 061

安德魯・卡內基 ……………………………… 073

亨利・P・戴維森 …………………………… 085

羅伯特・多拉爾 ……………………………… 099

威廉・劉易斯・道格拉斯 ……………………… 109

詹姆斯・布加南・杜克 ……………………… 121

T・科爾曼・杜邦 …………………………… 133

喬治・伊士曼 ………………………………… 143

湯瑪斯・阿爾瓦・愛迪生 ……………………… 157

詹姆斯・A・法雷爾 ………………………… 173

亨利・福特 …………………………………… 187

目錄

詹姆斯・貝里克・福根 …………………………… 201

亨利・C・弗里克 ………………………………… 209

艾爾伯特・亨利・加里 …………………………… 227

威廉・A・加斯頓 ………………………………… 241

喬治・W・戈瑟爾斯 ……………………………… 255

丹尼爾・古根海姆 ………………………………… 269

約翰・海斯・哈蒙 ………………………………… 279

奧古斯特・赫克舍 ………………………………… 293

A・巴頓・赫伯恩 ………………………………… 301

塞繆爾・英薩爾 …………………………………… 311

奧托・H・卡恩 …………………………………… 325

作者簡介

柏蒂·查爾斯·富比士（Bertie Charles Forbes），蘇格蘭裔美國財經記者、出版家。《富比士》（Forbes）雜誌創刊人。

西元 1880 年，出生於蘇格蘭亞伯丁郡新鹿鎮（New Deer）。

西元 1897 年，畢業於丹地大學，後就職於丹地當地的報社，從事記者和時事評論員的工作，直至西元 1901 年前往南非約翰尼斯堡創辦《蘭德每日郵報》（The Rand Daily Mail）。

西元 1904 年，移民美國紐約市，於當地的《商業雜誌》（Journal Commerce）出版社擔任財經記者和評論者。

西元 1911 年，加入赫茲國際集團（Hearst），於其旗下報社擔任專欄作家。

西元 1913 年，受聘於《美國紐約雜誌》，直至西元 1916 年。

西元 1917 年，創辦《富比士》（Forbes）雜誌，並擔任總編輯，直至西元 1954 年逝世於紐約市。在美國經營雜誌社期間，兩位年紀最長的兒子布魯斯·查爾斯·富比士（Bruce Charles Forbes，西元 1916～1964 年）與邁爾康·富比士（Malcolm Forbes，西元 1919～1990 年）也在經營上協助許多；兩兄弟在富比士本人去世後，接手經營父業。

富比士是西元 1942 年美國「投資人聯盟」（Investors League）發起人。20 世紀初，他帶著夢想和追求來到紐約，試圖在這個生機勃勃的城市闖出一片自己的天空。憑著過人的精明和智慧，不久他就成為全美首屈一指的財經記者。

然而，他的理想還不僅於此。西元 1917 年，37 歲的富比士獨立創辦

作者簡介

了美國第一本純粹報導商業新聞的雜誌，但他使用的報導方式卻和那個時代截然不同。他反對當時盛行的堆砌枯燥數字的方法，堅持關注掌控企業的人們。100多年來，《富比士》雜誌一直以「關注實踐和實踐者」為口號，倡導企業家精神和創新意識。正是由於其明確的定位和獨特的深度報導，使《富比士》成為美國主要商業雜誌中唯一保持10年連續成長的刊物，其閱聽人群在商業雜誌中占據第一，並於西元2003年達到500萬人。

《富比士》為雙週刊雜誌，每期刊登60多篇對公司和公司經營者的評論性文章，其語言簡練，內容均為原創。著重於描寫企業菁英的思考方式，秉承「以人為本」的理念，倡導「企業家精神」。《富比士》雜誌的口號為「永不停息」，其前瞻性報導為企業高層決策者引導投資方向、提供商業機會，被譽為「美國經濟的晴雨表」。

《富比士》還與《財星》（Fortune）、《彭博商業週刊》（Bloomberg Businessweek）和《經濟學人》（The Economist）齊名，是財經界四大雜誌之一，影響範圍遍及全球，雜誌內推選的排行榜更成為經濟潮流指標。

富比士的代表著作有《金融、商業和商業生活》（Finance, Business and the Business of Life）、《富比士箴言》（Forbes Epigrams）、《成功鑰匙》（Keys to Success）、《美國西部巨人傳》（Men Who are Making the West）、《美國汽車業的巨人們》（Automotive Giants of America）、《商業啟示錄》（How to Get the Most Out of Business）、《101次不同尋常的經歷》（101 Unusual Experiences）等。

本書從

西元1917年12月首版

西元1918年3月二版

西元1918年8月三版

西元 1919 年 3 月四版

西元 1921 年 2 月五版

西元 1922 年 6 月六版

……

截至西元 2021 年 7 月底，可查英文版版次已達 351 次，有 44 種語言版本，被譽為「富比士式」商業富豪史的經典代表作。

作者簡介

序

「我如何才能獲得成功？」

這是每一個正常人都會問到的問題。

本書詳實地講述美國工商和金融界中，50位頂級人物登上成功之巔的心路歷程。這50位非凡人物的選擇依據，是一個面向全國商業領域提出的問題：誰是美國商界五十大廠？誰是締造美國輝煌的人？除了幾個因地理和環境因素所產生的個例之外，榜上之人全部為得票最高的人選。因此，對於「成功」二字，這些被冠以殊榮的商界菁英們，最有資格向人們娓娓道來，給予大眾啟迪和幫助。

那麼，這50位在商業界倍受推崇的人又是誰呢？

他們的過人之處又是什麼呢？

他們仍然是風華正茂？還是大多數都已知天命？

他們中有多少人是出生在美國本土？又有幾個人不是出生在美國？

他們的父輩是屬於平民階層，還是中產階級，還是十分富有？

文後所附表格將以簡潔的形式，回答以上的問題。

我們將看到：

24人出身於平民階層。

17人出身於中產階級。

9人出身於富裕家庭。

40人出生於美國本土。

4人出生於蘇格蘭。

序

4 人出生於德國。

1 人出生於英格蘭。

1 人出生於加拿大。

14 人從商店店員做起。

5 人從銀行職員做起。

4 人從雜貨舖雜務人員做起。

本書推翻了人們的普遍看法：在美國，金融界和商業界的最高職位，大都掌握在年輕人手中。因為在這些傑出人物中，只有 4 人年齡在 50 歲以下；他們中年齡為「5」字頭的，只有少數幾位會在類似的排名中入圍；他們的平均年齡是 61 歲，而且 70 歲或 70 歲以上的多達 12 人。

這一點，對於那些還處在創業階段，尚未獲得顯赫成就的人來說，不啻是一種鼓勵。天道酬勤，有耕耘，必有收穫。只是從耕耘到收穫，須經歷一個必然的過程。

其實，這 50 位名人的生活軌跡能夠帶給我們的，就是這樣一個道理：成功需具備的要素是耐心、堅持不懈、堅韌不拔和永不氣餒。

透過剖析這些商界領袖的個性，我們不難得出這樣一個結論：在美國這片土地上，家庭出生與教育背景、血統與宗教、先天與環境，既不會成為成功的絆腳石，也不會是通向成功的捷徑。唯一重要的，是一個人的優秀品格。在美國，人只按照優點來劃分等級。如果美國不是以這一點作為傳統的話，這 50 人中大部分的卑微出身，恐怕會引發更多的議論。

在研究這些人的職業生涯過程中，最讓我印象深刻的，是這樣一個事實：他們中大多數都為自己的成功付出了代價。他們工作比別人更為努力，時間更久一些；他們做研究和計劃比別人更為勤快些；他們有更強的自律能力和克服困難的能力，因而能夠在成功的道路上走得更遠一些。

一個人怎樣才能成就大事？

須具備哪些素養？

哪些是必經之路？

要想全面回答這幾個問題，讀者恐怕要看完整本人物特寫，不過在這裡，我只想總體地評論一下，對於成功的衡量，往往是兩個方面的：

第一方面，是每個人都具備的普通成功要素。

第二方面，是有天賦的人才可達到的成功。

從第一種意義上來講，倘若這些品格能夠被挖掘出來，普通的人在經過恰當地鍛鍊和訓練之後，至少可以獲得普通意義上的成功。

但是一般來講，要想像本書中介紹的人物那樣，獲得非同尋常的成功，第二類的品格是不可或缺的。這些品格貫穿於他們性格特徵中，我來一一列舉，它們分別是：完整、自律、誠懇、勤奮、冷靜、自修、振奮、自強、脾氣好、有勇氣、堅韌不拔、自信、專注、沉穩、忠誠、有抱負、樂觀、有禮貌。

他們還具備更罕見、更勝一籌的品格，非常人所能及，比如說：遠見卓識、治理有道、統籌大局。也就是說，他們具有選擇、領導、激勵他人的能力；精神和身體上的耐力；非同尋常的判斷力和記憶力；為了自己認定值得的事情去冒風險的意志力、個人魅力、行動力、想像力和理智。

正如莎士比亞（William Shakespeare）所說：「世人皆嚮往成功，唯有力求，方可得來想當然。」

我的觀察和調查讓我更加確信，百分之九十的成功都是受之無愧的成功。名譽、責任、財富（非繼承性），總是尋找足夠寬闊的肩膀來承擔重任。這個道理十分淺顯明白，而命運女神也總是一成不變地按照這個準則安排一切。

序

人終究會找到適合自己的位置。沒有人能夠重複他人的豐功偉業，也沒有人能成為第二個洛克斐勒（John Davison Rockefeller）或愛迪生（Thomas Alva Edison）。

可是話又說回來，本書裡大量的人物特寫證明了，在這個充滿機會的世界裡，通常沒有人會因為早期的先天殘疾或家庭環境而遭受失敗。

我之所以為那些傑出實業家們立傳，主要原因就是要鼓勵和幫助數以百萬的年輕人。他們雄心勃勃、頭腦清醒、充滿活力、勤奮，正在用自己全部的精力、體力、腦力以及幹勁，去闖出一番自己的天地來，成為有用的公民，為後人留下寶貴財富。

我還要談一下可能會出現的誤會性批評，我要在這裡明確地解釋，這本人物特寫裡所列人物，只限定在金融界和商業界，並沒有囊括其他行業國內國際的菁英人物，比如說政界、科學界、教育界、藝術界、文學界和醫學界等等。我也沒有把鐵路大廠列入名單，是因為我打算將他們寫進另外一本傳記中。

有人可能會提出反對意見，他們會說很顯然在這裡，金錢變成了衡量成功的唯一準繩。

按照常理來講，一個能夠建立實力雄厚的金融、工業、礦產或商業機構的人，往往會賺很多錢，很多很多。在商業界，利潤是對成就的唯一獎勵。

但是，如果一個人的出發點就只是賺錢，並把賺錢當成唯一目標，為達到目的而不擇手段，像邁達斯國王（Midas）那樣尋求點石成金的狹隘目標，是不可能實現的。

這些在商界呼風喚雨的人物中，大多數人經商的動機不是為了錢，而是為了得到獲得成就的那種快樂；有所創造的那種快樂；讓事情有所發展

的那種快樂。

上天似乎早已注定，耕耘最多的人收穫也最多。

成功總是以奉獻的面目示人。

倘若金錢變成了成功的全部內容，這樣的成功也就沒有太大意義了。

本書中的人物（除了極個別的例外），之所以能被自己國家的同行看作是「締造美國的巨人」，看作是最佳楷模，是因為他們所具有的社會威望，遠遠超過了他們銀行帳戶的存款。

他們中的大多數人，為人們提供了大量的就業機會，讓人們能夠擁有足夠的收入成為自信的市民，去和自己所愛的人結婚，並建立一個溫馨的家庭。因此他們都是為社會做出貢獻的人。假使沒有這種級別的人物，假使這些人沒有超常的組織能力，不能夠穩健地經營企業，那麼一個國家就無法立足於世界民族之林。一個現代化的國家要想保持繁榮和富強，首先國民素養要高，其次應該持有這樣的對外貿易理念：只有那些放眼全球、充滿智慧的金融商業界領頭羊，才能開啟新局面、征服新領地。

我們區別於其他民族的顯著之處在於：我們是靠事實獲勝而不是雄辯；我們靠的是行動，而不是白日夢；靠具體的成就，而不是虛無的理論。世界可以和我們的政治家、哲學家、詩人、藝術家、作曲家、作家相媲美，卻沒有一個民族可以和我們數不清的實業家、我們的工業、運輸、商業、金融和發明巨人相媲美。

希爾、哈里曼、摩根（John Pierpont Morgan）、愛迪生、卡內基（Andrew Carnegie）、貝爾（Alexander Graham Bell）、韋爾、弗里克、加里、施瓦布（Charles Michael Schwab）、法雷爾、福特（Henry Ford）、威利斯、杜克、伊士曼、羅森沃爾德、佩特森、基思、伍爾沃斯、麥考密克斯、阿穆爾斯、威爾森、戈瑟爾斯、古根海姆、哈蒙德、瑞安、尼科爾斯，他們都

序

是美國 20 世紀的偉大人物，還有哪個國家的誰可以與他們相提並論？更別說是我們那些國際金融界的鉅子們了。

守舊的英雄們往往是破壞者。

創新的英雄才是建設者。

我希望這本簡明的、扼要的、筆墨不多的人物特寫，能夠真正改變人們普遍的觀念：「哦，有錢人可真幸運，可惜我們沒那麼好的運氣！他們就是運氣好！」其實他們也遇到過困難。在書中我專門詳細地講述這些人物所遭遇過的一些困難，以及他們是如何戰勝這些困難的。因為這樣做可以幫助許多人更好地理解，成功和非成功之間的差別。整本書所寫幾乎都是這些名人早期的奮鬥經歷，這些艱難的奮鬥歷程足以使普通人望而卻步，失去信心，因此，本書的副標題應為堪薩斯人的座右銘——「千錘百鍊方成鋼」。

這些文章曾以連載的形式刊登在《萊斯利週刊》上，引起了人們極大的興趣，這樣的結果相當令人滿意。實際上，這本期刊以編輯的身分敘述道：自創刊以來，還沒有哪個系列文章引起過全國上下範圍如此之廣、時間持續如此之久的關注。

鑑於廣大讀者的要求，我十分樂意推出這部書，將這些人物特寫以永久形式發行。本書中增加了許多正宗的、原來的傳記中所沒有的內容。這些內容如果講述給媒體聽，他們會非常反感，不願談起。只有讓他們相信，坦率、完整地講述自己生活中的故事會鼓勵他人，才有可能誘使他們敘述自己的人生經歷。

要是我不敢確保這本書會產生鼓勵他人的作用，我就不會費這麼大功夫去寫它了。事實將證明，為了準備這樣一部金融界和商界鉅子的紀實傳奇系列，所花費的時間、體力、耐心，以及為了完成編寫任務所採用的交流方式都是值得的。有時，要花上半年或一整年的時間，才能讓一位採訪

對象開口談及自己的職業生涯。還有幾個人，書中會提到，根本就沒有機會進行過面對面的採訪，所有的資料都必須按照二手消息處理，比如說亨利・福特、喬治・費舍・貝克（George Fisher Baker）。

無論存在哪方面的可能，我都會讓採訪對象親口講述自己的故事。我知道，目前還沒有一部書可以讓那些有抱負的年輕人，詳盡了解我們國家最優秀的人物，聽他們親口教給世人最實用的智慧，這些智慧均來自於他們重大的親身經歷。

請原諒我用過長的篇幅來介紹這本書。

美國工商界 50 位巨人基本資料表

姓名	出生地	家庭經濟狀況	年齡（西元 1917 年時）	事業起點	取得成就領域
J・奧格登・阿木爾	威斯康辛密爾沃基	富有	54 歲	包裝企業	肉製品包裝
喬治・費舍・貝克	紐約特洛伊	貧窮	77 歲	雜貨店雜務人員	銀行業
A・C・貝德福德	紐約布魯克林	中層	53 歲	商店職員	石油業
亞歷山大・G・貝爾	蘇格蘭愛丁堡	貧窮	70 歲	學校教師	電話
安德魯・卡內基	蘇格蘭丹夫林	貧窮	82 歲	紡紗工	鋼鐵行業
亨利・P・戴維森	賓夕法尼亞特洛伊	貧窮	50 歲	流浪兒	銀行業
羅伯特・多拉爾	蘇格蘭法爾科克	貧窮	74 歲	廚房打雜工	木柴運輸業
W・L・道格拉斯	麻省普利茅斯	貧窮	72 歲	釘鞋	製鞋業

序

姓名	出生地	家庭經濟狀況	年齡（西元1917年時）	事業起點	取得成就領域
詹姆斯‧布坎南‧杜克	紐約杜倫	貧窮	56歲	香菸兜售	菸草業
T‧科爾曼‧杜邦	肯塔基路易斯維爾	中層	54歲	礦工	公共運輸火藥
喬治‧伊士曼	紐約瓦特維爾	貧窮	63歲	保險職員	攝影業
湯瑪斯‧A‧愛迪生	俄亥俄州米蘭	貧窮	70歲	報社雜務人員	發明家
詹姆斯‧A‧法雷爾	康乃狄克紐黑文	中層	54歲	勞力工人	鋼鐵行業
亨利‧福特	密西根格林菲爾德	貧窮	54歲	機械師	汽車製造
詹姆斯‧貝里克‧福根	蘇格蘭聖安德魯斯	中層	65歲	銀行職員	銀行業
亨利‧C‧弗里克	賓夕法尼亞奧弗頓	貧窮	67歲	雜貨店店員	焦炭及鋼鐵業
艾爾伯特‧H‧加里	伊利諾伊州惠頓	中層	69歲	律師事務所職員	鋼鐵行業
威廉‧A‧加斯頓	麻省波士頓	中層	58歲	律師事務所職員	銀行業
喬治‧W‧戈瑟爾斯	紐約布魯克林	貧窮	59歲	流浪兒	工程行業
丹尼爾‧古根海姆	賓夕法尼亞費城	富有	61歲	蕾絲銷售	礦業
約翰‧海斯‧哈蒙	加州舊金山	中層	62歲	工程師	礦業
奧古斯特‧赫克舍	德國漢堡	中層	69歲	煤礦	鋅業及房地產

姓名	出生地	家庭經濟狀況	年齡（西元1917年時）	事業起點	取得成就領域
A·巴頓·赫伯恩	紐約科爾頓	中層	71歲	商店職員	銀行業
塞繆爾·英薩爾	英國倫敦	貧窮	58歲	職員	電器行業
H·奧托·卡恩	德國曼海姆	富有	50歲	銀行職員	銀行業
邁納·C·基思	紐約布魯克林	中層	69歲	商店職員	水果及中美洲
達爾文·P·金斯利	佛蒙特阿爾布格	貧窮	60歲	農業手工勞動	保險行業
塞勒斯·H·麥考密克	華盛頓特區	富有	58歲	收割機械	農業機械化
J·P·摩根	康乃狄克州哈特福	富有	50歲	銀行職員	銀行業
威廉·H·尼科爾斯	紐約布魯克林	中層	65歲	化學家	化學及銅業
約翰·H·帕特森	俄亥俄州代頓	中層	72歲	收費站職員	收銀機
喬治·W·珀金斯	伊利諾伊芝加哥	中層	55歲	辦公室職員	銀行業
喬治·M·雷諾茲	愛荷華州帕諾拉	中層	52歲	商店職員	銀行業
約翰·D·洛克斐勒	紐約里奇福德	貧窮	78歲	辦公職員	石油行業
朱利葉斯·羅森瓦德	伊利諾伊州斯普林菲爾德	貧窮	55歲	製衣廠職員	郵購行業

序

姓名	出生地	家庭經濟狀況	年齡（西元1917年時）	事業起點	取得成就領域
約翰·D·瑞安	密西根州漢考克	中層	53歲	商店職員	銅業
雅各布·亨利·希夫	德國法蘭克福	中層	70歲	銀行職員	銀行業
查爾斯·邁克爾·施瓦布	賓夕法尼亞威廉斯堡	貧窮	55歲	雜貨店雜務人員	鋼鐵行業
約翰·格雷夫·謝德	漢普郡阿爾斯特德	貧窮	67歲	雜貨店雜務人員	商業
愛德華·C·西蒙斯	馬里蘭弗雷德里克	貧窮	78歲	商店雜務人員	五金行業
詹姆斯·斯派爾	紐約新約克郡	富有	56歲	銀行職員	銀行業
詹姆斯·斯蒂爾曼	德州布朗斯維爾	富有	67歲	職員	銀行業
西奧多·牛頓·魏爾	俄亥俄卡洛爾縣	中層	72歲	電報發報員	電話
科尼利厄斯·範德比爾特三世	紐約新約克	富有	44歲	機械工程師	金融業
弗蘭克·A·範德利普	伊利諾伊奧羅拉	貧窮	53歲	機械師	銀行業
保羅·M·沃伯格	德國漢堡	富有	49歲	職員	銀行業
約翰·N·威利斯	紐約卡南代瓜	貧窮	44歲	洗衣工	汽車製造業

姓名	出生地	家庭經濟狀況	年齡（西元1917年時）	事業起點	取得成就領域
湯瑪斯‧E‧威爾遜	安大略省倫敦	貧窮	48歲	鐵路職員	肉類包裝
F‧W‧沃爾沃斯	紐約羅德曼	貧窮	65歲	農場打雜工	商業
約翰‧D‧阿奇博爾德	俄亥俄州李斯堡	貧窮	69歲	雜貨店雜務人員	石油行業

序

譯者序

縱觀美國這段歷史，我們不難發現，成功不僅是一個態度問題，更是一個經年累積、沉澱的過程。對一個人的發展是這樣，對一個民族、一個國家的崛起同樣如此。

沒有大道理，更沒有枯燥無聊的說教，50個人，50個傳奇故事。平實而樸素的敘述風格，50位商業巨人真實的經歷和故事，向讀者昭示了誠信、樂觀、堅忍、果敢、寬容這些品格，才是獲取成功人生的真正要素。而所謂成功的意義，也遠遠超出了對財富的聚斂、對資源的占有、和對金錢的崇拜。

表面上這是一本傳記，實際上卻是美國社會經濟發展史的縮影。

第一手的數據，糾正了以往人們對成功和富有的一些錯誤觀念。

這不僅僅是一本勵志的書，也不僅僅是一本簡單的人物傳記，這本書折射出美國人民的根本價值觀，也最好地詮釋了「美國夢」的根本。此外，它還是一部美國商業的戰爭史。本書即便是普通人當作茶餘飯後的消遣，一卷在手，也足以讓讀者掩卷沉思：當我們的生活水準超越了溫飽的層面，我們該如何提升生活的品質？什麼才是真正的成功和幸福？

名人也是人，他們的親身經歷會讓你明白，成功為什麼會和他們有緣。沒有人是完美的，每個人都有自己的優點，將它發揮到極致的時刻，便是你成功之時。成功的人，首先是一個耐得住寂寞的人，是一個能夠戰勝自己的人。雖然有時候努力了也不一定會成功，但不努力就一定不會成功。苦難往往是一筆財富，可有的人能夠在逆境中臥薪嘗膽，卻在稍有建樹後失去鬥志。別說你痛苦，有的人根本顧不上體會痛苦；別說你懷才不

譯者序

遇，這世上比你有才的人不計其數；別抱怨世道不公，從長遠來看，這個世界上還是公平的。別問為什麼，一切有因必有果，當你明白自己為什麼落後，你就已經悄然進步了。

　　該書的作者花了 10 年的心血將這本書奉獻給美國人民，譯者則希望透過自己的綿薄之力，用中文來還原原著的風采，將它本真的精髓呈獻給讀者。

阿木爾公司總裁──J·奧格登·阿木爾

　　阿木爾公司，美國五大肉食加工包裝企業之一，西元1867年，由菲利普·阿木爾兄弟建立於芝加哥。西元1901年菲利普去世後，J·奧格登·阿木爾（J·Ogden Armour）接手公司出任總裁，被譽為當時最具創意的企業家。

J. OGDEN ARMOUR

從思想觀念上來講，奧格登・阿木爾與他的父親同屬民主派，只是眼界比他的父親更為寬闊。當菲利普・D・阿木爾去世時，阿木爾公司的年業務量僅為1億美元，如今阿木爾公司的年業務量為5億美元。一切成就均來自於奧格登・阿木爾，他是公司的智囊、總指揮、首領、策劃者、設計者和建造者。身為富商之子，他可不是個徒有外表的傢伙，他是美國最有才幹、最有創意的商人之一。

自從J・O・（他的同事這樣稱呼他）接手以來，他一直在擴大公司業務範圍，創辦了一系列附屬企業，經營肉食加工以外的其他生意——阿木爾糧食公司，其規模比世界上任何一家糧食公司都要大；阿木爾擁有世界第二大的皮革加工廠；阿木爾是世界上名列前茅的肥料生產商；在整個美國的鐵路運輸系統中，阿木爾擁有數量最大的冰箱和汽車業務。

在基督教與非基督教世界中，J・奧格登・阿爾木是頭號商人。

同樣，他的公司也是僱用員工最多的個體企業——擁有4萬名員工。阿木爾公司不是上市公司，只是一個家族企業。

在我先前的印象裡，阿木爾是一位傲氣十足，難以與其他同行相處的貴族；是一位獨善其身，不肯參與其他上流社會活動的獨行俠；是一位只會利用他人的才智來管理家族企業的平庸商人。相信其他人也和我有同感，這樣的印象都是拜那些八卦記者、那些利慾薰心的政客，還有那些漫天飛舞的報紙所賜。

人們對他竟然會有如此的錯誤印象，如此不公正的判斷！

我非常坦率地將自己的想法告訴了阿木爾，並告訴他，經過仔細調查後，我發現這一切都是錯的。他聽了以後，大聲笑了起來，然後很直接地給出解釋。

他說：「我並沒有什麼遠大的社會志向，只是想把阿木爾公司經營好，

讓千萬個年輕人能夠在這個世界上有立足之地，獲得成功。我生意上的合夥人都是我的好朋友，談得投機的人。如果不是因為和他們一起工作或相處感到愉快，我是不會、也無法將工作繼續下去的。要是沒有了情感上的支持，工作將變得舉步維艱。」

我第一次當面向他提到這些負面資訊時，他只是輕描淡寫地說了一句：「就算你有1.3億美元，那又怎樣呢？」

事實上，阿木爾先生不屑混跡於美國上流社會的原因，並非太過貴族化，而是太過民主化。

他提到了在企業經營中的情感因素。

於是我問道：「您在經營過程中，允許自己摻雜一些感情因素在內嗎？」「摻雜感情因素在裡面？」他用詫異的口吻將問題重複了一遍，「為什麼不呢？我就是用感情來經營公司的。沒有了情感的投入，一家公司是不會成功的，也不值得去經營。一個組織能夠成功的關鍵原因是什麼？難道不是員工對它的忠誠與熱情嗎？若是老闆本身冷冰冰的，他又如何能夠激起員工們的熱情呢？沒有人能獨自經營一間大公司，他必須依靠其他人來操作大部分具體的事務。」

「為了得到合適的人選，我們總是儘早入手。阿木爾公司將辦公行政人員的選擇，看得比其他事情更重要，因此更為挑剔一些。畢竟今天的辦公行政人員，很可能會成為日後的部門經理。我們就是按照這個原則做出選擇，從不高薪聘請管理人員。正如賓夕法尼亞鐵路公司的一個小小制動員，最終成為總裁一樣，我們公司裡基層的年輕人，有朝一日也有可能會升到最高領導層。」

這裡，我先將話題扯開一下。聽一位年輕人說，阿木爾先生有一天偶然談起，他平生最樂意做的事情，就是培養年輕人。

這名年輕人便指著自己大聲地對阿木爾說：「阿木爾先生，您就不要再找了，你要的人就在眼前，給我一次機會吧！」

　　阿木爾先生果然給了他一次機會，這個年輕人就是今天阿木爾公司的副總裁，阿木爾的左膀右臂，最信任的同事，羅伯特·J·當漢姆，芝加哥銀行部和企業部總裁。擁有王子般的收入，而且年僅40歲！

　　我在採訪過程中，去過阿木爾公司的每個部門，我發現每個部門的行政總監都在40歲以下，而不是40歲以上。一個人到了該退休的年齡，就應該拿著退休金享受生活。

　　阿木爾先生已滿53歲，他生於西元1863年，所以我說他是54歲，可他並不接受我這樣的說法。他微笑著抗議道：「不要打擊我嘛！以前我一直都覺得自己就是個年輕人，直到有一天早晨，因為某些特殊原因我遲到了。一般情況下，我會在8點前到達養殖場，可那天我到那裡時已經是8點半了。在我經過時，一間辦公室裡的年輕人看都沒看我一眼，抬起頭來看了看鐘錶，然後對另一個人說：『不知道這老頭今天早上發生什麼事了！』這『老頭』兩字就像一把利刃一樣刺痛了我的心。」

　　在這個世上，出自阿木爾家族的格言警句，以及各式各樣的佳話已司空見慣，不過到目前為止，我還沒有看到誰像老阿木爾那樣，公開地讚譽自己的兒子為「虎父無犬子」。

　　真的，他當之無愧。我們不妨看一看下面這幾句話，全部是我和他面對面談心時，他一語道破的精華部分。

　　「做生意可以沒有俱樂部，但不可以沒有化學家和律師。」

　　「人最寶貴的能力，是能夠發現別人的能力。」

　　「人越是富有強大，就越要考慮到別人的感受，這樣你才能獲得更大的成功。」

「人只有正確地定位自己，才能更好地掌握自己的未來。」

「在這世界上，金錢會毀掉一個年輕人，貧窮卻能鍛鍊一個年輕人。」

「我認識不少人，沒錢時很好，可一旦有了錢，人品就變質。」

「我從不焦慮，焦慮對一個人造成的傷害，要遠遠大於努力工作帶來的傷害。」

「這世上的確有運氣存在。你也許走運得到了一份好工作，但是要長久擁有這份工作，絕不是靠運氣。」

和其他有錢人子弟不一樣的是，阿木爾是一名工人。連續幾年來，他都在肉類食品加工廠工作，從最底層做起，每個工作日早晨8點鐘上班，每週賺8美元的薪水。他從經驗這所嚴酷的學校裡學習做生意，因為他嚴格的父親一定要他這樣做。正如阿木爾在他《裝罐工的生活》中寫到的那樣：「對豬、牛、羊等牲畜的屠宰、加工處理、裝罐，可不是什麼輕鬆體面的工作。」

後來，當他成為總監時，他總是在早晨7點鐘之前，在家裡收下來自全國各個主要畜牧交易市場的報告單，分析國際國內的情形，然後再決定當日總體購買計畫。

我想再順便說一下另外一個插曲，關於這件事，阿木爾先生看了這篇文章也會感到吃驚，因為他還不知道我竟然把這件事也「挖掘」了出來。

英國的宣戰給美國金融界帶來莫大的恐慌，美國股票交易市場由於害怕大量拋售會導致股市崩盤，所以各大市場暫停交易。銀行因要求非常時期通貨、票據交換所證券以及財產轉讓從屬權利，而陷入一片混亂。儲蓄銀行凍結了現金的支付。

一切似乎都搖搖欲墜。

不，不是一切，芝加哥期貨交易市場——著名的穀類交易市場還開

著。雖然也受到這一爆炸性新聞的影響，但是憑著每筆生意都成交，足以使這場風暴遜色許多。各家報紙紛紛以頭版頭條報導這件事，講述阿木爾穀物公司總裁喬治·E·馬西是如何英雄般地拯救了這一天。一開始，他堅決反對關閉交易市場，接著，當亂哄哄的市場開始失去控制，穀物的價格一路飆升時，他首先賣掉了100萬蒲式耳大麥，接著又賣掉100萬蒲式耳，每蒲式耳的成交價格，都沒有超過原價的二、三美分。相比較之下，在明尼阿波利斯的交易市場上，每蒲式耳大麥的價格暴漲了8美分。馬西一下子成了英雄。

當我問到那日讓人興奮感動的情況時，馬西承認：「是的，我那天的確去了期貨交易市場，賣掉二、三百萬蒲式耳大麥，從而阻止了市場的偏離。但是，那天一大早我就打電話給阿木爾先生，向他提出建議。我其實什麼都沒做，只是執行了他的命令而已。」

馬西還另外講述一些迄今為止尚未對媒體吐露過的事情。

「阿木爾先生還告訴我：『如果有人需要幫助，不要袖手旁觀，能關照就盡量關照一下。』我回答道：『您是在冒大風險，萬一他們中有人破產了怎麼辦？』阿木爾先生又重複了一遍：『儘管放手去做吧！帶那些信得過的人去銀行貸款，幫他們渡過難關。』於是，我就這樣做了。最後，那些在穀物交易中向銀行貸款的人，沒有一個破產的。當然，這也是阿木爾先生的主意，並不是我的主意。」

一個了解阿木爾本人更勝過那些阿木爾家族故事的作家說過：「J·奧格登·阿木爾不肯承認自己在革新、創造、經濟、金融等各方面，都超過了他的父親，不過事實的確如此。」

一名傑出的芝加哥商人告訴過我：「J·O·已將父親建起的產業擴大了四倍，是因為P·D·不及他兒子那樣樂觀、那樣有遠見、那樣勇於冒險。在父親身上就已經表現出的那份擴展能力，在兒子身上更為突出。

能夠做到這一點，是因為他對這個國家的發展抱有極大的信心。正如阿木爾親口所說的那樣：『美國的發展讓我在做長期規劃時，不再是井底之蛙。』」

小阿木爾不會贊同這樣的分析，很少有人對自己的父親如此尊崇。

其實，阿木爾先生的謙遜，相當程度上造成了大多數人對他的誤解。他躲避採訪，當我在路上截住阿木爾先生的時候，他坦率地告訴我：「我本來打算避開你。我已經告訴了當漢姆把你支走。」

在報紙上，你永遠不會看到阿木爾出現在大眾面前演講。他解釋說：「因為我出生在富有家庭，所以我不想讓人們覺得，我總是將自己的觀點強加於人。我父親有一次曾對我說：『你不能總想著自己是有錢人。』所以我一直在以自己的方式，努力消除身為一個有錢人或有錢人之子，而產生的與其他人的隔閡。」

對於公民委員會或其他重要問題為核心的委員會，阿木爾先生總是做出一些實際性的工作，而不是頻頻露面於鎂光燈下。

他對社交不感興趣，總是把時間劃分為工作和家庭兩部分。他家裡的一切由妻子洛麗塔．謝爾登小姐負責。他深愛著自己 21 歲的獨生女兒，他的女兒曾經是個跛足，後來，阿木爾先生請來著名的維也納外科醫生洛倫茲，成功地實施了手術，使她得以康復。後來在阿木爾先生的資助下，美國有許多患有同樣疾病的兒童，都接受了洛倫茲醫生的治療，甚至遠在太平洋海岸的兒童也受到這種幫助。

阿木爾先生和自己的母親可謂母子情深。不管他工作多麼繁重，他從不允許自己的母親，在沒有自己陪伴的情況下離開芝加哥，而且母親每到一處，他都堅持親自去那裡陪著母親回家。菲利普．D．阿木爾後來說：「我的大多數修養與建樹，均來自我的妻子。」貝爾．奧格登（婚前的名字）將自己謙遜的美德，傳承給了自己的兒子——J．奧格登。

每每提起父親低微的出身以及早年的奮鬥史，阿木爾總是發自內心地為父親感到驕傲。他向我詳細地描述他的父親是如何在19歲時，離開自己的故鄉紐約斯多克橋一個小村莊，和其他三個同伴一起去加利福尼亞淘金的。那是在西元1851年，他們決定長途跋涉去加利福尼亞金礦尋找人生中的第一筆財富。

四個人中，有一個死掉，另外兩個返回，但是菲利浦‧阿木爾卻沒有停下跋涉的腳步，終於在6個月後，成功到達了加利福尼亞海岸。他的第一份工作是挖溝，白天5美元，晚上10美元。通常他都是夜以繼日地做，漸漸地，他得到了掘溝的長期合約，5年後，他積蓄了8,000美元。帶著這筆財富返回故鄉後，他夢想著買一座農場，和自己心愛的女人結婚，可是，唉！她卻早已嫁給一位有名望的獸醫。

在返回故鄉的路上，密爾沃基讓他留下了深刻的印象。密爾沃基地處美洲大陸樞紐之地，來往車輛人流眾多，因此，可以說是一個發展商業的理想之地。西元1859年，年輕的阿木爾（父）在那裡和佛瑞德‧B‧邁爾斯合夥經營加工生產和代理生意。

那時候，每人僅拿出500美元作為資本，現在，那張原始合約被小阿木爾當作最寶貴的財產之一，珍藏在自己的辦公室裡。那個時候，旅行的人以及其他人對臘肉和鹹肉的需求量非常大，年輕的阿木爾成為當時美國最大的肉類食品加工商約翰‧普蘭金頓的初級合作者，於是生意就轉向了這個方向。後來，美國內戰的爆發，讓罐裝肉類食品的需求量劇增。普蘭金頓和阿木爾趁這個機會賺了一筆。

戰後的芝加哥作為一個迅速發展的金融中心，已超越了密爾沃基。阿木爾帶著他那與生俱來的遠見卓識，於西元1870年和他的兩個兄弟移居到芝加哥，隨後建立了阿木爾公司。阿木爾公司迄今為止仍然是一個家族企業，所有股權都歸家族內部所有，它擁有一系列相關連鎖企業，相當於

經營著一間 10 億的鋼鐵廠。

公司的建立者老阿木爾於西元 1901 年辭世，他的一生經歷了美國歷史上最輝煌、最鼓舞人心、最成功的階段之一。次子小菲利普·D·阿木爾早在他去世的前一年也去世了。在長子奧格登是否有能力繼承父業這一問題上，家族內部某些人曾抱有疑慮。說實話，阿木爾·皮埃爾一度也未曾想到，奧格登會將這份事業做得如此風生水起。

後來，奧格登用事實證明了父親的判斷是正確的。其實，早在他去世前的幾年間，老阿木爾就已滿意地看到，奧格登成長為一名拔尖的企業家。也就是從那個時候起，J·O·就已經在經營阿木爾公司了，並且做得相當成功，這讓老阿木爾的晚年生活過得幸福無比。

阿木爾先生帶著一絲懷舊的口吻對我說：「那時候，我覺得自己能夠出生在阿木爾家族，能夠繼承這個家族的企業，真是這世上最幸運的年輕人。但是沒過多久，我就改變了這種想法。因為，經營企業對我來說除了麻煩，一無所獲。尤其是當美國政府對阿木爾公司和整個肉類食品包裝行業，實施了各種嚴格的審查後，情況更為糟糕。

「捫心自問，我一直都在誠實公正地經營著阿木爾公司，當然，我也不需要靠什麼見不得人的勾當去賺錢。不過，這種審查卻讓我感到莫大的羞辱與不快。一直以來，我都以父親的名譽和業績為榮，而且也不斷地努力維護它們。可是，還沒等我們得到法庭頒發的《無疫健康證書》，美國肉類食品加工行業就已經遭到了誹謗，致使『美國生產』成為一個又一個國家的拒絕對象。」

阿木爾先生還補充道：「這段經歷讓我明白，有錢人若是只管埋頭享受自己的財富，而不去考慮財富所附帶的責任，那他絕不是個聰明人。」

最後，由於政府干預所帶來的行業性嚴重損失，被阿木爾公司漂亮地挽回了，公司的銷售量比 16 年前翻了 5 倍，建立起大量的周邊產品生產

線。我們不妨看看以下數據：

阿木爾公司迄今為止，已經在全球建立了 500 家分公司。

光在阿根廷建立工廠就投資了 350 萬美元。在 40 多個國家和城市，設有辦公處和長期辦事處。每年僅國外市場的業務就約為 1 億美元。去年，用於收購牲畜而付給農場主的現金總數約為 3 億美元。

目前，阿木爾公司所經營的產品種類多達 3,000 種，與往年那個只賣肉類的普蘭金頓——阿木爾公司已有了天壤之別。

阿木爾糧食公司，這個世界上最大的糧食公司，在南芝加哥蓋了一座儲存量為 1,000 萬蒲式耳的穀倉，從而使阿木爾糧食公司的總倉儲能力，提升到 2,500 萬蒲式耳。

每年，阿木爾糧食公司都要賣掉價值幾百萬美元的原木，因為有成千上萬的農場主發現，用成品原木來建穀倉、儲存糧食要方便得多。

在最近的一個月，芝加哥阿木爾食品加工基地迎來了 1.4 萬名參觀者。在這裡，從屠宰到加工包裝，整個生產過程的每道工序全部是公開的，歡迎大家隨時前來視察。

阿木爾公司去年的各部門平均利潤率將近 3%。

從牲畜圍場到辦公室，阿木爾先生在公司的每個部門都工作過。還沒等他修完耶魯大學謝菲爾德理科學院的全部課程，阿木爾就被父親叫回去開始著手管理公司。自從阿木爾接管以來，他享受的假期還不如一個普通的職員多，每天的工作時間足以令任何一位工會負責人感到憤慨。

參觀完阿木爾糧食公司後，阿木爾先生帶我到一間屋子裡。在這個看似小型磨坊和麵包坊的地方，一名化學分析專家正在抽樣測試公司購買的每一批穀物，然後確認每批貨裡所含水分的百分比，再把穀物磨成粉，進一步分析麵粉中所含營養價值，再把其烘烤成麵包。這樣一來，顧客在購

買的時候，就可以直接確切地了解，他們要購買的麵包是由哪種穀物、什麼顏色的穀物做成。

有了這種科學測試過程，公司就可以首先賣掉那些水分含量高的糧食，因此每年可以節約幾十萬美元。在很多情況下，糧食中的水分意味著，要是不及時賣掉這批貨，每蒲式耳穀物會蒙受一～兩美分的損失。這就是做生意，「不是利用俱樂部而是利用化學家」。

我注意到，不論我們走到哪裡，阿木爾先生都會不停地和雇員打招呼，喊他們的名字，對他們的關懷溢於言表。有幾次，我單獨和工人們談起阿木爾先生，發現他們更多的是把阿木爾先生當成同事而不是老闆。他們覺得自己是和阿木爾先生一起工作，而不是為他工作。

因此，我絲毫不懷疑他所說的話：「在我的工作中，員工對公司的忠誠是最成功的地方。我周圍的同事都那麼優秀，倘若不是這樣，我就不會加倍認真經營阿木爾公司了。身邊和我一起經營公司的人們，讓工作變成了樂趣。」一個行政人員告訴我，在他的印象裡，阿木爾先生最開心的時候，就是去參觀由自己的員工經營的農場時，這座農場已經成為一個科學管理的大型企業。他說：「每當想到和公司有關係的人能夠賺到、累積到一定的財富，最終有了這麼一間企業時，阿木爾先生就會由衷地感到高興。」

由於篇幅有限，在這裡不能一一講述阿木爾家族的慈善行為。老阿木爾耗資幾百萬美元建立阿木爾技術學院，每年都有幾百名品學兼優的學生從這所學校裡畢業，準備投入工作，這個時候很多公司和機構都紛紛來到這裡和他們簽訂僱傭合約。幾年前，小阿木爾和他的母親捐給學院150萬美元，不久前，阿木爾先生又捐贈了50萬美元。經營這所學校每週要花費數千美元。

學校的來歷，要從著名的博愛主義者F・W・崗薩羅斯博士，他在西

元 1892 年所做的宣講說起。那次宣講的主題是「如果我有 100 萬，我會用它做什麼」。從那以後，崗薩羅斯博士就成為阿木爾技術學院的校長，實際上，阿木爾資助他幾百萬，而不是 100 萬。

　　畜牧場有專門的護理人員，他們不僅上門照顧生病的員工，還善於發現其他員工的家庭需求，並給予必要的關注。畜牧場的一名員工非常自豪地告訴我：「在冬天，要是有人報告說誰家沒有煤了，不出半小時，運煤的馬車就會在去往他家裡的路上。阿木爾先生就是這種人。」

　　當美國捲入歐洲戰爭時，阿木爾先生立刻提出，所有食品行業的交易，都應由美國政府來控制。這種無私的態度引起其他資本家強烈的批評，卻也改變了他們的觀點。阿木爾先生用實際行動向人們證明，包裝工人也可以成為愛國者。

喬治・費舍・貝克

　　喬治・費舍・貝克是美國傑出的金融家和慈善家，被業界譽為「銀行業的翹楚」、「內心充滿博愛的銀行家」，投資鐵路和銀行收益巨大，曾是繼洛克斐勒和福特之後美國資產第三的富豪。

GEORGE F. BAKER

「他是美國態度最堅決的人，卻也是心地最善良的人。」

這是一位傑出的美國銀行家對喬治・費舍・貝克的描述。喬治・費舍・貝克是 J・P・摩根後期最為親密的合夥人，是迄今為止華爾街上最有實力的國民銀行家，他是多家企業的董事長，所管理的公司數量為美國之最，他或許還是美國現世第三富有的人。

我個人就足以證明貝克先生態度是何等堅定，沒有什麼可以使之改變。至於其他同行業人士對他怎樣評價，他毫不在意。

他告訴我：「我做什麼是我的事，與公眾無關。」當他站在華盛頓的證人席上，面對「普驕貨幣信託委員會」時，他也是這麼說的，這種態度讓委員會的調查人員大為惱火，並嚴厲責令他改掉。

若是每個金融家面對公眾和輿論，都採取貝克這種態度的話，那麼再過一年，在美利堅合眾國恐怕就要掀起一場革命了。

十幾年前，民主自由的民眾曾經讓一些資本家吃過不少苦頭，所以新一代資本家便從中吸取一些教訓，他們明白了一個道理：絕不能看不起千千萬萬和他們同樣有血有肉的普通人，是他們創造了共同的財富。銀行行長只是在為公眾理財，上市公司的股權掌握在廣大投資者的手中，公眾的意志足以讓一個帶有一半公共事業性質的公司元氣大傷。大多數人對這些理念早已耳熟能詳。然而，喬治・費舍・貝克卻一直恪守著自己長久以來奉行的一套理念，他是舊觀念的帶頭人，這種舊觀念就是——業務要保密。在他那一套理念中，大眾輿論的力量尚未被列入考慮範圍。

許多接受此次「美國五十大商界巨人」問卷調查的人，在投票的過程中還附帶了代表自身觀點的信件。一間大出版商給出這樣一番評價：「你會注意到，我並沒有將喬治・貝克列入其中，因為我覺得他只是一臺賺錢的機器而已。」

這也正是許多人對他的整體印象。那些人沒有看到他真實的一面，那

些人對他的了解只停留在工作方面,那些人從沒聽說他做過什麼慷慨的事,只把他看成一個控制著許多金融、工業、鐵路實體,並從中牟取鉅額利潤的超級人物。這一切使他有足夠的資本,透過股權購買,建立第一證券投資公司,透過每年分給其股東50%～70%或更多的股息,從而登上了美國第一國民銀行總裁的寶座。

就在幾天前,一位優秀的銀行家聲稱:「貝克所賺到的利潤,讓銀行業中的其他人顯得很小兒科。」

被《國民銀行法》所限制的業務,貝克先生是第一個有想法,並勇於從事的紐約銀行家。他的方法十分簡單,就是註冊幾家公司(來經營被限制業務),這些公司的所有權實質上歸銀行所有,這些註冊公司擁有的銀行股份為交叉控股,也就是說,每個企業都擁有其他企業的一部分股權,沒有對方的同意,誰也不能擅自轉讓股權。事實已經證明,這項革新可帶來高額利潤。

貝克先生的職業生涯,似乎要比普通美國人的職業生涯更為高深莫測,我曾多次試圖從行業及社交圈的朋友那裡,打聽貝克先生早期職業生涯的一些情況,卻毫無進展。

一位資深人士這樣說:「我曾多次碰到貝克先生,有幾次是去參加他的晚宴,有幾次是他來參加我的晚宴。可是,對於他的歷史,我了解到的也並不比一個陌生人多多少。他從來不會成為聚會上的中心,我是說,哪怕再小的社交集會上,他也不會成為活躍人物。不過,他卻很擅長另一件事情 —— 聽別人說,他是一位優秀的聆聽者,他說得少,但總是在聽。」

當我努力地讓他相信,我和他談話不是為了他,而是為了他的後代時,他終於卸下了盔甲,語重心長地對公眾談起一些生活片段。他的談話內容總結起來就是:「總有一天,人們會明白這個道理的。」我記下了這些

事，這些事是我唯一能夠對他有所印象的參照物。

然而，所有和貝克先生共事過的人都會立刻表示，他是最公平的人，公眾認為他唯一感興趣的事情，是將 1.5 億美元變成 2 億美元，其實這是對他的誤解，因為在他不善言談的外表下，有著良好的個人修養。雖然在他捐給紅十字會 100 萬美元之前，只有一次有利於他的慈善活動紀錄——送給可奈爾大學 50 萬美元，可貝克先生平日裡卻常常做一些善事。

說起這 50 萬美元的餽贈，背後還有一個令人動容的故事。在這裡，我將這個故事寫下來，因為這是我唯一能夠收集到的、可以從中看出他個性的故事。

一位朋友談到「捐款」一事時說，當時就連報紙媒體都紛紛報導了這件事，他本來以為貝克先生一定會表現出極大的滿意。

沒想到貝克先生卻搖了搖頭，將目光投向遠處，傷感地說道：「這一切來得太晚了。」

這位朋友知道，這位老先生一定有話要說，於是，他等待著。然後，貝克先生講述了幾年前發生的一件事。西元 1907 年的某一天，在大恐慌剛剛得到控制，情況開始有所好轉的時候，貝克先生悄然來到一個有許多人出席的工會俱樂部會議上，此時的會議已經進入尾聲。圈內的人士都知道，在金融風暴期間，貝克曾經緊急援助過，功不可沒。所以，當大家看到貝克先生出現時，紛紛報以熱烈的掌聲以示歡迎，掌聲迴響在會議室中，伴隨著他走到自己的座位上。

然而就在那天，在他出席這個會議的那段時間裡，貝克太太離開了人世。

「我沒有及時回到家，把這些好消息告訴她。」貝克先生難過地說道。

貝克先生在西元 1907 年經濟動盪期間曾是中流砥柱,卻在西元 1913 年引起了「普驕委員會」律師塞繆爾‧昂特邁耶的注意。以下是雙方的談話結果:

問:在此次華爾街金融風暴中,大家都認為摩根先生是一位統領全域性的人物,你對此有何看法?

貝克:那要看站在誰的立場上說話,若是我們視摩根先生為朋友,我們就會這樣認為。

問:通常情況下,他不會這麼引人矚目吧?

貝克:我認為是這樣沒錯。

問:那麼你和斯蒂爾曼就是他的左膀右臂了?

貝克:不,不是的先生,我不這樣想。

問:那麼誰應該是呢?

貝克:我不知道,應該是他公司的成員吧!

問:您也太謙虛了,貝克先生。

貝克:在大恐慌期間,我想我和斯蒂爾曼是有些作用。

問:那麼,你承認在大恐慌期間,摩根先生是大將軍,你和斯蒂爾曼是他的副官?

貝克:是的。

問:依你個人的判斷,你是否認為摩根先生是當今金融界最舉足輕重的人物?他所擁有的影響力,是不是已遠遠地勝過了其他人?

貝克:如果他再年輕幾歲的話,他會是的。我不大了解他的過人之處。

問:除了你自己,沒有人能做到這麼多,對吧?

貝克:你也能做到,我們兩個都要算進去。

問：不開玩笑，貝克先生，你覺得呢？

貝克：其實也沒有什麼特別巨大的影響力。

問：什麼時候這種巨大的影響力就不復存在了？

貝克：當平息金融風暴的一系列活動停止時，這種力量也就沒有了，在大恐慌時期，事情就是這樣的。

誰也不知道喬治・費舍・貝克是怎樣一步一步爬上來，最終成為金融界重量級人物的。他的早期職業生涯像一個謎團，比史芬克斯（Sphinx）更為神祕，而且，貝克先生對此始終也像史芬克斯一樣緘默。對於他早期的職業生涯，我試圖想要從幾件事實上問起，但是，他一律拒絕給出任何進一步詳細資訊。我又提到，我也許能從最知情的人那裡獲取到一些有價值的消息，他的回答是：「他對此一無所知。」看來的確如此，因為貝克先生坦白地告訴我：「他從來不敢在我面前問起這些事。」接著我又問了另一位朋友，這位朋友和貝克先生可以說是世交，可沒想到他竟舉起兩隻手大叫道：「他以前的經歷，就連上帝也別想從他嘴裡得到半個字，要是我知道，我會很樂意告訴你，可是我的確不知道，就算你問他也沒有用。」

我又試圖從《美國名人錄》中找尋線索，但是我能找到的就只有這些：

「喬治・費舍・貝克，銀行家，西元1840年3月27日出生於紐約特洛伊。西元1909年至今任紐約第一國民銀行董事長（舊版本）。」這些就是這份出版品所能獲取到的全部歷史檔案，最早的紀錄為西元1909年。至於在此之前的69年裡他的一切經歷，名人錄中並無記載。

有關他的生平，流傳著一些傳言，或者說傳奇、故事，你愛怎麼稱呼就怎麼稱呼吧！據說喬治・費舍・貝克在剛開始獨立謀生時，是一名雜貨店店員，每週僅能賺到2美元。後來，他又做過夜間看門的工作，每週5美元。他一直堅持自學直到有了足夠的資格成為一名銀行職員，接著被提升為某個銀行的查帳員。關於他的職業生涯，第一個可知、可靠的記載是

西元 1863 年時，他和約翰‧湯普森以及他的兩個兒子，在國民銀行法的框架下，共同參與了紐約第一銀行的建立。一開始的時候，貝克只是個出納員，但是 4 年之後他獲得了總裁的職位。

據一位資深人士透露，年輕時的貝克曾大量買進美國戰爭債券，幾乎把銀行的全部資金都壓在這次收購上。他的膽識贏得了摩根銀行祕書的欽佩，他斷言，第一銀行一定會從各方面得到美國政府帶來的好處。後來，這些債券果然上漲了。目前，紐約第一銀行所擁有的儲蓄額，是全紐約 54 家銀行儲蓄額的總和。

在紐約第一國民銀行建立 50 週年紀念之際，每個股東都拿到了一份摺疊式宣傳資料，上面印有這樣一段話：「從建立之日起，第一國民銀行就始終努力開闢新業務，加強與其他銀行家之間的合作，繼而成長為多家國民銀行的擔保行及受託行。它在開業的第一年，就用上大部分的儲蓄額，來積極支持美國戰爭債券的發行，並從這種對政府的信任和支持，以及這種大膽與自信的經營中，獲得了豐厚的回饋。

「在各大銀行中，作為再融資財團的代表，第一國民銀行從一開始就對美國經濟安全有卓越的貢獻，並大力支持後來幾屆政府發行的各種債券，同時也促進了自身的發展。僅在西元 1879 年全年間，第一銀行就經營了 7.8 億美元的政府債券，在整個買賣過程中，沒有出過任何差錯，也沒有蒙受過任何損失。」

貝克先生目前（西元 1917 年）是自由債券委員會的成員，因此，他的銀行經營著比其他銀行數量更多的債券業務。

第一銀行的原始總資金為 20 萬美元。對於後來的貝克來說，幾十萬美元簡直是微不足道的一件事。當「普驕委員會」的訊問人員問他，是否從證券信託公司中獲取到利潤時，他的回答是不覺得從中賺過什麼錢，就算有利潤，數目也太小，記不起來了。他所謂的「少量」利潤，其金額竟

然是在 70～80 萬美元之間！他的另一項理財專案收入為近 50 萬美元，可他卻完全忘記，可見在他眼裡，區區幾十萬真的不算什麼。

所有的金融學家都說，是貝克的智慧讓第一銀行成為一座名副其實的金礦。不，不只是金礦，金礦有枯竭的一天，而貝克先生的第一銀行仍然像以前那樣，踏踏實實地充實自己的業務，他讓利潤的增加和歲月的增加成正比。去年（西元 1916 年）的股息率高達 60%，總金額為 600 萬美元，這還不算其下屬證券公司分給股東的幾百萬美元紅利。第一銀行一下子就支付給投資者 2,500%～3,000% 之間的鉅額收益，其中包括 1,900% 的股息。

西元 1901 年時，他們公告支付了一項 950 萬美元的專門股息，這樣一來，他們的總資本就提升到 1,000 萬美元。在全部的 10 萬股中，貝克持有 2 萬股，他的兒子持有 5,050 股，摩根公司持有 4,500 股。

西元 1908 年，公告支付的股息收益為 126%。因為當時貨幣監理官規定，銀行不能從事證券業務，他們便將這些收益全部投入到第一證券公司的組建中，開始著手經營證券業務。貝克先生把銀行所得的利潤全部轉化成股票，證券公司的股東在任何情況下都沒有投票權，一切事物均由董事會成員管理，董事會成員由銀行的管理人員組成。儘管貝克先生告訴「普驕委員會」的訊問人員，每日的平均交易量沒有超過 100 手，但這種組織的確可以任意投資看好的股票。

貝克先生所投資的股票中，有 5 萬股「摩根大通銀行」，5,400 股「國民商業銀行」，2,500 股「銀行家信託公司」，928 股「自由國民銀行」，500 股「明尼亞波利第一國民銀行」，以及少量的「紐約信託公司」、「阿斯特信託公司」以及「布魯克林信託公司」等。

貝克先生的影響力範圍不單擴大到這些領域，而且還憑藉其上億資產成為擔保信託公司、人壽保險公司的頭號人物，更別說他在諸多鐵路線上

的投資了。他購買了大量鐵路可轉換債券,其中包括:拉克萬那鐵路、李海山谷鐵路、紐澤西中部鐵路、雷丁鐵路、伊利鐵路、岩石島鐵路、南部鐵路線、大北鐵路、北太平洋鐵路、紐約中央鐵路、紐黑文鐵路。

摩根成立了美國鋼鐵公司後,貝克身為他的朋友,成為公司財務委員會的成員。此外,他也沒有忘掉其他行業一些值得去關注的公司,某種程度上可以說,是那些公司沒有忘掉他,大部分公司都聘請他去當總監。一個和他共同負責鐵路管理的人告訴我,貝克先生對物理和個人財產理財方面的了解和知識,簡直令人嘆為觀止。他奔波於各地視察業務,從沒有漏掉過一次。

貝克先生所管理和託管的企業雖然多得數不勝數,但是你要問起他來,他不會立刻就和你侃侃而談。然而第二天,他還是回到了這個話題:

貝克:你的描述讓公眾感覺到,我是個了不起的管理者,我覺得有點言過其實,所以在這裡我要宣告一下,我從來沒有主動要求過這些東西,是他們找上門來的。

問:那你知道自己到底管理著多少間公司嗎?

貝克:不知道,很多間。

問:究竟有多少?

貝克:不知道。

問:超過25了吧?

貝克:可能吧!

問:有50嗎?

貝克:不清楚,我從來沒數過。

貝克先生對自己所分的紅利也好,擁有的頭銜也罷,總是顯得那麼淡漠,下面的對話可見一斑。

問：你說摩根大通的總資產4年前就已增加到500萬美元，那麼它的分紅配息是多少呢？

貝克：我不記得了。

問：哦？你自己手中就持有2.3萬股，怎麼會說不上來呢？

貝克：那我要好好回憶一下，但是現在我正好記不起來。

摩根發表了他注定將要收回的著名理論，在發放款項時，他更看重的是貸款申請人的人品，這比抵押品更重要。貝克先生先用實際行動捍衛這一理論，隨後又推翻了它。他有自己的看法：

問：股票抵押貸款的評估準則是什麼？

貝克：既要考慮貸款申請人的情況，也要考慮到其他情況……最終得到貸款的原因，或許是出於被抵押的股票，而不是出於申請人本身。

問：實際上，銀行既要看所抵押的股票也要看貸款人，是吧？

貝克：通常是這樣的。對於有些貸款申請，我們是不會接受的。

問：是不是有些人即使有抵押物，也不會得到你們的貸款？

貝克：是的，先生。

第一證券公司引起了貨幣信託委員會的注意，是一件正常的事情。有一次，委員會律師問貝克先生：「你認為組建第一證券公司，是對銀行法的規避嗎？」

貝克先生回答道：「不是。」

因為這家子公司，沒過多久就開始分給投資者12%～17%的股息紅利，在開始的前4年當中，盈利率為40%。從那以後公司利潤逐年上漲。

昂特邁耶先生問道：「毫無疑問，你控制著第一證券公司的管理和日常事務。」

貝克：「我不喜歡別人的妄自猜測。」

問：對於你的控制，沒有人提出過異議嗎？

貝克：沒有，先生，我從來都不反對其他人來管理這家銀行。

問：哦！那麼還有誰控制過第一銀行呢？

貝克：不，從沒有人控制過它。

問：我明白了，銀行是在自己控制著自己。

貝克：事實上是這樣。我們是一個非常和諧的大家庭，我們不可能出現任何分歧，我為此感到高興。

問：哦！從這幾年來就有226%的成長來看，應該是這樣的。

事情的發展是這樣的：貝克先生當初是打算購買並控股大通銀行，使它和第一國有銀行能夠融合在一起。但後來，隨著第一國有銀行的不斷發展壯大，它可以獨立於大通銀行之外，所以合併並沒有澈底地進行下去。

從那以後，貝克先生辭掉幾個董事會職位，不過他仍然擁有40多個董事會職位，代理著幾百萬資金的運作。

儘管他已經78歲了，但他飛快的腳步、清晰的雙目、挺直的腰板、充沛的精力，令他就像只有60多歲一樣。在他忙於經商的一生中，幾乎沒有什麼時間去從事體育活動，一直到70歲時，他才第一次加入了高爾夫俱樂部。從那以後，他就迷上了高爾夫球，許多日子都流連在高爾夫球場上。現在，如果可能的話，他會和約翰·戴維森·洛克斐勒好好打上一場，這兩位商界鬥士在賽場上相逢，一決高下。在他開始打高爾夫球的同時，也點燃了有生以來的第一根菸，從此便與它結下不解之緣。

即使是最道地的社會主義者，也無法對貝克先生的生活方式提出質疑。他從不鋪張浪費，對自己的財富也十分低調，在不如自己富有的人面前，他從不張揚。他的朋友說，他的家庭生活因簡約和諧而美滿。當然，他的獨子小喬治·費舍·貝克（George Fisher, Jr.）也追隨其父效力於第一

國民銀行。他是個普通工作人員，但頭腦聰明，工作努力，被人們一致公認為是最有前途的年輕人。而且他還是一名身材不錯的運動員，也是紐約快艇俱樂部的主力隊員。他的內在品格無懈可擊，足以和他的父親相媲美。在國家需要他的時刻，他會挺身而出為國效力，除了其他的義務外，他還擔當了美國海軍後備快速戰車籌備委員會主席。後來，他不顧大西洋上遍布的敵軍潛艇，毅然以陸軍中校的身分前往義大利紅十字委員會。

喬治・費舍・貝克的一些親近的朋友每每談起他，對他總是欽佩大於熱愛。他們說，他本人並沒有意識到自己在金融方面的巨大影響力，也從來沒有想過要以此駕馭他人。他們說，他盡最大努力去發展美國的金融、鐵路和工業，但這些大多是出於愛國的動機。他們總喜歡說起他簡約的習慣和品味。他一點都不講究排場，而且，最不喜歡在眾人面前出風頭。

雖然朋友們對貝克先生的印象，與公眾對他的那種鐵石心腸、賺錢機器的印象大相逕庭，不過，他做了一輩子的金融生意，還從來沒有誰曾懷疑過他的誠實，哪怕是一點點。

艾爾弗雷德・C・貝德福德

　　艾爾弗雷德・C・貝德福（Alfred Cotton Bedford）德任職標準石油公司紐澤西公司董事局主席期間，被譽為「開創標準石油公司新時代的另類總裁」。

那還是在美國總統切斯特·艾倫·亞瑟（Chester Alan Arthur）任職期間，一位年輕人正徘徊在百老匯大街上尋找工作機會。

33年之後的他，登上了有史以來最大的企業實體總裁之位，坐在百老匯大街最著名的辦公大樓裡。

他的名字叫艾爾弗雷德·C·貝德福德，是紐澤西標準石油公司新當選的總裁。紐澤西標準石油公司是整個美國標準石油公司的母公司。我問他：「您邁向成功的第一步是什麼？是什麼讓您在這行業中遙遙領先？什麼是您獲得事業成功的牢固基礎？」

貝德福德先生回答道：「當我剛找到工作時，還只是一個辦公室的雜務人員。那時候，我總是時刻牢記著，一定要讓自己的能力得到發揮。在完成自己的工作之後，我常常主動地幫助出納員數現金，幫助記帳人員清理帳目，整理單證，將帳簿放入保險箱，做一切我認為需要去做的小事情。

「過沒多久，公司來了一位財會專家，他要重新組合公司的會計和帳目，我就被任命為他的助手。我不只將他需要的票據憑證及其他單據拿給他，還請求他允許我幫忙把一行行數字加起來，做單證比對，以及一些單調乏味的統計工作。出於感激，這位專家就開始教我一些常見的記帳方式，一些會計基本原理，以及記錄和分析商務業務的基礎知識。

「我勤勤懇懇地做著這些工作，晚上在家自學，沒過多久，我就告別了辦公室雜務人員的工作，成為一名記帳員。公司讓我負責的事情和承擔的責任，遠遠超過一名普通記帳員要做的事。我之所以能夠得到這第一次的升遷，是因為我願意並且付出了比別人所期待的更多努力，同時也因為我已初步具備一些經商能力。我的經歷讓我明白了一個道理：一般的辦公室職員之所以難以得到提升，是因為在大多數情況下，他們總是機械死板地完成自己分內的任務。」

貝德福德走馬上任，成為標準石油公司的總裁，象徵著一個舊時代的結束與新時代的來臨。想當年，那一群滿懷希望、思維敏捷的年輕人，構思並創造了這間享譽全球、將光明帶到每一個地方的公司，在他們之中，只有約翰‧戴維森‧洛克斐勒和他的兄弟威廉‧洛克斐勒兩個人最成功，其他人現在都不再從事這一行業了。羅傑斯、弗拉格勒、佩恩、普拉特、麥吉、蒂爾福德、沃登、布魯斯特、阿奇博爾德，他們都是有見識、充滿著力量與勇氣和企業家精神的人，但現在，他們的時代過去了。

取代這些人的是新一代的年輕人，他們中的佼佼者有 A‧C‧貝德福德、W‧C‧蒂格爾、F‧W‧韋勒、H‧C‧福爾傑、H‧L‧普拉特、W‧M‧伯頓博士、W‧S‧里姆。對於這第二代石油企業家來說，他們還沒有從人們懷疑的目光中走出來，還沒有拿出東西來證明自己有實力，能夠很好地從上一輩手裡接過重任，領導石油工業。

但他們已經有一個漂亮的開端。新的領導者帶來了新的規則，以前瀰漫於百老匯 26 號的那種神祕氛圍，以及因此而產生的過分懷疑、焦躁和不安，如今已不復存在。

「任何一個用正當方式博得我注意力的人，我都會向他敞開大門。」這是標準石油公司新總裁上任時，發表的革命性宣言。那些被派去專訪貝德福德上任一事的報界老手們，對百老匯 26 號過去一貫的做法深有體會，不過這一次卻被大方地帶領著參觀了總裁的辦公室，這令他們幾乎無法相信自己的眼睛和感官，貝德福德先生甚至比那些一直相當在乎公眾印象的公司管理人員還要大方。

他們發現貝德福德先生是那種通情達理的人，是一個既聰明又善良的人。他開朗、坦率、容易相處，隨時準備著和人們談論，任何在企業經營中可能會出現的問題，比如說勞資糾紛等問題。以後，在百老匯 26 號，人們再不會看到緊閉的房門和緊閉的雙唇。貝德福德董事長是一位倡導公

眾印象原則的人。

從默默無聞到成功之巔，貝德福德先生獨自經歷了漫長的旅程，每一步都是靠自己。我希望他能夠談一下自己一路走來所學到的東西，給那些積極向上的年輕人一些指導和建議。

於是，他開口說道：「嗯，我給每個年輕人的建議是這樣的：首先做好你分內的事，要用心去做，努力地去做，要想去做，帶著愉悅與熱情去做，然後，再看看周圍還有什麼可做的。

「不要以時間去衡量你所從事的工作，要看看從早晨進入辦公室，到晚上辦公室關門這段時間裡，你都完成了哪些工作。如果到規定的下班時間，你還沒有做好手頭上的工作，不要就這樣離去。

「把自己的工作軌跡記錄下來，多看，多研究，多思考。要善於鑽研自己的本職工作，看看怎樣才能使它更有效、更好地為人類服務。盡可能地培養高瞻遠矚的習慣，要有想像力和遠見。

「然後規劃好你的人生，為自己選好一條道路，計劃並夯實每一個必要的腳印，這些腳印將朝著你的目標延伸。每一步要走得踏踏實實、次序分明。一次只做一件事，倘若你眼下的工作是記帳，你就要將記帳研究透澈，然後再學習一些會計的基本知識，不要只把記帳當成一種機械性的工作去做。從財會，再到學習金融，它會向你開啟另外幾扇門。也許你是從生產部門開始做起的，那麼你就先掌握了這個部門的知識，再去學習其他相關部門的一些知識，然後你就會熟知整個生產過程。

「那麼，你的下一步就是要考慮銷路和市場，也就是如何能將產品推銷出去，被人們所利用。充分研究你的產品在市場上的優勢和劣勢，會讓你成為一名真正的商人。這種生產和銷售的雙重知識，會使你有資格登上行政管理的職位，開啟通往高層管理的通道。而那些滿足於在一個部門以老套的方式按部就班的人，仍然在原地踏步。」

我又問道：「貝德福德先生，照這樣說起來，您是不是覺得幾乎每一個人都有成功的機會？」

「何止一個機會，是有很多機會。」他信心十足地回答道，「每個人都會碰到很多機會，但是，當機會來臨時，要看你是否能夠看到它。我們常常聽人們說，我曾有過機會，可我沒有把握住它。對於已經失去的機會，不要太在意，要看準以後的機會，並且抓住它。」

我又問道：「在你看來，一個智商普通卻勤奮努力的人，是否至少能達到一般的成功呢？」

「是的，我對那些自以為萬事通的傢伙、那些聰明卻不踏實的人、那些突然間拔地而起的優秀人物沒興趣，因為他們沒有扎實的基礎，可能會像一根木棍那樣倒下去。」他又強調說：「做任何事情一定要自然而然，要用合理的方式去做，不管你是在和老闆、客戶還是在和競爭對手、員工打交道，你都要這樣，千萬不要急功近利。」

「畢竟在相當程度上，巨大的成功是以一個大行業為基礎，以點點滴滴的日常品行為內容，再加上因正直、公平地對待他人而獲得的聲望構成。」

很老套的建議，對吧？那些想要從中找到全新的伎倆，希望不付出努力就能將成功捕獲的人，在這裡找不到任何安慰。這裡有的是些亙古不變的、對真實的肯定，和對勤奮、誠實這種真正美德的肯定。

我對成功的人研究越深就越相信，凡是能夠獲得成功的人，都經歷了共同的跋涉，都灑下了汗水，都努力克服了橫在面前的一道道障礙，不管面對多麼大的困難，都沒有失去自己前進的方向。我堅信，成功與平庸之間相差的那個砝碼，就是更為充沛的精力、多出一兩個小時的勞動，再加上比別人多一兩碼的遠見。

從工作開始之日起，艾爾弗雷德·C·貝德福德就沒有忽略過任何微小的額外勞動。他的成長過程可以說是幸運的，他的父親是一名英國人，多年來一直在英國倫敦擔任美國一家手錶公司駐歐洲辦事處的代表，不過，他們的家仍然在布魯克林（美國紐約）。艾爾弗雷德一開始在布魯克林阿德菲大學接受教育，後來又去了瑞士洛桑，之所以選擇這裡，是因為其優秀的語言環境以及其他一些優勢。他的母親已有84歲高齡了，是一位有學問、有才華的女士，通曉美術、文學、音樂和歷史，她在對艾爾弗雷德和他的弟弟的學習管理上，曾投入大量的時間和精力。

「我從母親那裡繼承了對文學和藝術的熱愛，它讓我看到生命中更美好的東西。」這是一個兒子對母親簡單的讚美。

艾爾弗雷德在19歲時結束了他在歐洲的學習生涯，決定開始工作。他沒有顯著的才能，也沒有什麼特長。一個朋友讓他在自己的部門當一位存貨管理雜務人員，這是一家位於百老匯大街，名叫E·S·傑夫瑞的紡織品批發公司。由於這是一次能夠去百老匯大街發展的機會，所以他答應了。

誰知還沒過48小時，他就發現自己來錯了地方，這裡整個環境都令他感到不舒服。這個部門還有20個年輕人，他們都在接受負責人的培訓。這個負責人是一位高水準的、衣著乾淨的、心胸寬闊的人，他發自內心地希望年輕人能夠在生活中出人頭地。然而，年輕的貝德福德卻在這裡看不到未來，前面的路似乎障礙重重。而且絲帶之類的東西，實在是無法激起他的男子氣概。

但他並沒有辭掉這份工作。秋季貿易的準備工作，迫使他每天早晨七八點就上工，一直做到晚上11點左右。貝德福德沒有開小差，而是認真做完自己該做的事。他迅速得到了升遷，從最初級的存貨管理雜務人員，到成為一名真正的存貨管理員，公司後來又讓他從事一些銷售工作。再次提

到那段往事，貝德福德先生這樣評價道：「儘管成天和絲帶打交道，對我來說是件相當不舒服的事，也是不適合我做的事，但是，在那裡我卻學到了順序、系統和存貨的價值，學到了如何恰當地整理存貨，以及一些基本的經商原理。經理是一位優秀的銷售人員，有時我們會湊到他身邊聽他說自己的『生意經』。他的銷售技巧讓我們吃驚得連嘴巴都合不攏，我們都認為他是個天才。」

然後，他停了下來。我耐心等待。

「在那裡，我也學到了一個教訓。」貝德福德先生接著說，「我們最重要的一名客戶要來了，為了吸引這個客戶，我們花了極大的精力在準備工作上，來展現自家的產品。部門裡的每一樣產品，從舊的、陳的到最新的，都被裝點得完美無缺，擺放在那裡。即使是那些死氣沉沉的數字，看起來都閃著美麗的光。一切都被布置得如此巧妙，別具匠心，讓人耳目一新。然後，採購來了，被征服了。兩天後，他買走了經理建議的每樣產品。這可真是打了漂亮的一仗，這個消息傳遍了整個公司，慶賀像雨點般灑向我們部門。

「後來，又一個銷售旺季到來，卻不見那個客戶的蹤影。因為他發現，前一個銷售旺季他所採購的商品，有很多是舊款式的、被淘汰的、賣不掉的產品。當他發現時，已經付出了代價，毫無疑問，那次採購讓他賠了錢。人們都私下議論，這個客戶肯定再也不會從經理那裡買任何一分錢的產品。

「這件事情在我腦海裡翻騰很久，讓我明白了一些道理，它讓我明白，強行向客戶推銷他不情願的東西，無異於是在自掘墳墓，你必須對客戶的利益負責，把客戶的利益看得和自己的利益同樣重要。你要坦率地、誠心誠意地向他提出建議，告訴他，你的這種建議很適合他，可以讓他獲得可觀的利潤。這樣一來，你在激勵他的同時也獲得了他的信任。與客戶之間

的這種關係一旦確立之後，你就牢牢地抓住了這個客戶。你的生意如果沿著這條軌跡走下去，那麼它就會日益壯大起來。」

當一家麵粉公司提供給他一個更好的發展機會時，他寫信向父親徵求意見。得到的答覆是讓他去諮詢一下父親的好友查爾斯·普拉特。經過調查後，普拉特的意見是：這家公司太小了，不可能有什麼大的發展機會。在這之後沒過多久（西元 1882 年），年輕的貝德福德接到通知去百老匯 46 號查爾斯·普拉特公司應徵。那個時候正值查爾斯·普拉特（Charles Pratt）和標準石油公司合併之際，貝德福德得到了一個職位。從此，貝德福德便與標準石油公司結下了不解之緣。

公司派給他的第一份工作，是負責一家子公司帳目中出的資產負債表。他從來沒有記過帳，因此儘管盡了全力還是無法達到帳目平衡。會計員發現這位新來的年輕人碰到了麻煩，就看了看這些數字。「把現金也加進去，看帳目是不是還平不了。」他冷冷地說了一聲。這樣一來，帳目就平了。貝德福德意識到，自己有很多東西要學，他似乎注定就要學習這方面的技術。

在這個地方待下去，他還真需要一些決心，因為這位會計員總是不厭其煩地告訴他，自己來到這裡是個多麼大的錯誤，在這裡日復一日，年復一年，如今他都 40 歲了，仍然只是個會計員。他告訴貝德福德：「我寧願自己的兒子們餓死，也不願看著他們像你一樣進入這一行。」然而，貝德福德和他們是截然不同的人。他看問題更透澈，他想問題更深遠，他做事情更執著。在普拉特公司人員調整時，這位悲觀的會計員被辭退了，取代他的是一位會計專家，開篇時提到過這一段。

大約也就是在這個時候，標準石油公司開始計劃向遠東地區擴展業務。公司的一名業務代表從印度寄來一封封長信，信裡描述那裡的發展前景。這些信件需要被複製，以便讓其他的董事會成員參考，公司委託貝德福德

為速記員朗讀這些信件。讀著讀著，一幅畫面漸漸在他腦海裡形成了，他想像著這個行業的前景和未來，慶幸自己已經跨入這個行業，這一切讓他感到興奮不已。這才是一個男人應該做的大事業，絲帶根本無法與之相比！

這位年輕朋友的能力、熱情和可信度，贏得了普拉特先生的極大信任，儘管一開始貝德福德在卑爾根化學公司並沒有從事什麼實質性的工作，不過隨著時間的推移，普拉特把越來越多的職責和機密任務交代給他，其中不僅包括生意上的事，還包括一些慈善方面的活動，這使普拉特這位崇高的、具有公益精神的優秀公民，後來一直被人們所稱頌。當公司創始人之子C・M・普拉特繼承公司之後，貝德福德成為了他的助理。

這一切都為貝德福德日後成為標準石油公司的總裁，累積了寶貴的經驗，埋下了伏筆。因為普拉特父子熱衷於企業經營的多樣化，所以他直接參與到了石油以外的各種重要事務的管理中。他被任命為長島鐵路公司的財務總監、俄亥俄河流鐵路公司的祕書，此外，還主管著多家公司，其中包括奧勒岡波特蘭的一家電氣照明公司、西維吉尼亞的一間煤業公司，以及水利工程、公用事業和鐵路建設。每進行一次新領域的嘗試，每累積一些新的經驗，每擔負起一個新的責任，都會讓他獲取到知識和經驗，不斷擴大商務界的朋友圈。

與此同時，貝德福德透過他管理的子公司——卑爾根化學公司與標準石油公司保持著聯絡，此時，他已經成為這家公司的經理。他堅信總有一天，這種社交關係會成為一筆巨大的財富。最終，他的想法應驗了。

在西元1907年金融大恐慌爆發前的某一天，H・H・羅傑斯（Henry Huttleston Rogers）找上貝德福德先生，告訴他現在有一個加入標準石油公司董事會的機會，問他願不願意試一試。這個建議實在是太出乎預料了，貝德福德頓時目瞪口呆。

「我不知道自己能為董事會做些什麼，我現在對石油還不是很在行。」貝德福德先生趕忙說道。

「你已經累積了大量實用的、各方面的經商經驗，這正是我們所需要的。」羅傑斯用堅定的口吻解釋道，「我們一致認為，像你這樣的年輕人應該在董事會有一席之地。」

第二天，各大報紙刊登了短短的三行宣告：從今日起，艾爾弗雷德·C·貝德福德被推選為紐澤西標準石油公司董事會成員。

艾爾弗雷德成為董事會成員可以說是打破了先例。在此之前，只有那些道地的、經驗老到的石油專家們，才有資格成為標準石油公司的董事。董事會的每一個人都是了不起的人物，都堪稱是工業史上具有代表性的人物。

貝德福德先生的升遷引起廣泛的議論。它產生了革命性的影響，洛克斐勒集團向來以沉穩謹慎為風格，這次卻做出和以往完全不同的決定。

但是，羅傑斯先生和洛克斐勒兄弟，以及其他一些熟知情況的人，卻非常明白他們在做什麼。他們知道這樣做不會有錯。羅傑斯先生一直在為公司物色新一代的棟梁之材，當時在標準石油公司的6萬名員工中，他認為貝德福德最有潛力，因此毫不遲疑地選中了他。

「對我來說，在當時那種金融危機的情況下，能夠每天與這些人交往是無價之寶。」貝德福德先生評價道，「從他們身上，我汲取到商業和金融方面的寶貴經驗，那是他們幾十年來在處理重大事件上累積起來的。對於一個相對還年輕的人來講，這是無法想像的特權。」

身為董事會最年輕的成員，他總是不顧旅途勞頓，主動作為代表，去處理其他地方的一些重要事情。英格蘭、羅馬尼亞、義大利、法國以及德國，都需要有人親自去監管。他很快地從其他事務中退出來，專心從事石

油的生產、精煉、運輸和銷售。

西元 1908 年，當政府啟動訴訟程序要求解散標準石油公司時，貝德福德是應訴資料準備工作小組的成員之一。如果說在此之前，他還對標準公司的運作和經營細節一無所知的話，那麼在接下來的一兩年之內，他一定會了解到全部。

西元 1911 年，美國最高法院做出了判決，命令標準公司的控股公司放棄所有子公司，它被分成了 32 個企業。儘管這是一個關係到千千萬萬老百姓的幸福，影響到鐵路及加工生產行業，甚至影響到國外貿易的巨型企業，可整個分割過程還是以周全的方式進行的，並沒有影響到公司的正常運作。貝德福德先生對此從來不敢邀功，他總是把這一切歸功於公司的效率以及人事安排。但是，我們不難得出這樣一條合乎邏輯的結論：是他的訓練和領導能力，直接導致出這一傑出的管理成果，因此，在按照法院判決書的規定，執行這項巨大而複雜的任務時，才能表現出應有的條理性。

在經歷過這麼大的變故之後，原董事會的老資格成員除了約翰·D·阿奇博爾德之外，全部退休了，阿奇博爾德成了董事長。當時已經身為財務總監的貝德福德再次獲得晉升，成為標準石油公司的副總裁。在阿奇博爾德先生去世之後，貝德福德於西元 1916 年 12 月 26 日被選為董事長。

報紙上刊登了他當選的消息，同時也登載這樣一段訪談摘要：

「商界爾虞我詐、互相拆臺的日子已經一去不復返。眼下，美國正鋪開一條公平互利的國內國際貿易之路。

「在經歷過前所未有的戰爭之後，將會有更多的困難在前方等待著我們。與其他國家進行貿易，是發展我國經濟的必要手段。歐洲將會發展迅速，我們也同樣不能錯過機會。

「一個來自歐洲的朋友最近向我們公司發出了挑戰：『我們歐洲的石油公司將會趕超美國，成為世界石油的主導力量，因為我們的發展過程，不會受到來自政府或公眾的不必要干預。』要想在戰後的全球商戰中取得成功，我們的政府，我們的公眾，以及我們的媒體，就必須用公正、寬容的態度，去對待那些為這一民族事業而努力的人們。

「我們向來都對工人們很好，雖然我們沒有裝修工人宿舍，也沒有為他們提供免費的衛生洗浴設施，那是因為我們認為這是城市生活自身的事情。大多數生活在城市裡的人，都應該有機會過著應有的生活，享受到休閒和娛樂，這一切都應該是身為一個市民的權利，而不應該是雇主給他的額外待遇。在我看來，足夠的薪水以及獨立的生活，對於工人們來講是最好的選擇，一般來講，他們也是這樣想的。」

這裡我要補充一點，貝德福德先生在行業領域裡，同樣有著傲人的成就，他為天然氣資源的發展做出了巨大的貢獻，然而在公眾面前他從不說起這些。當然，要說起來的話，這又是一個故事。

對於貝德福德先生工作以外的生活，在這裡我就不詳細說明了。我只能大概地提一下，他一直以來都倡導要建立一個耗資 150 萬的基督教青年會。基督教青年會實際上是一間巨大的禁酒旅館，可供 500 個人永久居住，同時也是一個宗教、教育、健身中心。他把大多數業餘時間，都投入到幫助年輕人上面。最近，貝德福德先生被國際基督教青年會任命為戰事委員會委員。這個組織將制定一套綜合的計畫，以便在目前的戰爭中（第一次世界大戰），在陸軍和海軍中展開基督教青年會工作。

身為石油工業中的一名偉大人物，最能夠證明貝德福德先生能力的事件，是最近的一次選舉，他被美國國防部任命為石油委員會主席。這個委員會由美國最傑出的石油界大亨組成，主要負責石油的節約和使用效率的提高等關鍵問題。

最近美國商會任命貝德福德先生為商會成員，讓他負責非常棘手的戰爭薪資單的管理問題。這是一場我們已經捲入故而不得不繼續下去的戰爭，而且，必須付給軍人相應的薪資，這無疑又是一項至高的榮譽。在這個問題上，迫切需要採取明智行為，所以美國商會華盛頓的會員被召集起來，就這件事進行一次全國性調查，然後從最可靠的消息資源中找到支持，來確保戰爭中最沉重的問題，在各個方面都得以妥善解決。

貝德福德先生認為，健康的體魄是成功的基石，也是塑造品德的途徑，所以他一直都十分注重健身與娛樂。他是位高爾夫愛好者，經常騎腳踏車，他在格倫科夫和長島的郊區都有自己的住宅，他喜歡和家人外出郊遊，當然他已經結婚並且有兩個兒子。

那麼，我們是不是應該稱他為美國命脈工業的合格掌門人呢？

艾爾弗雷德・C・貝德福德

亞歷山大・格拉漢姆・貝爾

　　亞歷山大・格拉漢姆・貝爾，加拿大發明家和企業家。他獲得了世界上第一臺可用的電話機專利權，建立了貝爾電話公司（AT&T 公司的前身）。西元 2004 年，在加拿大廣播公司舉辦的「最偉大的加拿大人」評選中，貝爾獲選為「十大傑出加拿大人」。被譽為「最傑出的電學天才，全人類的福音傳播人」。

ALEXANDER GRAHAM BELL

亞歷山大‧格拉漢姆‧貝爾

　　收割機的發明將饑荒趕出了美國。繼收割機之後，電話機的發明是美國為現代文明做出的又一大貢獻。它的發明者亞歷山大‧格拉漢姆‧貝爾終將會留名史冊，但是就在今天，有一部分的美國人已經不記得他了。

　　就像人們嘲笑麥考密克的第一臺簡易收割機、富爾頓的第一艘汽船、菲爾德的第一個跨大西洋電纜鋪設專案、摩斯（Samuel Finley Breese Morse）的第一臺電報機、古德伊爾的第一款橡膠產品、萊特（Wright brothers）的第一架飛機、愛迪生的電燈泡實驗一樣，貝爾的第一臺電話機也同樣遭到了人們的嘲笑。

　　和其他發明家不一樣的是，貝爾博士發明電話機的動機，既不是出於好奇，也不是出於生活所迫。他的父親是一名學者兼知名的科學家，他從小就受到了良好的教育。不過，他仍舊沒能擺脫和其他發明家同樣的命運。他跟貧窮的鬥爭，開始於青年時期而不是少年時代，這份鬥爭的艱苦性和長久性，絲毫不比其他那些「另類人物」遜色。他努力想辦法將這個被人嘲笑的「玩具」，變成真正有用的東西，為此他付出了全部。有一段時間，他甚至偶爾會借一點飯錢，然後與自己並肩作戰的、充滿熱情的西奧多‧牛頓‧魏爾（Theodore Newton Vail）分享這僅有的一點生活開支。

　　在西元1876年的費城世博會（美國獨立百年博覽會）上，人們第一次聽說了「電話機」這個新名詞。同年的1月20日，一位年輕人寫好了申請專利的書面說明書和發明的權利要求書，詳細說明電話是電報的改良形式，並於2月14日在華盛頓填寫美國專利局的申請表格。這位年輕人就是亞歷山大‧格拉漢姆‧貝爾。

　　第一次的通話內容紀錄如下：「沃森先生，請來一下，我找你有點事。」這次通話發生於西元1876年3月10日，發明者貝爾先生在波士頓頂樓廣播室打給一位叫做湯瑪斯‧A‧沃森的同事，他當時在下面的一樓。沃森聽到這句話後，立刻衝到樓上將這個好消息告訴貝爾。差不多在

事隔 40 年之後，西元 1915 年 1 月 25 日這天，貝爾先生將同樣的內容又傳遞給沃森，只不過這次貝爾是在紐約，而沃森在舊金山。

貝爾博士親口對我講述了他發明電話的整個故事，我相信，這段陳述將具有歷史性價值。

貝爾博士說道：「作為一個默默無聞的年輕人，一直以來，我都在嘗試發明一種多功能電報機，所以我去華盛頓和德高望重的亨利教授探討這方面的問題，他是電學方面的權威。我把自己醞釀了很長時間的想法告訴亨利教授，我告訴他，我想透過電線來傳輸聲音。他用贊成和鼓勵的語氣表達自己對這個想法極大的興趣，我無拘無束地和他盡情暢談。他告訴我，我具有發明家的潛質，可是，我只能對他說，我現有的電學知識還無法將它實現。他告訴我：『那就去學。』

「現在回顧起來，那個時候是我生命中至關重要的一個階段，我得到的是支持而不是打擊。那個時候，我覺得自己無法成功的原因，是因為自己缺乏電學方面的知識，現在我才意識到，若是那個時候我精通電學的話，恐怕今天就做不出電話機來了，因為電學專家們永遠不會去嘗試我所嘗試的東西。我的長處就在於，我終身都在研究聲音，所以對聲音的性質了解得多一些。比如說，說話時聲音在空氣中傳播的振幅的圖形，以及其他一些原理。我必須要在沃森先生的幫助之下才能進行工作，透過做實驗學習一些電學的知識。恐怕沒有一位電學專家，會愚蠢到去做我們這種荒謬的實驗。」

這就是電話發明的開始，讓湯瑪斯‧A‧沃森（Thomas Augustus Watson）來為我們講述一下前前後後所發生的事情吧！

「西元 1874 年時，我在波士頓一間簡陋的工作室工作，那是一間供發明家們組裝各種裝置的工作室。有一天，這裡來了一位年輕人。雖然我知道這裡的每個發明家都充滿了熱情，但是這位年輕人身上，似乎有著更加

無盡的工作精神和自信心。他很快就引起了我的注意。他想製造這麼一個東西：利用共振原理，透過一根金屬線同步傳送七八個詞。這個計畫剛開始看起來行得通，可就是無法實現。

「我們整整做了一個冬天的實驗，還好我們剛開始沒成功，要是成功的話，可以直接說話的電話，可能永遠也不會從貝爾先生的腦子裡冒出來。一天晚上，貝爾對我說：『沃森，我想再告訴你另外一個想法，你肯定會大吃一驚。』接著，他告訴我，他可能會發明一種東西，讓人們能夠直接透過電報機對話。當時我就覺得這是自己聽過的、最令人震撼的想法。

「西元1875年6月2日，我和貝爾正被他的諧波電報機搞得焦頭爛額，我在一個房間發電報給他，他在另一個房間裡等著接收。其中一個發報機的彈簧出了點問題，沒有震動。這時，在另一端的貝爾突然聽到一聲奇怪的聲音。他立刻向我喊道：『你剛才怎麼弄的？』也就在那個時候，他意識到了聲音是可以透過電流傳送的，剛才的那一聲是人類第一次聽到的、透過電流傳送的聲音，電話也就是在那一刻誕生的。

「亞歷山大·格拉漢姆·貝爾抓住並利用了這一具有重大意義的發現：各種聲音，包括人的聲音都能透過機械裝置傳送到人的耳朵裡。貝爾立刻讓我動手組裝世界上第一臺可以對話的電話機。第二天我就做了一架小小的裝置，但我發誓，那個時候我壓根沒想到自己做出的這個東西有多麼重要。那個時候，用這臺小小的設備，我可以透過一根電話線聽到他的聲音，偶爾還能聽清楚幾個字，可是也就只能到達這個程度。雖然這臺機器還有點簡陋，可是貝爾的思路是對的。經過10個月的改進，我們終於發明了能夠清晰傳遞聲音的電話機。

「西元1876年10月，波士頓大學和劍橋大學之間進行了歷史上的第一次遠距離通話。那天下班後，我們試著將兩臺通話裝置分別連接在一根金屬線的兩端，就像電報機那樣，不過依然沒什麼效果。最後，我發現另外

一條電路干擾著我們的對話，於是我切斷這條電路，然後，我聽到了貝爾的聲音：『喂，沃森，喂，怎麼了？』這就是第一段長距離通話的誕生。

「幾乎是在 40 年之後，我和貝爾用最初的那臺通話裝置又進行一次通話，只不過這次他在紐約而我在舊金山，我們之間相距 4,000 英里。」

今天，貝爾電話網路每天要傳送 3,000 萬通電話，擁有 1,000 萬使用者，架設電話線總長度為 2,000 萬英里，是一個總資產為 10 億美元的企業，擁有員工 20 萬人。

在接下來的那段歷史性的艱苦日子裡（第一次世界大戰），電話作為軍隊備戰的一部分，充分顯示出其無可估量的價值。

亞歷山大‧格拉漢姆‧貝爾是注定要發明電話的人。他的父親亞歷山大‧梅爾維爾‧貝爾（Alexander Melville Bell）在發音和聲音科學方面，具有很深的造詣，他是愛丁堡大學的一名講師，主要研究發音與演講技巧。格拉漢姆於西元 1847 年 3 月 3 日出生在那裡。老貝爾希望耳聾的人能夠透過一種「看得見的語言」開口說話，他在這方面做了大量的研究，他還是這門學科標準音量的創始者。貝爾的祖父，亞歷山大‧貝爾也因治療有語言障礙的人而聞名全國。貝爾的媽媽對他的成材也做出了自己的貢獻，她教貝爾學習音樂，尤其是彈鋼琴，這讓他對聲音有了更進一步的了解。

貝爾小的時候喜歡惡作劇，他的密友是一個磨坊主的兒子。有一天，他們正玩得開心時，卻被磨坊主抓個正著，並挨了一頓訓斥。最後這個磨坊主說：「聽著，孩子們，你們就不能做些有用的事情嗎？」貝爾便有禮貌地問他什麼才是有用的事。磨坊主抓起一把大麥，然後說道：「要是你能讓這些大麥的殼脫掉，那麼你就做了件有用的事。」貝爾開始動腦筋，最後他發現只要用硬毛刷反覆搓刷，就能將穀粒的殼去掉。緊接著他又有了一個主意，把穀粒放到一個轉動的機器裡，利用離心力和震盪力讓穀粒在硬毛刷或粗糙的表面上不斷摩擦，這樣就可以將穀殼脫去。這個小傢伙把

自己的方案拿到磨坊主面前，磨坊主採納了它，而且事實證明，這個方法十分有效。

又過了一段時間，頭腦靈活、充滿創意的貝爾，建立了一個名叫「男生藝術促進會」的組織，其中每個成員至少都稱得上是「教授」。在贊助人阿納托米「教授」和他父親的資助下，這個社團收集了各種貝爾自己處理的小動物骨架、各種鳥蛋和各種植物等。這個社團發展得很好，知道它的人也越來越多，貝爾在他自己的小閣樓裡舉行的演說，也吸引了不少人參加。有一次，他準備為大家做一次特別的現場演示，他拿著一頭死掉的幼豬，打算在這些充滿好奇的觀眾面前當場將它解剖。

貝爾「教授」帶著驕傲與興奮，用一把刀戳向幼豬的屍體。突然，這頭死掉的動物發出了一聲咆哮，太可怕了！結果，這群驚慌失措的孩子們在解剖者的帶領下，紛紛向門口逃去。從那以後，這個小社團也就漸漸被人們淡忘了。

其實，小豬屍體發出的聲音，是由於殘留在體內的空氣得到釋放而產生的。

這個小「實驗家」在訓練一種梗犬「說話」方面，做得更成功，也更有趣味。只要稍微擺弄一下梗犬的下顎，牠就會發出「奧啊唔，嘎嗎嗎」的聲音，好像在說「How are you，grandma？（你好嗎，奶奶？）」

14歲時，貝爾以一名普通畢業生的身分畢業於愛丁堡皇家中學，之後他跟自己的祖父在倫敦居住了一年。他的祖父是他唯一親近的人，也是他的好夥伴。在這裡他潛心研究聲音科學，學會了嚴肅思考，變得少年老成起來。回到家之後，他對父母相當不滿意，因為貝爾在祖父母那裡擁有的自由，在家裡卻得不到父母的允許。他聯合自己的弟弟，準備乘船離家出走。

「我已經整理好衣物，確定了要出發去利斯的時間，然後計劃在利斯

偷偷混上一艘船。」貝爾先生講述道。

然而在最後一刻，他改變了主意，這對於整個世界來講，也許是件幸事。但他仍然渴望著能夠獨立，16歲時，他前去蘇格蘭埃爾金的一家學院應徵，並得到了任用。他的年薪為10英鎊包食宿，同時，他還學習拉丁語和希臘語，以便使自己能夠更好地勝任大學的教學工作。他發現，有幾個學生年齡比他還大，但他對此毫不在意。

後來，他去愛丁堡大學進修人文課程，並取得常駐碩士學位，回到埃爾金學院後，任教演講技巧課和音樂課。當貝爾一家搬到倫敦時，亞歷山大・格拉漢姆重新開始學習，先是在倫敦學院，後來又在倫敦大學學習。

早在21歲前，貝爾就教會許多先天聾啞的兒童開口講話，當他的父親去美國學術演講時，他就會代替父親做指導。他教有語言障礙的人如何發音，在中學和大學裡演講，漸漸地追隨了父親的事業。他被人們視為一個極有能力的年輕人，「青出於藍，而勝於藍」這幾個字，已經不足用以來形容他了。

命運總喜歡在關鍵時刻和人開玩笑，有一件事澈底地將這個年輕人送入新的生活軌道。他的兩個弟弟死於肺結核，為了謹慎起見，西元1870年，貝爾一家舉家遷徙，遠渡大西洋，定居於加拿大安大略布蘭福德附近。他在聾啞兒童教學方面所取得的聲望，讓他有機會成為波士頓大學聲音生理學的講師。貝爾教授於西元1872年搬到波士頓，在那裡，他將自己全部的經歷投入到教學和對發音科學各個階段的研究中。也正是在這段日子裡，他對多功能發報機和後來的電話機產生了濃厚的興趣。

這是一項艱鉅的任務，只要他的熱情稍微少一些、信心稍微不足一些，或是耐心稍微不夠用一些，他恐怕就會在取得哪怕一點點成就之前，早已放棄這一切。科學地研究人類的聲音在空氣中產生震動的特性，本身就不是一件容易的事情。他堅信，要想透過電流來傳遞語言，就必須在電

流強度方面做一些變動，好讓它能夠和說話時聲音所產生的電流相匹配。用更通俗的語言來講就是：他必須發明一種能夠持續傳遞電流的裝置，來取代間歇電流。這是貝爾經過多次實驗後總結出的經驗。最後在西元1876年年初，他終於研究出了這項名副其實的專利產品，正如前面提到的那樣，那一年他年僅30歲。第二年，他去了歐洲，就這項具有劃時代意義的發明發表一系列演講。

亞歷山大·格拉漢姆·貝爾的發明，對這個世界產生了巨大的影響，但這些影響並非來自於他所取得的專利。因為，從發明之日起到取得專利的這段日子裡，已經有無數臺電話機被生產出來了。

從某種程度上來講，世界欠聾人一部電話機。貝爾世家三代人為了幫助那些有語言障礙的人們而耕耘終身，他的父輩們以及他自己多年在聲學方面的專業研究，令他對發聲的每一階段都瞭如指掌，也正因為如此，格拉漢姆·貝爾才能夠解決各種問題並最終發明電話。

成功與名望的背後是一大堆麻煩、煩惱、障礙、反對與失望。他的發明設想遭到了歐洲和美國新聞界的嘲笑，甚至連一些技術類期刊一開始也沒有認真對待他的設想，研究經費方面也不是十分充裕。

貝爾的岳父加德納·G·哈伯德是唯一支持他，並對這種新型設計深信不疑的人。他是一個有錢人，很有做生意的天賦。他帶著十分的熱情投入這個專案的開發，並且在普及電話機的使用方面全力以赴。貝爾和哈伯德不僅面臨著設計生產必要儀器和各種零件方面的基本問題，還屢次遭到實力強勁的西部聯盟電報公司的打擊和羞辱，其背後的原因是涉及電報公司經濟利益的利害關係。愛迪生也曾效力於西部聯盟電報公司，不過當時他還只是一個名不見經傳的年輕人，他發明的電報機曾為西部聯盟電信服務的競爭力，奠定了堅實的基礎。

貝爾的名聲最先在歐洲傳播開來，可是他的好運並沒有因此而接連不

斷。原材料價格昂貴，客戶也很難敲定，而且剛開始時的遠距離電話線，尚無法到達令人滿意的傳輸效果。正在這個時期，一個叫西奧多·牛頓·魏爾的年輕人，帶著他那用之不盡的精力和無法遏止的熱情，加入貝爾和哈伯德的隊伍之中，他對電話價值的認可和對電話前景的看好，絲毫不亞於它的發明者，同樣，他也是個目光長遠且極具商業頭腦的人。

就像大多數偉大人物一樣，亞歷山大·格拉漢姆·貝爾是位十分謙虛的人。只要有機會，他就會向人們講述在發明電話的過程中，其他人所占的重要性。

他這樣說：「任何一項偉大的發明或技術的進步，必然是許多人智慧的結晶和共同合作的成果。對於我後來的人，我可能有著開闢道路的效果，但若說到電話發明的重要過程，以及以我的名字命名的整個系統，我感到這一切應該是其他人的功勞，而不是我個人的功勞。為什麼這樣說呢？因為我甚至不知道為什麼在不使用電線的情況下，一個在華盛頓的人可以打電話給一個待在法國艾菲爾鐵塔上的人。

「回首往事，我仍然記得那些人的名字，他們在電話發明的初始階段做出貢獻，但是卻沒有人會把他們跟電話聯絡起來。然而，正是因為有這些人的建議、支持和經濟上的幫助，我們才能擁有今天的電話。」

貝爾因其劃時代的成就，而獲得法國政府頒發的華特獎，獎金金額為 5 萬法郎，他用這些錢外加自己大部分的積蓄，建立起華盛頓華特研究所，宣傳和普及聾啞人的相關知識，讓人們更多地了解聾啞人。這就是貝爾的做事方式。後來，他又耗資 30 萬美元建立聾啞人發聲教學促進會，並且親自擔任會長。即便有不少人多次勸他轉變方向，用這些錢經商，去獲取更大的利潤，但他仍然全心全意地投入到為千千萬萬無聲世界的人帶來希望的崇高事業中。他還寫了好幾部書，其中包括《聾啞兒童的教育》、《人類聾啞種類分類史備忘錄》、《發聲機能演講文集》。

他對聾啞人的興趣，甚至替他帶來了浪漫的愛情。西元 1877 年，他和加德納・哈波特（史密森學會會長）的女兒梅布林・加德納・哈波特結婚。梅布林・加德納・哈波特幼年失聰，貝爾教授對聾啞人的研究和教學成果，讓她獲得了巨大的進步。

　　就算亞歷山大・格拉漢姆・貝爾沒有發明電話，他的其他成就也足以使其成為名人。他發明了一種遠端探測儀，可以讓病人在免受痛苦的情況下，探測到子彈的位置和形狀；他和 A・C・貝爾以及 S・泰恩特共同發明了留聲機；他在感應平衡學方面也取得了成就，在科學界擁有相當高的地位；20 多年前，他向美國科學學院報告自己在光線電話機方面的發現；在此之前，他在倫敦皇家科學院做了有關光在硒金屬片中運動的演講。

　　27 年前，貝爾建立一個小小的基金會，促進了當時還是新鮮事物的航太研究的發展。他研究出一種四面體風箏，成功地在空中拉起 400 磅的物體，並作了停留。這一成果除了在負重重量方面外，所得出的結果更超越了班傑明・富蘭克林（Benjamin Franklin）的風箏實驗。貝爾在航太以及其他應用科學領域中，也是一名先驅者，儘管科學界對他的貢獻給出十分客觀的評價，可是他在這些方面的成就卻沒有聞名全球。在相當程度上，是因為貝爾是電話發明者這一名譽，已經蓋過了他本人。

　　貝爾不僅僅是一位發明家，還是個很好的園藝師。雖然他大多數時間住在華盛頓，但每年他有很長的一段時間，都要在諾娃斯高帝雅寬敞的別墅裡度過。在這裡，他的科學家精神也得到了充分地發揮。他把自己的科學知識應用到培育羊這方面。他對羊的了解要遠遠多於蘇格蘭牧羊人。在他的著作中，對於綿羊這種微不足道的動物做出的闡述，就像對待抽象的應用科學一樣詳細。

　　縱觀美國的名人，貝爾是最具有影響力的人物之一，他用自己充滿智慧的一生，為美國做出了無法估量的貢獻。他長長的白髮和濃密的鬍鬚、

寬闊的前額、熱情和藹的目光，無不表露出他的個性與獨特，你立刻就會被他吸引。

對於他，我們不得不承認，他用自己的成就贏得美國賦予他的榮耀。他擔任史密森學會會長、國家地理協會的主席、美國電子工程處處長，以及各種科學和哲學組織的實際及名譽成員。他是法國榮譽軍團的官員，同時，他也為人類文明的進步做出了巨大的貢獻，因而收到了來自世界各地科學協會和大學數不清的獎牌與學位。

去年3月，著名詩人埃德溫·馬克漢姆（Edwin Markham）在紐約市民論壇上，就「公眾服務貢獻獎」的話題，對「電話之父」貝爾給出了最中肯的描繪：

跨越空間　從此距離已無法將你我阻隔

聽你的聲音　你的笑臉就在我面前

我們雖天各一方　心卻緊緊相連

每一個角落　都是心靈的家園

電纜是世界的忙碌神經

在空中穿梭　在城市間遊走

以閃電般的速度

為你送去誠摯的話語

繞過草原　跨過高山和湖泊

整個世界都傳遞著愛的訊息

無論戰場還是農場　都將彼此連線

無論是在阿爾卑斯山脈還是剛果

抑或是在埃及日本

都能找到它留下的蹤跡

美國也許會驕傲地說，愛迪生和貝爾這兩個最傑出的電學天才是屬於她的。但是，她並不能這樣說，因為愛迪生和貝爾應該屬於全人類，因為全世界的每個家庭都會對他們帶來的好處心懷感激。

安德魯・卡內基

　　安德魯・卡內基，蘇格蘭裔美國實業家、慈善家、作家。卡內基鋼鐵公司的創辦人，被譽為「傲視群雄的鋼鐵大王，博大仁愛的慈善家」。

ANDREW CARNEGIE

在美國所有的現代富翁當中，安德魯·卡內基可能會是遺產最少的一個。他的遺產要比約翰·D·洛克斐勒少將近 10 億美元，比弗里克少約 1 億美元，也要遠遠少於摩根、希爾、哈里曼、哈克尼斯兄弟、拉塞爾·賽奇、海蒂·格林（Hetty Green）、約翰·雅各布·阿斯特所留下的遺產。

據我所知，卡內基已將 3.25 億美元用於慈善公益活動，自己僅剩 3,000 萬美元。

卡內基在鋼鐵廠的原始投資為 25 萬美元，27 年後，他將價值為 3 億美元的卡內基鋼鐵公司的股份賣給了摩根鋼鐵公司，其中包括近 1 億美元的優先股，9,000 萬美元的普通股。卡內基和史考特拿走了卡內基鋼鐵公司 60% 的股份，將剩下的 40% 的股份留給了他的 40 位合夥人。

卡內基在《財富的福音》（The Gospel of Wealth）一書中闡述了自己的基本信條：

「一個人生前可以擁有幾十億財產，任他支配，然而，死後就算全部將這些無法帶走的身外之物留給後人，供他們使用，也不足以讓世人為他落下哀悼的淚水，他既不會帶著榮耀離去，更不會被人們久久稱頌。那麼，自然而然，人們很快就會將他忘記。世人對這些人的評判往往是：『死得不光彩的有錢人。』」

其他地方還記載著他這樣一句話：「我將留給後代一條道路，這條道路的意義絲毫不亞於萬能的金錢。」

卡內基並沒有兒子，只有一個女兒，出生於西元 1897 年。只不過，世界上最富有的繼承人之一不會是她。

相對而言，卡內基會衰老而死，他今年 82 歲，身體虛弱。

美國現代歷史上只有一個人可以和卡內基相提並論，他就是石油大王約翰·戴維森·洛克斐勒。卡內基創造了一個「新的時代」，一個令人嘆為

觀止的慈善活動時代。確切來講,這還不算是一個新時代,因為在希臘和羅馬最為昌盛的時期,統治者和富有的貴族就奉行過一些慷慨之舉,他們為卡內基提供了仿效的原型。

沒有哪個美國人受到的讚譽比他更多,也沒什麼人像他那樣經受過雨點般的指責。他被一些人尊奉為閃耀著美德的聖人,同時又被另外一些人譴責為一個雙手沾滿血跡的暴君,和一個苛刻的工頭。有人把他的成功歸結為智慧、遠見和超人般的能力,還有人把他說成是一個虛誇自負的人,一個沾沾自喜、自鳴得意的典範,一個環境造就的寵兒。他唯一與眾不同之處,就是自己寫給自己,並刻在自己墓碑上的那幾句話:「躺在這裡的,是一個將他人才能為自己所用的人。」

人們一邊稱他為財富共享的社會主義者,一邊稱他為無情的統治者,因為他從來不為任何個人提供幫助,哪怕這個人和他有著同樣的商業頭腦。

因為他沒有固定的宗教信仰,因此,儘管他捐助過 7,000 多間教堂,可是在他的整個職業生涯中,「無神論者」這個綽號一直伴隨著他。一位熟悉他的人說:「聽聽教堂裡的音樂和唱詩班,是他表達宗教信仰的唯一形式。」

一直以來,人們都在指責他,認為他和合夥人之間的爭吵以及欺騙,堪稱是工業史上之最。然而,像施瓦布、科里這種充分享受到他的獎金與紅利的人,則給予他這樣的評價:「從來沒有人造就過這麼多的百萬富翁,也沒有人如此慷慨地將自己的財富和別人分享。」

他被人們稱為「蘇格蘭現代守護神」。然而,在第一次世界大戰初期,他對待戰爭的那份和平態度,卻激起了人們的憤慨,就在他的故鄉,人們將汙水和泥漿潑向他的雕像。

在這些眾說紛紜的事情中,到底哪些才是真的?他就真的那麼神祕

嗎？難道有兩個卡內基嗎？他到底是聖人還是惡魔？還是一個有著善惡兩重性格的人？

其實，在我著手認真研究卡內基的生平之前，由於受到了幾個蘇格蘭長輩的影響，對他並不抱有什麼好感，蘇格蘭是卡內基的出生地。人們不喜歡他張揚的做事方式，有人對卡內基出資修建的大樓充滿怨恨，因為大樓的外牆塗著「卡內基」幾個大字，而納稅人卻辛辛苦苦地負擔著它。在蘇格蘭，無論是高地還是峽谷，城市還是村莊，都流傳著卡內基為人傲慢；與其他人發生爭論時是那麼地沒有耐心，哪怕面對的是行業的專家或技術人員；他的自信永遠是那麼過頭；對待家人永遠是那麼冷漠。

然而，我想說的是，我對卡內基的成見和誤解，是隨著對他加深了解而日益減少。我並非英雄崇拜者，但在我看來，卡內基身上所具備的優秀品格，要遠遠多於他的「缺點」。就算在他早年時期有缺點，那也是出於事業上的原因，而不是出於狂妄自大。

卡內基在年輕的時候，曾邀請威爾斯親王去賓夕法尼亞鐵路乘坐火車，此舉唯一的目的，就是希望日後能在業務上得到一些優惠，最後他如願了。當他出入於紐約社會名流雲集的地區、華盛頓更高一層的政治和外交圈時，當他與歐洲皇室成員親密共飲時，也並非想要成為報紙的社會專欄人物大出風頭，他所想的是：在自己的帳目上，如何能將利潤這一欄擴大。

到後來，一些傑出優秀的人物之所以追隨卡內基公司，並不是出於卡內基的經濟實力，而是因為他的人格魅力。他在四處周遊的同時，用他那雙充滿智慧的眼睛觀察著身邊的一切。雖然他接受學校教育的時間不長，不過，他後來在一位家庭教師的指導下不斷學習，從而彌補了這一缺憾，他成為一個真正有學問、知識淵博的人。因此許多人都覺得，許多署名為卡內基的書，都是由他本人撰寫的，絕不是出自他人之手。他能夠背得出

半數莎士比亞的作品、伯恩斯的全部作品，而且對許多學科都有深刻的研究。在他的財富變得舉世矚目之前，他曾有許多英國好友，他們都是才華出眾的人，他們是格拉德斯通、羅斯伯里、莫利、赫伯特·斯潘塞、馬修·阿諾德和詹姆斯·布賴斯。

即便是擁有這樣一家超級大公司，卡內基仍然保持著對生活的熱愛。他擅長講故事，樂觀開朗，對未來充滿著無限的憧憬。他熱愛生活，熱愛這個世界，也熱愛世人。他並沒有完全沉浸在對鋼鐵的研究中，實際上，任何一個經營鋼鐵的人都比他更內行。但是卻沒有誰能夠比他更懂得經營之道，比如說，他能夠抓住更大的訂單，確保工人們更好的工作成果，或者是能找到更好的合作夥伴。就像約翰·戴維森·洛克斐勒一樣，在經歷了少年時代的打拚之後，他過上了比任何同事都舒適的生活，而且比他們中的大多數人都長壽。

卡內基對待自己的搭檔、管理人員，以及那些胸懷大志、大有前途的年輕人，就像是在使喚奴隸一樣，這一點是眾所周知的。可是，他對待自己的工人卻好得出奇，而且非常受工人們的愛戴。

分析一下卡內基和同行業其他大廠的衝突其實並不難。比如說，他和弗里克的失和就是必然的，原因是他們兩人有著截然不同的個性和經濟背景。

卡內基嘲笑國王和君主制度，卻親手建立起一個君主立憲制的企業，並為自己戴上了王冠。他的語言就像前俄國沙皇和土耳其皇帝一樣獨斷，他的寵臣在公司裡位高權重，卻誰也休想和他的寶座沾上邊。他建立了一套獨特的獎金和分紅制度，那些靠這種制度發達起來的、有能力的人，對這種制度的創始者頂禮膜拜，因此也就理所當然地接受著他的傲慢、奴役和他的老練世故。

既然卡內基為樂隊付了帳，他就有權聽自己想聽的曲子，整個公司也

就心滿意足地隨著卡內基之曲翩翩起舞。

這些方法對於那些職位低於卡內基的人來說是可以的,不過那些和他平起平坐的人就無法忍受他的專橫。

亨利·C·弗里克在加入卡內基集團時,就已經是一個集財富與權力於一身的人。他預見到,在大型企業的管理方面,將會發生革命性的改變。他意識到,日後的工業、鐵路和金融領域,在利益上將會出現互相依存、息息相關的局面。他感覺到,那種獨立的君主立憲制企業,離消亡的日子已為期不遠。

他推崇更為民主的企業管理模式,認為管理控制公司的人,應該具有政治家的胸襟和導演般的安排能力,而不是沙皇般的獨斷與專橫。在國內,弗里克是他的對手之一,在才智和地位上都足以和他相抗衡。卡內基不承認自己有什麼對手,也絕不可能去和誰分享他的地位與權力。弗里克很快就適應了這種新的經濟秩序,而卡內基仍舊堅守著他的那一套想法——無論在哪裡,卡內基都必須坐在象徵最高權力的位置上。

然而,若說卡內基以慘不忍睹的低價,欺騙了他生意上一個又一個的入股合夥人,那恐怕是大錯特錯了。大部分情況是這樣的,在大蕭條風暴襲來之際,不少人對鋼鐵行業失去了信心,而卡內基則正好相反,自從他第一次在英格蘭看到貝西默酸性轉爐時起,就從未對冶金行業失去過信心。對鋼鐵行業,他總是能夠用睿智的目光撥開陰霾,看到行業在整個世界發展過程中難以估量的重要性。在他眼裡,鋼爐裡流出的,永遠是滾燙的、熔化的金子,而不是熔化的鋼鐵。

我們可以毫不誇張地說,沒有哪個雇主可以這樣慷慨地將利潤跟自己的同僚們分享,而權力則是半分不讓。

如果讓我用一句複雜的句子來描述卡內基,我會這樣說,年輕的卡內基具有驚人的工作能力和極其敏銳的機會嗅覺;他為父母增光,成為父母

的驕傲，並讓自己的母親能夠擁有美麗的夢想；透過高強度的學習和不斷開闊眼界，卡內基最終成為一個通曉多種文化的人；他在很早的時候，就顯示出極好的理財技巧，而且他能夠想辦法完成更好的交易，這在當時是無人能比的；他關心自己的工人，用慷慨的利潤分配系統，激勵有才幹的人為公司貢獻，並最終達到成功；從性格上來講，儘管他喜歡簡單的做事方式，在某些方面也表現出民主的一面，但是，他太過於以個人意志為轉移，甚至到了傲慢的地步，這給他的一言一行蒙上了濃重的自負色彩；最後，他的揮金如土（大多數都是有意義的），為有錢人的生活方式開闢了先河，促使其他的百萬富豪們也紛紛解囊，為人類利益做出貢獻，因此，他身先士卒為完善人類的手足之情樹立了榜樣。

現在，我們來快速追溯一下這位窮苦的移民織布工之子，是如何一步一步成為世界鋼鐵大王的。

西元1835年，卡內基出生於丹夫林，父親是一名手工紡織工人。卡內基沒上過多少學，很小的時候就開始為家裡賺生活費。10歲時，他就用累積起來的錢買了一箱橘子，然後又把它賣給零售商，利潤還不小！當時，蘇格蘭引進了蒸汽機帶動的織布機，這迫使卡內基的父母帶著卡內基和弟弟湯姆移民到美國，那一年，他12歲。

因為有親戚已經在賓夕法尼亞阿勒格尼高原的斯萊伯鎮定居下來，所以他們也在那裡的貝爾福特居民區安了家。他的父親在一家棉花種植廠的磨坊裡找到工作，小安德魯被一家紗廠以每週1.2美元的薪資僱用，成為一名紡紗工。他的媽媽為隔壁一個名叫菲比斯的鞋匠洗衣服、縫補鞋子。菲比斯有一個10歲的兒子，名叫哈里，這幾個小移民很快就成了好朋友。

卡內基在幾年前說過：「那份工作為我帶來真正的滿足感，而這種感覺並非來自於每週1.2美元的薪資。」

他每天天沒亮就開始工作，一直到晚上天黑才下班，午間只有40分

鐘的休息時間。然而，他覺得自己現在已經是一個可以養家的家庭成員了，這個內心深處的念頭一直在安慰並支持著他。

後來，一名友好的蘇格蘭人讓他在自己的紡紗廠裡工作，每週付給他1.8美元，但這次，他的工作還包括燒鍋爐。他回憶道：「管理好鍋爐裡的水，讓它驅動發動機是一項責任重大的工作，要是我出了什麼差錯，整間工廠都有可能被炸成碎片。我壓力很大，這份壓力導致了我精神上的一些問題，我從夢中醒來，發現自己整晚坐在床上，手裡還拿著鍋爐蒸汽壓力計。但是，我從沒有把自己的窘境告訴過家人，不，不能告訴他們，一定要讓他們相信我在這裡一切都好！」

再後來，一個同樣來自丹夫林市的人給了小安德魯一份每週3美元的工作，讓他當匹茲堡的電報送信員。他擔心自己對城市不了解，會在工作過程中迷路，於是，他狠下功夫記憶城市路線。沒過多久，他閉著眼睛也能說出，這座城市每個商業區、每家公司的門牌號碼。他每天很早就去辦公室上班，悄悄地練習發報技術。

一天早晨，費城方面強烈要求發一封「陣亡電報」，安德魯在沒有任何發報員在場的情況下，接受了發報機裡傳來的消息，然後又迅速把它發送出去，這一切發生在電報公司開始營業之前。事後，他不但沒有像他擔心的那樣，因為此番大膽的舉動而遭到解僱，反而很快被提升為發報員，而且得到了每個月25美元，一年300美元的薪水。他還以每週一美元的酬勞做著一項額外的工作──抄錄報紙上的資訊。這讓他有機會每晚接觸到那些為早報寫文章的記者們。

那個時候，湯瑪斯·A·史考特是賓夕法尼亞鐵路匹茲堡的主管，他常常去發報室和電報公司阿爾圖納地區的主管聊天，這位精力旺盛的年輕發報員引起了他的注意。後來，當鐵路公司建立起自己的通訊網路後，卡內基被挖了過去，以每個月30美元的薪資成為一名辦公人員兼發報員。

有一次，鐵路全線癱瘓而一時又找不到當時的主管史考特，情況十分危急。身為電報員的卡內基果斷地冒用史考特的名義發出電報，指示火車如何行駛，從而避免了一場災難。這在當時是絕對不符合制度的，但是卡內基卻把它當成一個典故，並引出他最喜歡說的一句話，「打破規則是為了拯救規則的制定者」。後來，史考特以每個月50美元的薪水聘他為自己的私人祕書，從此，通往財富之路的大門開啟了。

有一天史考特突然問他：「你能不能湊出500美元的投資金額？」儘管他毫無頭緒，一時想不出去哪裡湊這麼大一筆錢，不過他還是回答道：「是的，先生，應該可以。」史考特解釋道：「有一個人手上有10股阿丹姆斯快遞公司的股票，可他去世了，這些股票現在以每股50美元的價格出售。」當時，為了省些房租，卡內基家裡的儲蓄全都拿去買了房子，他聰明的母親「神的使者」（安德魯這樣叫她）想出一個辦法解決這個問題。第二天一大早，她坐船前往俄亥俄州，用自己的房子做抵押，向一個叔叔借了錢，理由是：「給孩子一個開端吧！」

他的第一筆股息像一個神祕的金色使者一樣，悄然來到他的帳戶上，這引起了卡內基的思索，這是個讓錢生錢的好辦法。此後沒過多久，投資者伍德拉夫展示一款臥鋪車廂給卡內基看，他立刻就對眼前這種車廂充滿了熱情，並同意買下一部分股權。當他再一次面臨資金短缺的問題時，他大膽地去了當地銀行，尋求貸款幫助。

銀行家痛快地答應了：「哦，安迪，你的想法是對的，貸款沒問題。」於是，安德魯·卡內基有生以來第一次在貸款申請書上寫下自己的名字，成為歷史上最有名望的貸款人之一。

卡內基在投資理財道路上的每一個轉捩點上，幾乎都得到了史考特的幫助。南北戰爭時，史考特被提升為賓夕法尼亞鐵路的副總裁，卡內基自然而然就填補了他的空缺，成為匹茲堡地區的主管。戰爭期間，他們兩個

人在交通運輸和通訊交流領域，均為國家做出了貢獻。他們也是將軍，在看不見硝煙的戰場上發揮著作用。

卡內基那個時候才 28 歲，卻儼然是一名資本家了。木橋的燒毀給鐵路運輸帶來了一場劫難，也引起了這位獨具慧眼的蘇格蘭人的思索。

「為什麼不能建一座鐵橋呢？」他心裡暗自想著。於是，他毫不遲疑地組建了基斯東橋梁公司。這位有頭腦的年輕人得到了支持，賓夕法尼亞鐵路公司總裁 J·埃德加·湯普森和副總裁科勒尼爾·史考特，以及其他一些鐵路界的知名人物，都成為該公司的股東。有了這樣的影響力作為後盾，公司下了幾筆大的訂單，結果 4 年後，股東得到了總額為 100% 的股息分紅。後來，他又參與一家成功的石油公司和幾家金屬公司的投資，其中包括克洛曼──米勒──菲普斯──卡內基公司及其子公司米爾斯聯合鋼鐵公司。實際上，卡內基在商業和資本領域中，投入了大量的精力和財力，到最後，他放棄了自己在鐵路公司的職位。

他去一趟英國進行長達 9 個月的訪問，將米爾斯鋼鐵聯合公司留給自己的父母管理。此時，一場災難正在悄然逼近。大蕭條開始了，鋼鐵的價格日益下滑，米爾斯鋼鐵聯合公司面臨著倒閉風險。最富有的合作者米勒不得不給工人們加薪，有許多工人拿到的不是薪資，而是當地雜貨店的購物單。生鐵不得不當作抵押品，緊接著，事情惡化到最嚴重的地步，鍊鋼工人罷工，米勒退出。米勒以 7.36 萬美元的價格將股權轉讓，而 34 年後，公司卻發展成為行業龍頭，這些股權將帶來幾百萬美元的收益。

卡內基奔忙於他鐵路界的朋友們之間，希望爭取到更多的訂單。儘管他對鋼鐵行業接下去的局勢一無所知，但是，他仍然比當時的任何一名業務員拿到的訂單都要多。他和他年輕的團隊團結合作，最終渡過了難關。

關於卡內基，還有一件事情是鮮為人知的。他曾一度當過債券經紀人。西元 1872 年時，公司曾委派他向歐洲投放 600 萬美元的賓夕法尼亞鐵路

分支路線債券，他獲利 15 萬美元，並用這筆錢償還了債務。後來，他又做了一次，賺得 7.5 萬的佣金。在英格蘭時，他目睹了貝西默酸性轉爐的整個鋼鐵生產過程，看著鐵一步一步轉化為鋼，他的腦海裡充滿無限遐想。從那以後，鋼鐵注定會成為他的全部生活。他匆匆坐船回到美國，投資 70 萬美元成立了卡內基──麥坎德利斯公司，建立一座新的鋼鐵廠，他和威利·史考特將鋼鐵廠以埃德加·湯普森的名字命名。由於受到了這番吹捧，這位賓夕法尼亞鐵路公司總裁如何捨得拒絕這筆慷慨的回扣呢？

卡內基頻繁地活動於整個美國和歐洲，於是，「卡內基」這個名字開始走入千家萬戶。一方面有關稅這個有力的保護傘，另一方面有回扣的支持，鋼鐵公司的利潤像滾雪球般快速地累積起來。西元 1880 年，鋼軌的價格達到了每噸 85 美元，工廠 24 小時開工，公司的年利潤超過 200 萬美元。

第二年，公司被重組為卡內基兄弟公司，總資產為 5 億美元，其中屬於卡內基的那一部分資產已超過一半。從那時起，一直到西元 1888 年這段時間裡，公司每年的平均利潤為 40%，即 200 萬美元。卡內基的財富已累積到了 1,500 萬美元。

隨著合夥人的先後去世或退出，卡內基理所當然地將他們的股權全部收購。最後，公司的元老只剩下卡內基和亨利·菲比斯。後來，他們兩人也發生爭吵，菲比斯一怒之下也離開了公司。競爭對手也是一樣的結果，包括霍姆斯蒂德和杜凱森公司在內的大公司，都被精明的卡內基排擠出去，最後，卡內基毫無爭議地成為鋼鐵大王。

在賓夕法尼亞康乃爾斯維爾地區從事焦炭行業的弗里克，於西元 1882 年加入卡內基兄弟公司，在接下來的幾年裡，亨利·C·弗里克始終都是卡內基最信賴的合作夥伴。兩人的合作一直持續到西元 1899 年，然後，兩個人平分了公司。

那之後，卡內基重組公司，重組後的卡內基鋼鐵公司完全控制在他

一個人手中。至於他後來如何將凱普丁・比爾・瓊斯、施瓦布、科里、丁奇、莫里森這些有實踐經驗的鋼鐵專家聚攏在自己身邊，對他們的成就報以豐厚的紅利和獎金；他如何宣布要建立新工廠，甚至建立自己的鐵路，讓賓夕法尼亞復甦，從而威脅到自己的競爭對手；他如何令最富有的人也嚇了一跳；他如何將股權賣掉，從此退出鋼鐵界，這些早已是人們家喻戶曉的故事，我在這裡就不再重複了。

他的慈善行為包括：用 6,000 萬美元建立 2,500 多座圖書館、用 1.25 億建立紐約卡內基公司、為各個大學捐助了 1,700 萬美元、為教會的孤兒捐獻了 600 萬美元、用 2,200 萬美元建立華盛頓卡內基大學、用 1,600 萬美元建立卡內基美國教學基金會、用 1,300 萬美元建立匹茲堡卡內基大學、用 1,000 萬美元建立卡內基技術學院、用 1,000 多萬美元建立卡內基英雄基金會、為國際和平捐出了 1,000 萬美元、用 400 萬美元建立鋼鐵工人退休基金、用 200 萬美建立教會和平聯盟、150 萬用於海牙和平宮的建立。

卡內基將以百萬財富的給予者，而不是以百萬財富的創造者被載入史冊。

亨利·P·戴維森

亨利·P·戴維森（Henry P·Davison），他從一個銀行職員做起，逐步升任自由國家銀行總裁，創辦銀行信託公司，最後成為J.P.摩根的高級合夥人。

H. P. DAVISON

一天，紐約一家銀行的副行長收到了這樣一條訊息：「今天下午3點鐘，摩根先生要在他的圖書館見你。」

這位金融大亨為什麼要找他？他感到有點茫然。

和其他一些金融家一樣，他在西元1907年的大恐慌時期曾見過摩根先生。那個時候，幾乎所有的金融家都在想著如何能夠齊心協力渡過時艱，但誰也沒見過為首的摩根先生。到了第二年的春天，他跟國會議員奧爾德里奇以及其他一些金融委員會成員，才有機會一起在摩根先生倫敦的家裡度過一個星期天。從那時起，到西元1908年秋收到這條訊息前的這段時間裡，他幾乎不曾再和摩根先生有過任何聯絡。

下午3點，這位年輕的銀行家帶著疑惑，準時出現在著名的摩根圖書館門前。他按響門鈴，然後被領了進去，走到摩根先生房門口時，他幾乎和摩根先生撞了個滿懷。摩根先生揮了揮手，示意讓這位滿臉疑惑的年輕人坐下。

「1月1日馬上要到了，你知道嗎？」他問道。

年輕銀行家有點丈二金剛摸不著頭腦，只好回答：「是的。」畢竟現在已經時值11月中旬。

「你準備好了嗎？」摩根先生又問道。

「準備好什麼？」這位詫異的來訪者問道。

「準備好什麼？」摩根先生將他的話又重複了一遍，「你是知道的，我希望你從1月1日起，加入我的公司。」

「可是摩根先生，您從來沒有談起過這件事。」

「我覺得，你應該能夠從我對你的態度中感覺出來。」摩根先生說。

一陣沉默。

「摩根先生，您是不是從18層樓上摔下來過？」

這次該輪到摩根感到吃驚了。

「不，沒有。」他的雙眼緊緊盯著眼前這位年輕人，認真地回答道。

「哦，我以前從來沒想過這個問題，給我一兩分鐘時間，讓我喘口氣。」

摩根先生哈哈大笑了起來。

這就是亨利·P·戴維森，在年僅40歲時，被美國最大的國際銀行公司選中作為合作夥伴，並因此而名噪一時。

從這位年輕銀行家的奮鬥歷程中，我們不難看出，正是他身上所具有的內在特質，鑄就了他在銀行界穩步攀爬的立足點。

他曾是康乃狄克州布里奇波特市一家小銀行的職員，但沒過多久就成為一名收款員。在這期間，他在報紙上看到一則消息，紐約一家新的銀行正在籌備中。年輕的戴維森很想去紐約，他迫切希望能夠去紐約，甚至下定了決心，必須在這家新建立的銀行裡獲得一個職位。

於是，這位年輕人登上了下午開往紐約的列車。他只帶了一封信，這封信是他的一個部門負責人寫給一位新出納員的，他們互相認識。他呈上了那封信。

這位出納員非常熱情地接待他，儘管這位年輕人在他這裡沒能得到任何工作，但出納員誠摯的態度仍然讓他帶著微笑離開了。

年輕人從辦公室裡出來，坐上了回家的火車。他臉上的笑容消失，事情似乎就這麼過去了。

不過他絕不會就這麼輕而易舉被擊敗。第二天，銀行下班後，他又一次登上了開往紐約的火車。看到他的再次到來，出納員有些意外，但他還是愉快地和這位年輕人進行第二次談話。這一次，他解釋道，銀行不可能去僱用一個紐約市以外的人來做他們的付款員，他們需要的是一個具有紐約工作經驗的人，一個在紐約有著人際網絡的人。而付款員正好是戴維森

要應徵的職位。面對出納員坦率而同情的語氣，這位年輕人又一次帶著微笑離開了。

在回家的路上，笑容再一次從他臉上消失。

他要再試一次！

隔天下午，他帶著更為堅定的決心，又一次踏上了去往紐約的行程。紐約，他嚮往已久的地方。

然而，這一次他只得到一句冷冰冰的回答：「出納員今天不在。」

「他住在哪裡？」戴維森毫不氣餒地問道。

半小時後，戴維森就出現在出納員的家中。僕人告訴他，他的主人今天穿戴整齊後，就去參加一個晚宴了。沒關係，這位不速之客會一直等到他回來。

出納員一進門就看到了戴維森，兩個人同時發出了心照不宣的笑聲，然後很快就進入正題。

他用無比熱忱的語氣說道：「我就是那個你要找的付款員，我會成為你得力的助手。我知道，這樣的話從我自己嘴裡說出來有些難為情，但是除了我，不會有其他人告訴你這些事。請給我這次機會，相信我，你不會看錯人的。」

這位年輕人的狂熱、真誠和堅持，留給這位銀行工作人員深刻的印象，他開始覺得，讓這個年輕人來工作會是個明智的選擇。

於是他問道：「你的期望薪水是多少呢？」

「我的目標薪水是 1,500 美元，不過，只要你肯僱用我，你願意給多少就給多少，700 或 800 美元我也可以接受，能生存就行。」

這一次，這位年輕人終於能夠以阿斯特廣場銀行付款員的身分，來向這位出納員道別了。這個消息實在是太令人激動了，為了祝賀一下自己，

他來到了戲劇院。

「喂，你知道我是誰嗎？」他立刻就向坐在他旁邊的一個陌生人發問。那個人看了他一眼，說不知道。

「我是紐約銀行的付款員！」

唉，可惜在這個陌生人看來，這並沒有什麼值得大驚小怪的，或者說，坐在他旁邊的人會覺得他是一個神經兮兮的年輕人。

然而，他還不能高興得太早。正當他剛剛辭掉原來的工作，打算在家休息幾天後去紐約出任新職位時，他收到了那位出納員寫給他的信。信中說，他的推薦並沒有得到部門負責人的同意，所以，如果戴維森肯放棄付款員的職位，願意接受更低一些、薪水更少一些的職位的話，會減少一些麻煩。當然，他還補充道，要是戴維森堅持維護自己的權益，那麼，部門負責人也只得同意。

戴維森先生立刻發電報過去：「我完全願意接受更低的職位和薪水。」他不希望在尚未跨入銀行的這段時期內，他的雇主對他產生什麼看法。

這封電報也讓這位出納員順理成章地覺得，自己對這個年輕人並沒有看走眼。

為了節省一些車費，這位雄心勃勃的銀行小職員曾一度騎著腳踏車上下班，每天往返於阿斯特廣場的銀行與 104 街之間，距離為 10 多英里。

亨利·波默羅伊·戴維森在很小的時候就知道，金錢來之不易，也經歷過想要上大學時，湊不夠學費的那種窘迫。他出生於西元 1867 年 6 月 13 日，7 歲時便失去了母親，他和其他的 3 個兄弟姊妹被分別寄養在阿姨和舅舅家裡。15 歲前，他在出生地——賓夕法尼亞州的小鎮特洛伊讀書，16 歲時成為一名教員。也正是在那個時候，他才意識到知識的重要性，並且開始勤奮地學習。那時，他和外婆住在一起，有一天，外婆感慨

亨利・P・戴維森

地說道:「也許這個孩子值得培養,得為他做點什麼。」因此,她安排他去格雷洛克專科學校讀書。這是一所位於麻省南威廉姆斯鎮的寄宿學校,當時在這裡讀書的還有現任紐約擔保信託公司的總裁查爾斯・H・薩賓。紐約擔保信託公司是美國最大的信託公司。

薩賓先生告訴我:「亨利・戴維森不論到哪個班級,都是優秀的學生,而且是成績最優秀的。但他卻不是個孤僻的人,他十分受歡迎,因為他每天早晨都讓一群同學看他晚上完成的作業,以及其他一些問題的答案。他非常願意幫助別人解決麻煩事。」

每個假期,他都會去農場工作,畢業後,他返回了特洛伊鎮。這是一個僅有1,200人的小鎮,他的叔叔在鎮上經營一家銀行,服務當地人。他就在這家銀行當一名小職員,負責一些日常事務的處理。他立刻就帶著熱情投入這份工作中,連續兩年來努力地工作著。然而,特洛伊畢竟是個小鎮,無法給他輝煌的未來,他深深地遺憾自己無法上大學。想要上大學的念頭開始一天天地折磨著他,最後,當他終於取得上大學的資格時,他才意識到,自己根本就沒有上大學所需的費用。最後,他決定放棄。

後來,他來到紐約,走遍大街小巷想要找一份工作,卻沒能如願。最後,他來到康乃狄克州的布里奇波特,那裡有他的一位老朋友。在這裡,有兩個工作機會供他選擇,一個是銀行的收款員,另一個是商店的職員,他選擇了銀行。

他總是一大早就開始工作,盡量在中午的時候將全部工作做完,這樣,下午就可以抽出時間待在記帳員旁邊,學一些記帳的知識。幾個月後,他已經能幫記帳員做大部分的工作了。當記帳員升遷後,這個收款員自然而然就填補了記帳員的空缺。記帳員戴維森立即著手開始指導新來的收款員,並教他如何記帳。與此同時,身為記帳員的戴維森開始學習出納員的所有業務。當機會再次來臨,戴維森理所當然地成為出納員,而此時的收

款員也經過一定的訓練，完全可以勝任記帳員的工作了。到了新的工作職位後，他仍然採取同樣的方法。

戴維森先生說：「從那時起，我就明白了一個道理，你不僅要提前向那些在你之上的人學習新知識，而且還要把自己的知識教給那些在你之下的人。」

至於這位年輕的布里奇波特銀行出納員是如何踏入紐約門檻的，前面已經提到過。他在紐約阿斯特廣場銀行當了6個月的收款員之後，被提升為銀行付款員，這正是他當初的目標職位。

命運女神總是以令人難以思索的方式安排著一切。後來有一件意外事件澈底改變了戴維森的生活軌跡。有一天，一個喪心病狂的人用一把左輪手槍指著戴維森的頭，拿出一張1,000美元的支票，說這張支票上有上帝的簽名，要求戴維森將現金支付給他。戴維森冷靜地接過支票，一邊大聲朗讀著上面的金額，引起其他人的注意，一邊為他點出1,000美元現金。其他人很快就明白發生了什麼事，銀行的保全在槍口仍然指著戴維森的情況下控制住歹徒。

各大報紛紛刊登了這次戲劇性的事件，以及這位出納員的臨危不亂。自由國民銀行的行長恰巧在那天開會，有人提到了這次持槍搶劫事件。「我認識那個年輕人，」行長杜蒙·克拉克說，「銀行就需要像他這樣的人。」

克拉克先生曾經見過戴維森一兩次。那時候，戴維森去看他的未婚妻凱特·特魯比小姐，而克拉克的女兒恰好是凱特小姐的好朋友，當時，她們正在一起度假。

這樣一來，戴維森馬上被自由銀行挖去當助理出納員。不到一年的功夫，他就成為出納員。三年後，他被選為銀行副行長，又過了一年，他當上了行長。

他在短時間內的連連提升，引起人們的普遍注意。年僅32歲就憑著自己的才幹，完全不靠關係被選為一家重要國民銀行的一行之主，這在紐約金融史上也是絕無僅有的。

戴維森盡量避免按照刻板的模式去工作，過去是這樣，現在仍是這樣，因為刻板的做事方式往往意味著窮途末路。他剛去自由銀行沒多久，就想出一些極具創意的經營模式。據說，他列出一份股東名單，名單上的人多數為企業家，然後依次去拜訪他們，並對他們說了一番話。他是這樣說的：

「您現在是自由國民銀行的股東，持股數額為＊＊＊。您一定希望手中的股票市值增加。那麼，現在何不說服更多的人成為我們的合作夥伴呢？我們會給他們應有的權益——業績與分紅成正比。」

戴維森會反覆去拜訪那些比較懶散的股東，一直到幾乎所有的股東都受到他那樂觀和熱情的感染。到後來，這種勁頭變得有點體育競賽的味道，而這種股東之間的競爭，無疑能讓銀行的潛在業務量最大化。

這樣充滿智慧的創新經營，留給了銀行老闆深刻的印象，同時也讓這個機構飛快成長。它很快就超過自己位於紐澤西中心——西街的總部，同時也變得更加自主、自立。銀行的辦公地點搬到了百老匯139號，可是在舊的辦公地址，租賃合約還有兩年才到期。在這段時間裡，戴維森先生先將這個地方用一把鎖鎖起來，他擔心如果別人在舊的辦公地址開一家銀行，會近水樓臺先得月，搶走自己的老客戶。然而空著的辦公室對整座建築來說是有害處的，所以，在房東的重壓之下，戴維森先生不得不同意轉租辦公大樓。

然而，戴維森先生還是十分擔憂，怕銀行的老客戶一時之間找不到百老匯139號。這對於銀行來說是個極大的威脅。該怎麼辦呢？

突然，一個絕妙的主意從他的腦海裡一閃而過，這個主意堪稱是他一

生中經營策略上的經典之作，他的聲望以及影響力注定會由此而如日中天，這個主意同時還帶給他巨大的財富，雖然那個時候，他的存款帳戶距離6位數還相差甚遠。

「我們要組建一家信託公司，這樣我們的資金就會很安全，我們至少要賺到6%的利潤。我要把自由銀行的舊辦公大樓租給一個像樣子的機構，有了這筆錢，我們就能負擔得起那些優秀的雇員。」這就是他制定出的計畫。

所有聽過他計畫綱要的人，包括銀行老闆在內，都對這項計畫充滿熱情，在公司正式開業前，他們將100萬美元的總資產，暫定為每股200美元。有人建議戴維森既然身為公司的創始人，就應該比別的董事會成員持有更多的股份。然而，眾所周知，戴維森先生並沒有這樣做，他將股份均勻地分給了每個人。此舉向人們證明戴維森是一位非常公正的人，他的聲望更高了。戴維森一手創辦的這家金融公司取名為「銀行家信託公司」。今天，這家信託公司已成為美國第二大的信託公司，儲蓄總額約3億美元，並在華爾街擁有自己的摩天大樓和辦公室。戴維森先生自然而然地就成為公司的執行委員會主席，持續至今。

信託公司辦公大樓外矗立著一塊匾，上面寫著這樣一段話：「銀行家信託公司的每位部門經理，都將銘記亨利‧波默羅伊‧戴維森，並感謝他為組織和建立該公司所做出的一切貢獻，是他讓公司成為一個永恆的家。」這段話正是寫給這位公司建立人的。

相比之下，銀行家信託公司和「普驕委員會」成員大不相同。後者的每位成員均來自於紐約金融界，它所追求的是一種寡頭效應，而前者則是一個年輕人的企業。在這些充滿熱情的年輕人中，最為突出的是艾伯特‧H‧威金、蓋茲‧W‧麥加拉、小班傑明‧斯特朗和戴維森。他們並不是金融界久經沙場的老將，卻被選為執行委員會成員，他們夜以繼日地工

作，用耐心、狂熱與嚴格贏得了快速的成功。他們就是在這樣的磨鍊中拓寬自己的發展道路。

第一國民銀行的行長喬治‧費舍‧貝克是一位經驗豐富的金融界元老，他的影響力僅次於他的密友，也就是後來的 J‧P‧摩根。戴維森，這位足智多謀的年輕銀行家所擁有的才幹，並未逃過貝克先生的眼睛。西元1902年時，他以第一國民銀行副行長的待遇邀請戴維森，希望戴維森能夠成為他的得力助手。那一年，戴維森年僅35歲。

由於戴維森在西元1907年的大恐慌時期表現得極為突出，所以，他第一次引起了金融界頂級人物摩根的注意。在摩根的要求之下，西元1907年10月和11月那段最為黑暗的日子裡，全市上下舉行的每一場重要會議均有戴維森在場。第二年的春天，參議員奧爾德里奇任命他為國家貨幣委員會的顧問，主要負責歐洲金融系統的調查工作。

莎士比亞曾說過：「只有外面的世界才會讓年輕人有所作為。」戴維森用他獨一無二的、闖蕩世界的經歷，印證了這句話。首先，身為國家貨幣委員會的顧問，他前往訪問歐洲，會見英國、法國、德國以及其他一些歐洲國家的財務部長，和一些銀行界的重要人物，並與他們討論金融、銀行、外匯方面的一些基本問題。這對於一個還不到40歲的銀行家來說，是一種特權，只有才幹極佳的人才能擁有這種特權。他迅速抓住每一個機會來獲取知識，讓自己成為更加有用的人。

其次，當「六國集團向中國發放貸款」的傳言鬧得沸沸揚揚時，當時負責美國財政部的塔夫托和諾克斯，要求一些美國銀行家也加入其中，以便加強美國對東亞地區經濟的影響力。那時亨利‧戴維森已加入摩根集團，並被選派前往歐洲，代表美方的摩根、庫恩——洛布公司、國民城市銀行和第一國民銀行5家銀行進行談判。不僅如此，英國、法國、德國、俄國和日本的代表，都推選戴維森來當整個集團的主席。

漫長的談判過程需要這位年輕人屢次前往歐洲，每一次都要在那裡停留相當長的一段時間。在這期間，他對歐洲的金融狀況有了更深層的了解。正是這種不可替代的經歷，促使他成為一名真正意義上的國際銀行家。

由於當時的威爾森政府對「經濟外交」持反對態度，導致這場談判最終化為泡影。不過從那以後的幾屆政府，態度已經發生了非常大的轉變，現在，政府甚至擔心這些銀行家不再對中國提供援助。

摩根先生選擇戴維森先生當合作夥伴，其明智毋庸贅言。美國最偉大的銀行家發掘自己最為得力的助手亨利‧P‧戴維森，這件事的前前後後在美國金融史上已傳為佳話。

戴維森很大的一部分成就在於，他總是努力用一種強大的友誼和合作精神，潛移默化地影響著整個銀行業，他所具備的開朗和坦誠也鼓勵著其他人，在與同行以及公眾交往時也採取類似的態度。他建立「銀行家信託委員會」的初衷，就是要以友好的方式聯合銀行家們。在「信用資訊交換」過程中所產生的進步，就是這一「存在並釋放活力」策略的最大成果。

上帝賜予了戴維森良好的體格和迷人的面孔，因而他深受雇員和其他銀行家的喜愛。他不懂什麼叫虛偽做作，即使在面對那些愛刨根問底的記者，在他們連續提出令人難堪的、措手不及的問題時，仍然不會掩飾自己。做事情的時候，他總是直奔主題。他不僅對自己充滿信心，也對自己所挑選的人很有信心。他常常幫助一些機構物色重要辦公人員，而且十分樂意為自己做選擇時的判斷負起全部責任。他是一個勇敢的人，不懼怕面對任何困難，因為他的創造力、足智多謀和處理問題時的靈活性，能令大多數難題迎刃而解。

我問戴維森先生：「您在追求成功的道路中學到了什麼？能否把所學到的東西傳授給那些正在打拚的年輕人呢？您是否胸懷遠大的目標，並且

不顧一切地去達到它？」

「不！」他斷然回答道，「不論我做什麼，都會認為它是世上最好的工作，我會盡全力去做好，從不精心計劃未來。如果說我有自己的一套東西，那麼首先就是做好自己的工作，其次，教會我的下屬如何取代我，再次，學會如何登上比自己高一級的職位。

「年輕人往往會覺得自己的工作不重要，不會有人留意自己工作的方式。其實不然，用不了多久你就會看出來，這個年輕人到底是時刻準備著讓自己的能力得到最大的發揮呢？還是就坐在那裡等著別人告訴他該幹什麼。幾個簡單的美德，比如說積極的態度、充分的準備、敏銳的觀察以及禮貌的應對，這些能夠帶給年輕人的，要遠遠多於聰明本身。

「在這裡我還要告訴那些你迫切想要幫助的年輕人一件事，這件事就發生在我當出納員的時候，它可以說是一個教訓。我想，此刻提起這件事不會顯得不合時宜。有一天，一位客戶送給我一支做工精良的金筆，我立刻走進辦公室，詢問一下這個人在我們銀行是否有貸款。我解釋道，他要我接受這個禮物。銀行立刻有所行動，沒過多久，這個人果然破產了。我做了一件簡單的事，卻保全了銀行一大筆資金。

「做任何事情一定要遵循簡單直接的原則，因為生活本身就是簡單的。倘若有什麼事情很複雜，那是因為我們自己讓事情變得複雜化了。」

為了表達對戴維森先生卓越能力的敬意，最近，美國政府在威爾遜總統（Thomas Woodrow Wilson）的提議下，任命他為紅十字戰爭委員會主席。這可是全國任務最為艱鉅的職位之一，因為紅十字戰爭委員會擔負著巨大而複雜的福利發放任務。引用威爾遜總統的話來講，就是要「緩解這場為捍衛人道和民主的戰爭，所帶來的必然痛苦和壓力」。

戴維森爐火純青的領導才能很快就得到了證實。社會各界立刻重新組織紅十字會，並對其極為關注。全國上下都在進行著類似的活動，無數個

小的紅十字組織協調地運作，極大地激發了公眾的興趣，緊接著又發起一次目標為以億美元的募捐活動。這是一次空前的募捐活動，然而，由於此次活動非常成功，紅十字戰爭委員會成功地籌集到了一億美元。

戴維森夫人則是美國母親的表率。在整個戰爭過程中，她用自己的勇敢和愛國的態度，為全美國的母親樹立了榜樣。她承擔了訓練大學生空軍的全部費用，至今她每年夏天仍在自己的家中開展飛行訓練營活動。

儘管戴維森先生並不是十分擅長體育運動，可他仍會抽出時間來進行鍛鍊和娛樂活動。他打網球、騎馬、駕駛遊艇。夏天時，他早晨駕著遊艇去工作，晚上又駕著它回到自己在長島美麗的家。在通常情況下，他會在家裡度過屬於自己的大部分時間，不過自從美國參戰以來，他就搬到了華盛頓，並在那裡度過全部的時光。許多年來，他一直擔任紐澤西州的恩格爾伍德醫院的院長，並且做了大量的紅十字會工作。據他的朋友說，他在幫助年輕人自立方面也投入大量的心血。他獲得了賓夕法尼亞大學的法學博士學位，這樣一來，人們就可以給他冠以「博士」的頭銜。他還是義大利皇家勳位中的騎士。

由於他在紅十字會的傑出貢獻，最近，他被授予「少將」的軍銜。

成功並沒有讓戴維森變得目空一切，從民主精神的角度來講，他仍然是那個許多年前為了節約10美分車費，每天騎腳踏車穿過擁擠的街道去上班的那個戴維森。

亨利・P・戴維森

羅伯特・多拉爾

　　羅伯特・多拉爾船長（Captain Robert Dollar），蘇格蘭裔美國實業家、慈善家。造船業起家。因業務範圍橫跨太平洋，並在早期開展與中國的貿易往來，被譽為「美國的最大木材商」。

ROBERT DOLLAR

羅伯特・多拉爾

在加拿大一個偏遠的伐木營地，有一位廚房打雜的男孩「擅離職守」時，被營地經理逮了個正著。

「你在幹什麼？」營地經理質問道。

這個男孩嚇了一跳，急忙將鋪在麵粉桶頂部的一張糙紙揉成一團。

「我已經把自己的工作做完了。」他抱歉地解釋著。

「你剛才在做什麼？」營地經理追問道。

「我只要一有空，就想學點東西。」他怯懦地解釋。

「學什麼？」

「寫寫畫畫之類的東西。」

營地經理撿起那張被他揉成一團的紙，發現上面都是些圖形和文字，他沒有再說什麼。

當黎元洪就任中國總統時，發生了許多重要的事，其中一件就是發去一封電報給這位曾經在廚房打雜的人，表明自己希望和他建立友誼。他的前任袁世凱已經將勳章授予這位曾在伐木營地幹活的年輕人。中國的末代皇朝清政府也曾經授勳章給他。

今天，昔日的這位廚房小子已經成為中國政府最具影響力的顧問，幾乎是中國人眼中的偶像。

他的名字叫羅伯特・多拉爾，是美國最大的木材生產商和出口商。他擁有兩支汽船商隊，一支用來做海岸貿易，另一支用來做海外貿易；他以個人的力量建立起太平洋海岸和東亞地區最大的一條貿易樞紐；在促進東西方商業和文化交流方面，他的地位和影響力與日俱增，並對美國的商業奇蹟有著不可磨滅的貢獻。此外，他還是一名慈善家。

美國在確立「拉福萊特海員法」的過程中，遭到了以多拉爾船長為首的一些人極力反對。「拉福萊特」法案的實施，導致太平洋上的美國商船

在競爭中處於劣勢，還沒等美國人澈底意識到問題的嚴重性，整個亞洲與美國之間的貿易主動權，就已經落在了日本人手中。

當美國國會不顧商業界和海運界權威的一致反對，最終通過這套災難性方案時，經驗豐富的多拉爾船長感慨地說：「子孫後代將會記住『拉福萊特』(La Follette) 這個名字，是他親手埋葬了美國的商業奇蹟。」

鑒於這項法律的不切實際，最後，華盛頓方面不得不宣布，該法案的一部分內容將不予執行 —— 事實上，根本就無法執行。

即使如此，該法案仍然帶來一系列打擊性後果。它破壞了原有的一切基本原則，引發人們的種種反抗，從而導致太平洋海岸線上船隻事故數量急遽增加，最後，就連保險公司都拒絕接受海運投保。

法案為美國政治家的天才又添上了濃重的一筆！

對美國的商船控制權，已經無法滿足華盛頓政界菁英們的胃口，雖然美國當時只占了世界海運噸位的1%，可是，他們仍然想對要剩下的99%噸位指手畫腳。當然，這樣一來，他們就成了眾矢之的，不得不縮回殼裡。若是美國還不具備堅硬的外殼，最終的結果將只能是被迫撤離太平洋海面，再沒有船隻為美國每年70億美元的進出口貿易運送物資。威爾遜總統曾拜訪過多拉爾船長，可不幸的是，美國當時正忙於第一次世界大戰，根本就沒有及時採納多拉爾的正確建議。

多拉爾船長曾反覆地告誡美國政府：「我們這些船商們想要的，無非就是能夠與其他國家的船商一樣，擁有一個同等的基礎。政府為我們制定出公平的法律，我們將用商業奇蹟予以回報，就像上個世紀那樣，美國的海外貿易占了全國貿易總量的90%。而今天，我們的商船假使得不到來自國外的支持，根本就無法駛出港口。」

看，我們的海運政策已經荒謬到了什麼程度！商船不得不插上英國國旗，或者僱用英國海員。最終的結果就是長英國的威風，滅美國的士氣。

羅伯特・多拉爾

多拉爾船長告訴安德魯・弗賽思，那個專門鼓吹推崇海員法案的傢伙：「你們也許能夠逼我們離開美國，但你們絕不可能阻止我們做生意。」

雖然多拉爾船長是位愛國的美國人，不過，在這種荒謬的政策逼迫之下，他也只得打著盟國的旗號，利用盟軍的港口來經營他的海外船隊。其實，他的船隊曾經是從加利福尼亞出發，而現在，卻不得不將總部設在加拿大溫哥華和英國哥倫比亞。當然，這樣一來，每噸貨物上都要被徵收一定的費用，而且，船上的貨物只有透過美國鐵路運輸線，只有經美國鐵路工人之手才能到達目的地。

羅伯特・多拉爾從一個小小的廚房打雜工開始奮鬥，最後成為擁有一支船隊的木材經營商。他被選為舊金山商會和商業交易協會主席；他被任命為對外貿易協會會長，和美國一家資產為5,000萬美元的國際公司總裁；中國政府授予他勳章，他在蘇格蘭的出生地已經成為自治縣。是什麼使他擁有今天的成就？他一路走來，付出了什麼樣的努力？

在所有的「美國五十巨人中」，羅伯特・多拉爾起點最為低微。73年前，他出生在蘇格蘭法爾科克的一棟伐木公司辦公大樓內。12歲時，為了賺那麼幾個先令，他被迫輟學去一家船運公司當辦公室的雜務人員。一年後，他們舉家移民來到加拿大渥太華，還不到14歲的小羅伯特被派到200公里以外的一個伐木營地。即使在今天，伐木營地都不可能有一所週末學校，就更別說是60年前了。

在所有的工作中，廚房打雜是最不體面的。當食物不合那些飢餓的伐木工人的胃口時，負責送飯的人若只是遭到一頓咒罵，那就算是萬幸了。很顯然，多拉爾做得最為出色，那些外表粗魯的伐木工人中，大多數人還是心疼他的。這些大老粗們能夠俐落地揮舞斧頭，卻奈何不了一枝小小的鉛筆，多拉爾就為那些不識字的伐木工人們讀情書、寫情書。

當營地經理海勒姆・魯賓遜發現，這個廚房打雜的年輕人努力學習

加、減、乘、除和書寫時，不但沒有因為占用了工作時間而開除他，還為這個愛學習的年輕人提供一些書籍，並且確保他的這份「閒暇」時光用於學習。這個年輕人不光學習書本知識和烹飪知識，還學習如何伐木、如何辨別木材的好壞，更重要的是，他學會了如何跟那些粗野的伐木工人相處。羅伯特尚未成年時，就已經按照男人而不是男孩的標準去做事了，當困難襲來時，他已有足夠的能力來站穩腳跟了。

有一天營地經理給了他一個任務：「給你50個人，去一趟得梅因河下游。」這是有史以來第一條從得梅因河地區出發，經由紹迪耶爾瀑布，往得梅因河下游運送鋸材原木的線路，從那以後，數以百萬根產於渥太華地區的原木，都透過這條線路被源源不斷地運送出去。作為激勵，他被任命為工頭。

有兩樣東西是蘇格蘭孩子必學的，一樣是讀《聖經》(Bible)，另一樣是要節儉。

雖然剛開始每個月只有10美元的收入，可多拉爾仍把大部分伐木營地上辛苦賺來的錢都存起來。蘇格蘭人的另一個特點就是獨立。蘇格蘭北部的人說他們是羅馬帝國唯一無法征服的人民。

27歲時，他存夠了錢買下一間小伐木場，抱著希望和無限樂觀的態度開始經營。

遺憾的是，華爾街風暴顛覆了他所有的計畫，將他一下子推入破產的深淵。這倒不是因為他有什麼「投機」的念頭，而是因為「黑色星期五」帶來的恐慌來勢凶猛，他和許多比他更有實力的企業家，一起成為這場風暴的受害者。

然而，他知道該如何承受打擊。他不費吹灰之力就被聘為一家大型木材廠的經理。他把賺來的每一分錢都最大限度地存起來，不到4年的時間就還清了所有債務。他對做人的「首要原則」以及它的來源（《聖經》馬太福音）深信不疑。

羅伯特·多拉爾

他的雇主視他為合作者，這一次，事情進行得有成效多了。在出口英國的市場份額中，他們加工的板材占了絕大部分。「多拉爾是一個不見事實不輕易下定論的人，他只相信事實。」他的一個經理告訴我，「在他面前，任何事情都必須一清二楚，他要親眼看到事實的真相。有時候，為了搞清楚一件事情真實的一面，他會不惜長途跋涉，前往幾千甚至上萬英里以外的地方，他是這世界上去過最多地方的人之一。他總是喜歡將事情查個水落石出。他一貫堅持實踐出真知，很少認同那些沒有被事實證明的理論。對商機的敏感，讓他總能夠捕捉到新的機會，他是全美國最足智多謀的人。」

這也恰恰解釋了他為什麼會首先遷往木材更多、更好的密西根，隨後又去了太平洋海岸。他在南加利福尼亞開始砍伐紅木，卻為木材的運輸費感到頭痛。他做了一番調查，發現若是自己有運輸船隻的話，成本會減少一半。於是他買了一條載重300噸的老爺船，紐斯博伊牌的，不到一年就把投資的錢賺了回來。

這件事澈底開啟了他骨子裡的蘇格蘭精神。他想著，既然一艘船就能賺這麼多，多買幾艘船又何嘗不可呢？按著這個思路，他做到了。著名的羅伯特·多拉爾汽船公司就這樣誕生了。一支船隊負責從阿拉斯加到巴拿馬運河之間的運輸，另一支船隊則經營從太平洋海岸到東亞地區的線路，並且在上海、香港、天津、漢口、日本神戶、彼得格勒、馬尼拉、溫哥華、西雅圖和紐約均設有分支機構。

任何一座高樓大廈都不會在一夜之間建起來，它需要有堅實的基礎，一個企業亦然。它需要遠見卓識，需要有企業家精神，需要投入精力，需要靈活機智，需要耐心，需要堅持，也需要絕對的公平交易。

當多拉爾船長第一次將木材運往東亞地區時，人們只要那種特別大的木料，這樣一來，就剩下那些無法裝船的小木材。他知道，中國人並不直

接使用這些大的木料,而是手工用鋸子將它鋸開。多拉爾就開始想辦法勸說他的中國客戶購買小塊木料。之後,他又去了一次清廷,為自己的邊角料尋得一條銷路。

那個時候,回程的船還沒有現成的運輸物資,由於空船沒有利潤,所以他必須將貿易建立起來。於是他出去看看有什麼可以做的生意。他去了菲律賓設法從那裡進口紅木和乾椰子仁,他去了日本,發現從日本可以進口橡木、硫磺、焦炭和煤。而中國開採的一等生鐵,保證剛運到就會被西方的鑄造廠買光。

因此多拉爾汽船隊總是滿載啟程,滿載歸程。自從第一次世界大戰以來,運費就高得驚人,木材的利潤已經不足以支持整個船隊,因此,向外運輸的貨物中,有很大一部分是運往海參崴的日用品和軍需物資。在返回的過程中,船隊就開往中國、日本和菲律賓裝載進口貨物。

儘管多拉爾船隊和印度、日本、菲律賓做生意,可他的主要客戶還是來自中國。在中國,多拉爾船長所受到的尊重,是那些沒去過中國的商人所無法理解的。

每次與那些要和中國人做生意的商人談話時,多拉爾總是強調:「永遠別去欺騙中國人。」在儒家的信條中,誠實是最重要的,中國人就生活在這種嚴格的信條之下。在美國商會的一次會議上,他說道:「這麼多年來,我們已經跟中國做了幾百萬美元的生意,但是我們沒有虧過一分錢,也沒有一筆壞帳。我希望其他國家,包括我們自己的國家也能夠做到這一點。」

多拉爾船長總是一次次地登上開往中國的貨船,親自檢查待運貨物。在他的命令下,曾經有成千上萬船裝好的貨物又被卸在碼頭上,其原因就是:那些並不是中國商家確切訂購的專門物品。有的時候,鑄造廠送來了品質更好的貨物,不過,中國人只想要他們經過討價還價之後的東西,要是貨物和合約有所出入,他們會感到不高興。

他的其中一名合夥人告訴我：「船長從不蒙騙別人，但別人也休想蒙騙他。我記得有一次，一位客戶提出索賠，理由是：他們收到的是劣等木材。當我們趕到現場時，貨主已將兩三百船的貨物都一字排開，並且告訴我們，這就是整批貨物的貨樣，因此，他想要我們重新調整一下。

「剩下的木材已經被高高地堆了起來，每一堆都將近 25～30 英尺高。貨主指著那幾船差一點的木材聲稱：『所有的貨物都是這個樣子。』船長說：『哦，是嗎？我來看看。』貨主大叫：『天哪！木材堆得那麼高，你根本就爬不上去。』可是，除了爬上去便沒有別的辦法可以看清楚那些木材，所以，船長三下五除二就爬上木材堆的頂部，誰知根本就沒什麼劣質木材！他都 70 多歲了，身手仍然如猴子般敏捷。我早就說過，他是一個不看到事實不甘休的人。」

多拉爾船長組建了一流的客運及貨運船隊，多年來為拓展美國和東亞地區之間的貿易，做出了巨大的貢獻，他還勇敢地建議國會採納一些更加合理的海運政策，他理應獲得美國人民對他的感激之情。多拉爾先生在預防國內戰爭，促進美國和東亞地區之間的和平方面，比當今的任何一位政治家付出的努力都要多。當舊金山學校問題引發了潛在的美日戰爭時，多拉爾船長又成功地從美國各地的商會中選出一些商人，組成一個赴日訪問團。他在日本的知名度和所受到的尊重，絲毫不亞於中國，日本天皇親自接見了這個訪問團的代表們，並重新建立兩國之間的友好互諒。從那以後，兩國的軍事議程中，再沒有沙文主義的蹤影。

兩年後，多拉爾船長又組織一個有影響力的考察團前往中國。皇帝、朝廷官員、城市和各種民間商業組織都接見了他們，他們不拘泥於繁文縟節，在某種程度上，反映了中國在此之前或在此之後，對待外國來訪者的態度。後來，在朋友的強烈要求下，多拉爾船長允許這段難以忘懷的旅行日記（多拉爾 6 年來一直堅持寫日記）在圈子裡傳讀。

他的日記讓我更進一步地了解，中國這個占世界人口三分之一的國家，這是任何一本我所讀過的出版品都無法比擬的。日記裡充滿著智慧與幽默。西元 1951 年，作為對多拉爾中國之行的禮尚往來，在常承春的帶領之下，中國代表也訪問了美國。兩國之間的互訪，不僅取得商業方面的成效，促進兩國之間貿易的發展，還加深了兩國之間的相互了解。

　　就像照片中看到的那樣，多拉爾船長長得相當有元老派頭。他有一頭銀白色的頭髮，長著灰色的絡腮鬍。他工作異常勤奮，尤其是當一億美國人中的大多數還在夢鄉時，他早已開始了一天的工作。他把大量的時間和精力都花在慈善事業和教會工作上，尤其對在全世界推廣世界青年基督教協會運動感興趣。他出生的那個蘇格蘭小鎮也沒有被忘記，他為故鄉修建了設備精良的公共游泳池。

　　我問多拉爾船長，他的一生閱歷豐富，這一切能否讓他說出，什麼是有助於人們獲得成功的素養？我還問道，要想讓美國在世界商業大國中更進一步提高自己的地位，需要做到哪些事呢？

　　這個縱橫於太平洋的、了不起的老先生回答了我第一個問題：

　　「第一，要敬畏上帝，對他人公正誠實。第二，要不斷地努力工作。第三，要節儉，把賺到的錢存起來。第四，不要喝酒，儘管這是一個競爭的時代，但千萬不要把生意競爭和飲酒競爭混為一談。你只能選其中的一件事來做。

　　「對外貿易是對第二個問題的回答。人必有一死，這是自然法則，那麼就不要再人為地制定法則了，給我們商人自由，我們會發展對外貿易，讓我們銷售自己的產品，允許我們這些船商和其他國家的船商在完全平等的條款、條件下經營，那麼，我們的貨船就會供貨，在和平時期，我們會創造許多噸位稅；在戰爭時期，我們會為海軍提供補貼，只要不是運輸郵件，就用不著花國家一分錢。」

幾個月前，一個70多歲的人去渥太華探望80多歲的海勒姆‧魯賓遜。

來訪者問他：「你不記得我了吧？」

這個八旬老翁盯著他看了一會。

然後，抓住了他的手，大聲叫著：「誰說的？你是我的多拉爾，多年前廚房裡幹活的那個小羅勃特。」

這名百萬富翁就是當初廚房裡的打雜工，他的到來給海勒姆帶來了快樂。多虧這位年邁的老伐木工當年發現了他對讀書和寫字的渴望，從而才能夠讓他在日後通往成功的道路上少了許多艱辛。

威廉・劉易斯・道格拉斯

　　威廉・劉易斯・道格拉斯（William Lewis Douglas），美國實業家、政治家，威廉・劉易斯・道格拉斯鞋業公司的創辦人，並帶領公司成為世界上最大的鞋業公司之一。被譽為世界上「最了不起的鞋匠」。

W. L. DOUGLAS

按照別人走過的路去追求財富，往往很難取得成功。大多數商界或金融界的成功人士，要麼是開闢了一條嶄新的道路，要麼是在相當程度上，把舊的道路拓寬或延伸到更遠。

約翰·戴維森·洛克斐勒是首先想到並放開手腳，去把許多小企業合併成為一間大公司的人，早期從事鋼鐵行業的E·H·加里亦然。亨利·福特、約翰·N·威利斯、威廉·C·杜蘭特，以及其他一些有遠見卓識的企業家們，早在汽車工業還處在搖籃中的時候，就已轉入這個行業，並把它發展成整個國家最為重要的行業之一。湯瑪斯·阿爾瓦·愛迪生、亞歷山大·格拉漢姆·貝爾和西奧多·牛頓·魏爾都是發明新事物的先驅者。弗蘭克·W·伍爾沃斯開創了一種新的行銷模式，並堅持不懈地進行下去，從而獲得了巨大的財富，同樣的商人還有朱利葉斯·羅森瓦德（Julius Rosenwald）。

亨利·C·弗里克致力於焦炭行業，從起步階段直到將它做成支柱行業。喬治·伊士曼（George Eastman）發現，攝影雖然是一件有趣的事情，操作起來卻十分複雜，只能服務於少數人群，於是他想辦法簡化攝影過程，就這樣，攝影進入了千家萬戶。約翰·H·帕特森發明了類似收銀機之類的東西，威廉·H·尼科爾下定決心要成為化學物品生產商，是因為他預見到這一行業將會有更多的科學家投入研究，因此能夠帶來比以往更大的利潤。

五金名人B·C·西蒙斯以及菸草大王詹姆斯·布加南·杜克（James Buchanan Duke）兩個人都是將現有的工業朝著橫向和縱向的方向拓展。邁納·C·基思則進入美洲中部，透過自己的努力和勞動，將酷熱的荒蕪之地改造成熱帶種植園。弗蘭克·A·范德利浦建立了國民銀行，並將它的發展推向一個新的階段，近日來，在國際金融和財政方面，他又醞釀著一套更為先進的運作方式。

本篇特寫的主角威廉‧劉易斯‧道格拉斯就用事實證明了，用勤勉與敬業精神對待某個行業，要比行業本身更為重要。在他之前，還沒有哪個美國人能成為製鞋行業的百萬富翁。因為鞋匠往往是些窮人，做著一些零零散散的手工活。

31歲的道格拉斯，在經歷了生活的重重磨難和風波之後，終於一鼓作氣，成為世界上「最了不起的鞋匠」。

對於一名除了智慧和雙手以外一無所有，還得負責妻子與3個孩子生活的年輕人來說，要實現這樣的雄心抱負的確需要極大的勇氣。他沒有資金，沒有影響力，沒有任何商業經驗，但他知道如何做好鞋子，而且他有成功的慾望，就這樣，他讓可能性成為現實。

讓我們先來看看這位年輕鞋匠的起點，再看看他今天的地位，幾乎在世界上的任何國家，只要在信封上貼一張道格拉斯肖像，這封信就會被送到他手中。

西元1876年，一位年輕的鞋匠在麻省布拉克頓的一幢建築裡租下一間房子，他向銀行借了875美元，購置製鞋設備，僱用5個工人。每天，他手臂下都夾著幾卷皮革，奔波於家裡和波士頓之間。這些皮革他要親自去挑選，並親手把這些皮革裁剪下來，然後做成他親自設計的皮鞋。他要在晚上親自為5個工人安排工作，然後管理他們的工作。皮鞋做好之後，他還得出去尋找客戶。

每天，他在這些工作上所花的時間，幾乎不會超過18個小時，如果他一天工作20小時，他就會覺得自己比規定時間多花了2個小時。他的產量是一天生產48雙皮鞋，不過他很快就超過了原本的規模，先後在西元1879年、西元1880年和西元1881年，3次換成更大的場地，最後他租下一棟3層樓房，每天的出產量為1,800雙皮鞋，但他仍然對自己的生產速度感到不滿意。為了達到自己設定的目標——成為世界上最偉大的鞋

匠，他必須走得更遠，否則就不可能有機會勝出。

他知道自己做出來的皮鞋是好皮鞋，他知道假使有更多的人知道他的皮鞋，就會有更多的人買。他知道自己能改進生產設備來滿足更多的需求，他也知道，要想實現這些理想，就必須讓更多的人知道他的皮鞋。

他做了一件具有革命性的事情。西元1883年，他開始系統地、堅持不懈地、高強度地投放廣告宣傳自己的產品。然而在那個時候，人們並不把廣告看成是一件嚴肅的事情。許多廣告都是徹頭徹尾的欺騙，更多的是誤導消費者，幾乎沒什麼廣告講的是講真話。因為當時還沒有廣告俱樂部協會來監管商人們對產品的肆意兜售，所以，誇張被人們看作是情理之中的事。實際上，那些花錢買廣告的商家或個人，往往遭到人們的質疑。是啊，如果產品品質好的話，一定就會有銷路，何必花上幾千美元在報紙上浪費筆墨呢？

威廉・劉易斯・道格拉斯擁有值得驕傲的產品，為了表達這種自豪感，他在每一雙自己工廠裡出產的皮鞋上，都貼上自己的肖像。當然，他因此招來了一番嘲笑。這種行為被人們指責為過分的個人虛榮心。他受到人們辛辣地嘲諷，說他是更急於推銷自己的形象，而不是推銷自己的鞋子。

剛開始的結果是令人喪氣的。他投入的金錢並沒有收到想要的效果。不過，威廉・劉易斯・道格拉斯是一位很有耐心的人，他不像大多數人那樣，巴不得種子剛播種，就長出茁壯的禾苗來。他所做的一切並不是著眼於眼前，而是出於長遠的打算，他希望有那麼一天，每一雙皮鞋上的道格拉斯肖像和名字，會留給全世界穿著道格拉斯品牌的男女老少一個好印象。

他能夠忍受那些看不到他的志向、缺乏遠見的人對他的嘲笑，他的信心從來沒有因此被削弱過，他的堅定也從來沒有因此動搖過。他堅持走自己深思熟慮過的道路，每年至少要花掉25萬美元來為大膽地貼上自己肖

像的皮鞋做廣告宣傳。

結果怎樣呢？

當初那個論面積只有 1,800 平方英尺，論資產還不到 1,000 美元，論規模只有 5 個工人，論產量一天只有 48 雙的小皮鞋廠，如今創造了生產和銷售方面的奇蹟。它的資產從 1,000 美元增加到 350 萬美元；它的生產場地從一間房子增加到了總面積為 30 多萬平方英尺的一系列廠房；它的產量從每天幾十雙增加到每年 500 多萬雙（相當於每天 1.7 萬雙），總價值超過了 2,000 萬美元。

他的勞動力從原來的 5 個人變成了 4,000 人的大軍；作為原材料的皮革也不再被夾在他的手臂下被帶回來，因為工廠每年的動物皮革消耗量為 186 萬張；他也用不著親自推銷生產的全部產品，因為每天負責運輸的火車車皮加起來有 6.5 英里（約 10 公里）那麼長。每年所需的輔助原材料包括 100 萬碼（約 91 萬公尺）的布料和 1.5 萬英里（2.4 萬公里）的麻線。若是把每年所生產的皮鞋都堆起來，就可以形成一座高達 80 萬公尺的紀念碑。

威廉・劉易斯・道格拉斯成功地實現了自己的理想。他是全世界具備同時生產男鞋、女鞋和童鞋能力的、最大的鞋業生產商。不僅如此，他還在國內外建立上百家 W・L・道格拉斯專賣店。

如今，道格拉斯肖像已經成為全世界最著名的商標之一，他所賺得的名譽與財富遠遠超過了當初落到他頭上的冷嘲熱諷。

那個曾經一天工作 18 個小時的、有膽識的年輕人，在成功的道路上站穩腳跟後，絕不允許自己成為一個只會做皮鞋的賺錢工具。他對商業的巨大興趣，並沒有影響他承擔起一個市民應有的責任，他當選為自己所在鎮的市長，成為州代表、州議員，最後，成為麻薩諸塞州的州長。這無疑是對他能力的最有力證明，因為，在這個一成不變的、被共和黨所控制的

州，能以民主黨的身分，並獲得足夠的選票當選，的確不是件容易事。他所獲得的其他榮譽還包括塔夫茨大學的法學博士榮譽學位。

他有著極為悲慘的童年生活。西元1845年8月22日，他出生在麻省普利茅斯的一個貧苦家庭，父親去世時，他年僅5歲，生活的重擔全部壓在母親的身上。7歲時，由於母親實在無法負擔他的生活，被迫將小威廉·劉易斯寄養在一個叔叔家裡幾年。於是，在其他孩子開始讀書的年齡，他開始工作。他叔叔從來沒想過能為這個孩子做點什麼，而是一味地思索這個孩子能替他做點什麼，最後這個年僅7歲的孩子被弄到一個廢舊的閣樓上，開始了釘鞋生涯。

他是那麼的瘦小，要想搆得到工作臺，還得踩著空箱子。他的工作還包括為兩堆火蒐集足夠的木柴，好讓它們不要滅掉。對於一個7歲大的孩子來說，這種工作真的非常吃力。再加之其他的一些待遇，生活幾乎摧垮了他的精神，但好在並沒被摧垮。當淡季來臨，沒有什麼鞋子可釘的時候，他得到允許可以去兩英里以外的一所小學讀書，每天幾個小時。

整整4年來，他受盡了打罵和虐待，終於有一天，他無法忍受了，跑回去尋找自己的母親。而母親此時的情況也並無太大的改變，再加上他當時才11歲，還沒到法定工作年齡，所以只好被母親再一次以每個月5美元的薪資安排到叔叔家裡。就這樣，在這種令人絕望的環境裡，他沒日沒夜地苦幹，又受了4年的罪。而且叔叔不承認他當初的承諾，因而4年來根本沒給過他薪資，他給過小威廉的錢，全部加起來也就10美元，命運再一次捉弄了他。

包身工的日子終於結束了，這名年輕人在普利茅斯的一間紡紗廠找到一份工作，每天33美分。可他卻不慎摔斷了腿，無法繼續工作。還好，什麼都無法摧垮他的意志和讓他用知識武裝自己，為生活打拚的精神。他剛剛能夠拄著拐杖走路時，他就一瘸一拐地去兩英里以外的學校學習，為

了學到一些知識,他寧願每天往返 4 英里。

雖然他是在壓抑的環境之下長大,在這種環境下,受教育成了最次要的一件事,但這個孩子仍然能感覺到,沒有知識將是一副重擔,阻礙他的前進。他剛剛能夠脫離雙柺,就去一座農場幹活,這座農場的主人同意他在冬天農閒時分,盡可能地多去讀書。

威廉·劉易斯·道格拉斯人生的前 16 年就這樣過去了。和他同齡的孩子才剛剛開始為學校功課感到頭痛時,他卻早已體會了生活的艱辛,嘗遍了人生的苦痛。他下定決心要脫離因為沒學歷而只能做苦力的生活,這種無法征服、永不磨滅的堅定信念,一直支持鼓勵著他。16 歲時,他學到許多在學校裡學不到的東西,他學會了自立自強,明白知識的寶貴之處。他有日積月累起來的勇氣、有深埋心底的志向。更重要的是,他學會了經商的基本知識。他注重衛生的習慣、節儉的生活、做學徒時的努力,所有這一切都塑造了他鋼鐵般的意志,使他的身體能經受得住任何非同尋常的考驗。

農場的冬天很快就過去了,他又重新回到自己的老本行。他在麻省的霍普金盾做了一段時間的廉價粗革高幫靴後,決定要去麻省的南艾賓頓,看看是否有機會在那裡學做更精細一些的靴子。在火車上,他錯把南布倫特里聽成了南艾賓頓便下了車。他問了無數家大大小小的鞋店,卻沒有一家想要收學徒。天馬上要黑了,他沒有足夠的錢住旅社,所以決定走著去南韋茅斯,或許在那裡可以找到一份工作。他準備動身時天已經黑了,他意識到,就算去了南韋茅斯也沒有任何人可以投奔,晚上還是沒有地方過夜。於是,他又循著原路在夜色中返回南布倫特里。

在這裡,他總算是找到了一份釘靴子的工作,這是一份粗活。他起先是想去一個有名氣的鞋匠安森·賽耶那裡當學徒。他在釘靴子的時候,賽耶在旁邊看了一會,然後馬上同意他來當學徒,薪資為每週一點 5 美元包

食宿。他一做就是 3 年，學會了如何做小牛皮皮靴。

那個時候，他和其他工人們一樣，工作時間長，而且又苦又累，可是這一切都無法阻止他參加夜校的課程。他渴望知識，渴望能夠彌補自己早年沒有上學的缺憾。

出了西城，有一名叫澤弗奈亞‧邁耶斯的鞋匠，他做的鞋子名聲遠播。年輕的道格拉斯找到了他，在他的專門指導之下，道格拉斯很快就掌握了為新款皮鞋設計、下料的手藝。沒過多久，道格拉斯的手藝就引起人們的注意。在這一行中，師徒兩人幾乎同樣出名。

後來，一位當時在科羅拉多金城做生意，名叫艾爾弗雷德‧斯塔德利的商人找上道格拉斯，表示願意和他合作，這個人曾經住過麻省。道格拉斯馬上意識到，他學習銷售皮鞋的機會來了。於是，還不到 21 歲，他的名字就出現在招牌上。舊款式的皮鞋似乎不太吸引前衛的年輕人，他索性就勸說以前的合作人去買廣告。道格拉斯的第一份皮鞋廣告出現在西元 1886 年的一份報紙的頭版上，它為後來的幾千份規模更大的廣告開闢了先河。

廣告原文如下：

印第安人！

想要遠離印第安人嗎？那就不要赤腳走路！一雙斯塔德利── 道格拉斯皮靴（鞋）將幫你走出原始。款式多，樣式全，做工精良。現金購買更優惠。

商店地址：科羅拉多金城第二大街，寶特維爾大廈對面

1860 年代後期，機器加工的皮鞋很快變成一種時尚，目光敏銳的道格拉斯立刻就看出來，這將為大規模生產皮鞋開闢無限的新領域。對於手工製鞋，從皮革的挑選，到設計、下料、製作，再到皮鞋的合成，他對每一

方面都瞭如指掌。他也時刻沒有忘記如何去盡可能地取悅顧客。道格拉斯看到了大批次生產皮鞋的可能性，也看到了只有機器加工才能讓這種可能性變為現實。這將是一條鋪滿財富的大道。

西元 1870 年，這個注定要讓布洛克頓鎮享譽全球的人來到了鎮上，隨後又前往北布里奇沃特。他不費吹灰之力就在波特 —— 索思沃斯公司找到一份差事，這是一家機器製鞋廠。他的能力和敬業，讓他很快就獲得晉升。到了第 5 年年底，他已成為這間工廠的部門負責人。

然後，他決定要闖出自己的一番事業，後面發生的事，文章開頭簡單講述過了。

在提到有關他職業生涯和給年輕人的建議這兩個問題時，道格拉斯先生說，回首往事，在他的職業生涯中遇到的最大困境，就是在南布倫特里郊外的那個晚上，天那麼黑，他被困在那裡，身無分文，沒有棲身之地，也沒有工作。

俗話說：「當上了地主的長工，往往比地主更壞。」這句話或許是對的，通常情況可能是這樣，比起那些起點高一些的管理人員來說，那些以前做苦工的、做工匠的一旦當上了工頭、負責人、經理或者老闆，就會對手下的人要求更多，壓榨更多。透過超乎尋常的努力一步一步爬上來的人，大多會對那些和自己當年處境相同，卻沒自己當年勤奮的人沒什麼耐心。

不過，威廉‧劉易斯‧道格拉斯卻不是這樣。實際上，他首先承認，若不是能夠激勵工人們的忠誠，他就不可能擁有今天這麼大的企業。他仍然把自己看成是一名工人，把他的工人們看成是他的同事。只有當大家都滿意了，事情才是令人滿意的。他希望自己的每一位工人都不要經歷他年輕時的種種磨難。

道格拉斯還是美國的《勞動仲裁法》之父，這一點鮮為人知。美國之所以能夠在麻薩諸塞州的帶領下，最終通過了《勞動仲裁法》和《勞動糾

紛調停法》，使其在全國內得以實施，並建立管理委員會，在相當程度上要歸功於道格拉斯所做出的努力。早在西元1886年，他還是一名州議員的時候，他就引入一項「旨在解決雇主和雇員之間糾紛的議案」。他預感到，只有透過這樣一種方式，勞資雙方才能和平共處。

那個時候，雇主通常只把工人們當作是可以利用的工具，對工人這種工具的使用，和對其他工具的使用沒有什麼差別。勞動仲裁法所發揮的重要功效，便是能保持勞資雙方和平、預防發生嚴重勞資糾紛。其實，就算道格拉斯先生沒有為公眾做出這麼大的貢獻，他也照樣比其他同等地位的人更應受到人們的愛戴。

他所帶來的另外一些革新中，最重要的要算推動《薪資法》通過，這項法規迫使雇主每週發放一次薪資，給從事手工業勞動的工人。這條規定在今天看起來似乎有些多餘，但是在20多年前，是絕對有必要的。

道格拉斯的工人們待遇都不錯。有若干訓練有素的護理人員和一名醫生隨時待命，為工人們提供免費醫療服務，也就是說，任何一位工人，在任何時候都可以讓醫護人員上門服務，不收取任何費用。道格拉斯先生還資助布洛克盾醫院一支外科手術隊伍，為市裡建立日托中心，好讓上班的媽媽們在白天工作時間把孩子留在這裡。在其他一些事情上，他同樣也做了一些大方慷慨的捐助。他非常喜歡用廣告的方式來做生意，然而他卻極其反對利用慈善事業來打廣告。

除了身兼市議員、市長、州議員、州長（西元1905年）提高政府的口碑之外，在商業界的行業規範上，道格拉斯先生還有著不可估量的貢獻。他所做的一切，並不單單出於為自己的企業形象考慮。這裡我並不是指他生產出了人人都想買的皮鞋，而是指他率先將價格貼在每雙皮鞋的商標上，明確標價且價格合理。這種簡明、直接、價格一致的經營方式，如今幾乎被人們普遍接受，但是我們的父輩可清清楚楚地記得，那個時候要想

在零售商手裡買到一件價格公道、品質可靠的東西，是多麼的困難。那個時候買東西要費盡口舌討價還價，買東西就像押寶一樣，客戶往往不會是贏家。

道格拉斯從工廠直接到零售商的銷售系統，也代表著商業領域的一大進步。

那個從 7 歲就開始釘鞋子的人，如今已經 72 歲了，他仍然在製鞋行業堅持不懈地努力著。

今天，只有他的鞋才能夠在 9,000 多間商店出售，也只有他的鞋才能讓美國每兩個家庭中就有一個人穿著。

毫無疑問，美國是一片在現實生活中醞釀傳奇人物的土地，在這片土地上，是金子就一定會發光。

威廉·劉易斯·道格拉斯

詹姆斯・布加南・杜克

　　詹姆斯・布加南・杜克，美國菸草公司的創辦人，菸草業和電力實業家。是將菸草業引入現代工業製造和市場行銷的關鍵人物。為杜克大學成立一項信託基金用於大學的建設，杜克大學因此得名。

JAMES B. DUKE

詹姆斯・布加南・杜克

美國有許多商界鉅子和工業大亨，卻只有3位行業大王。他們分別是石油大王約翰・戴維森・洛克斐勒、鋼鐵大王安德魯・卡內基和菸草大王詹姆斯・布加南・杜克。石油大王和鋼鐵大王的故事早已眾所周知，而這第三位大王的事業生涯，以及他從事這一行背後的原因，在這裡將首次披露。

他們3人的奮鬥道路都同樣坎坷，都是一路披荊斬棘、衝鋒陷陣。每個人都採取了同樣的戰術和策略——精力高度集中，對機會的把握永無止境，擁有堅定的信念和信心，勇於承擔責任，起步階段異常節儉。最重要的一點是，他們都對工作和成就有無限的熱愛。

詹姆斯・布加南・杜克在年僅14歲時，就成為自己家族一間小型菸草加工廠的經理。在此之前，他住在木屋裡，經歷了常人所無法忍受的貧窮。這間菸草公司後來成為全世界有史以來最大的菸草核心公司，它不僅控制著全美國的菸草業務，還對世界上其他國家的菸草行業有著決定性作用。

杜克先生異常節儉，他態度堅決地節約每一分錢用來發展公司，也因此，在他的收入達到每年5萬美元時，他仍然住在走廊隔成的小寢室裡，在廉價餐廳吃著他的一日三餐！從他身上，以及從其他類似的人身上，我們不難得出：一個人巨大的成功背後，必然蘊藏著他最初付出的巨大犧牲。

在菸草行業中，年輕的杜克有意要去體驗約翰・戴維森・洛克斐勒在石油行業所經歷的一切。他成功地成為歷史上最強大的菸草大王。

原因何在呢？杜克先生用最樸實的語言給出了解釋：

「我在商業上獲得成功，並不是因為我生來就比沒有成功的人更有能力，而是因為我更多地、更長時間地將自己投入到工作中。我認識許多人，他們比我聰明卻一事無成，原因就在於他們不夠勤奮，也不夠堅持。

「我對自己相當有自信，我告訴自己：『約翰‧戴維森‧洛克斐勒在石油行業所能做到的，我也一定能在菸草行業做到。』從我少年時代接手這個企業的那天起，我就做了這樣的決定。我愛經商勝過一切，我能從清早一直工作到夜晚，甚至為晚上不得不停止工作而感到遺憾，當白天來臨，我會為能夠再一次開始工作而開心。任何一個智商正常的人，只要他願意多做一些，就能獲得成功，不一定非得擁有比旁人更聰明的大腦。」

　　很久以前，施瓦布和摩根都夢想著能有一家鋼鐵聯合公司，而詹姆斯‧布加南‧杜克的夢想則是擁有一間龐大的菸草公司，用巨大的業務量保證足夠的利潤，從而能以較低的價格出售較好的商品。他把銷量看成是行業降低成本、提高效率、獲得成功的關鍵。早在西元 1888 年，他就開始為今天的成就奠定基礎。西元 1890 年，美國菸草公司成功地獲得整個美國菸草市場份額的 80%，其中囊括了菸捲、菸斗葉、嚼煙和鼻菸。隨後在西元 1911 年，美國政府強制解散了所謂的菸草托拉斯。

　　此外，杜克先生還將業務範圍擴展到太平洋彼岸，並在英國發動了一場菸草戰爭。這場戰爭打得異常激烈，同時也獲得巨大的成功，美國最終成立了英美菸草公司，從而在歐洲菸草市場上獲得同樣的控制權。英美菸草公司在德國、英國、荷蘭、丹麥、芬蘭、比利時、澳洲、中國、印度、南非、加拿大、牙買加、埃及均設有工廠。

　　然而，美國政府的一系列干預行動，導致英美菸草公司的實際控制權，最終落在英國手中。

　　「英國人在菸草貿易中，哪怕只做到美國人的一半，也早就功成名就了。而在美國，你卻可能會為此受到起訴，招來牢獄之災。」杜克先生講述著自己的看法，語氣中透著幾分苦不堪言的味道，「眼下，這一切大大地打擊了許多美國人追求成功的積極性。」

　　「在我們的菸草加工基地北卡羅來納州，西元 1890 年以前，最大的菸

草種植業主的年收入，也不過就是 400～600 萬美元之間，如今在北卡羅來納州，菸草種植卻能帶給他們 5,000～6,000 萬的收入。我在實現這種可能性的過程中，貢獻了不少，我並不認為這是一件可恥的事情。」

在這裡我想加上一句，要說到貢獻，杜克先生至少是其他人的 10 倍。他就像是一臺發動機，為整個行業提供源源不斷的動力。杜克先生讓一家不起眼的小菸草企業，一步一步發展成為今天的美國菸草公司，這一過程具備小說家創作所需的珍貴素材——戰爭與毀滅、小木屋、窮苦、迫於生活的鬥爭、勇氣和堅持、進步和巨大的勝利。

詹姆斯‧布加南‧杜克的名字，是以美國南北戰爭前夕最後一個總統詹姆斯‧布坎南（James Buchanan）命名的。西元 1861 年美國內戰爆發時，他還是一個住在紐約杜倫 3 公里外一座農場、年僅 4 歲、沒有母親、蹣跚學步的孩子。戰爭進行一年多的時候，他的父親加入了南部聯盟，並賣掉所有的東西來資助聯盟。其中有一些東西用菸草來支付，於戰爭結束後一併結算。孩子們則被送到距離杜倫 30 英里的爺爺那裡。

西元 1865 年春天，老杜克回來了，可是購買農場的人卻拿不出應付的錢。而此時，農場所有權已經歸購買者所有，他經營著農場，占了所有的房子。杜克也毫無辦法，只好暫時先為其他農場主幹活，作為回報，他得到了一份土地。

小詹姆斯‧布加南‧杜克和他的爸爸以及兩個哥哥，整個冬天就住在農場上的一間木屋裡，他沒有母親，母親去世了。4 個人就睡在木屋角落的一席稻草褥子上，只有他們的姊姊能夠睡在農舍裡的一張床上。

杜克一家遭受著苦難，幾乎已經到了絕望的邊緣。盟軍的惠勒騎兵團、北部軍的一個分隊，都曾先後駐紮在杜倫附近，強斯頓（Joseph Eggleston Johnston）向薛曼將軍（William Tecumseh Sherman）投降也是在杜倫，因此方圓幾英里內所有能吃的東西，皆被士兵們一掃而光。那個時

期，烤玉米是當地人的主要食物。第二年春天，他的父親華盛頓・杜克重新獲得了屬於自己的土地，他從一個地區買入少量的菸草和其他貨物，然後在北卡羅來納州東部把它們賣掉，再將麵粉和肉類帶回來出售，勉強維持著一家人的生活。

就這樣，農民們開始種植菸草，那些在戰前欠杜克錢的人，就以菸草這種商品來抵債。他一邊自己種植，一邊經營菸草生意，等兒子們長到一定年齡的時候，就來幫忙種植和經營。後來，生意有所發展，他們就開始收購其他菸農手裡的菸草，並設法將這些菸草運往南卡羅來納州、阿拉巴馬州和其他一些地方。到西元1871年的時候，他的業務量已經達到了每年4～5萬磅。

每年秋天，新的學年來到時，只要農場上的工作不是很忙碌，詹姆斯・布加南・杜克都盡力去免費的學校讀書。儘管他極為聰明，功課對他來說也相當容易，但是菸草生意比讀書更能夠吸引他。14歲時，他管理和經營菸草生意方面的非凡才能，就已經顯現出來了。他躊躇滿志，一心一意要做大生意。接下來，他就被安排在杜克家族的一間小菸草加工廠當主管。在這裡，14歲的他成了20多個人的老闆，他不斷地向這些人中最優秀的人發出挑戰，在工作中和他競爭。當然，那個時候還沒有捲菸機器。

等到詹姆斯18歲時，他父親的產業已有1萬或1.5萬美元，此刻他正焦急地想要送這個前途無可限量的年輕人去上大學。然而，詹姆斯的回答卻令他大吃一驚：「我不想上大學，我要在企業中入股，我想要工作賺錢。」

為了測試一下這個雄心勃勃的年輕人的勇氣和鬥志，父親說，打算給他1,000美元，讓他在一段時間內另起爐灶。

年輕人立刻就開始為獨立經營做準備。

過了幾天後，父親同意給詹姆斯和其他幾個兄弟，每人六分之一的股

份。合作促進了企業的繁榮，很快，一間捲菸廠已經無法滿足需求了。他們在杜倫又建立另一間工廠，杜克菸草公司正在開闢著一個日益擴大的市場。

西元1878年，公司進行了一次重組。巴爾的摩的喬治・W・沃茨和杜克的長兄布羅迪・L・杜克成為新合夥人。布羅迪在杜倫地區形成了一個固定的菸草業務圈。此時菸草公司的5個股東分別是W・杜克（父親）、B・L・杜克、沃茨先生、詹姆斯・布加南・杜克和B・N・杜克。杜克家族公司的資本總額已達到7萬美元。詹姆斯・B・自己存了3,000美元，他的父親又借給他1.1萬美元，總共加起來是1.4萬美元，這些都是股東們籌集起來的。

再到後來，杜克企業就不再種植菸草，他們全部的菸草都是從菸農手裡收購來的，他們把所有的精力都放在加工和銷售菸葉上。公司又一次得到了迅速的發展。可是，他們的生產範圍也只停留在菸絲上，這位志向遠大的年輕股東，總想著怎樣才能在新的產品上有所突破。

那個時候的盒裝香菸還只是初露端倪，美國的年銷售總量還不到2億包。西元1883年，杜克做出一個劃時代的決定，他要進軍盒裝香菸領域。為了確保成功，公司最年輕的股東，當時年僅27歲的詹姆斯・布加南・杜克被推選出來全權負責此事。他身上具有一種驅動力，充滿著無限的活力，有耐力、有雄心和遠見，其他人都投票給他，願意服從他的領導。

剛開始取得的成功，超乎了他們的想像，業務多到讓他們的資金無法周轉，廣告被應用得恰如其分。實際上，杜克公司是當時全美國最大的廣告客戶，每年在這方面的花費高達80萬美元。

隨著業務的進一步發展，公司不得不在杜倫建起一間大型的磚砌工廠，雖然杜倫地區的業務早在西元1875年就開始了，但真正的突飛猛進還不到一年的時間。同時，杜克公司還決定要向紐約挺進，在那裡建起一

家大型工廠，同時加工菸捲和菸斗葉。

詹姆斯・布加南・杜克隨後又開始在大都市建立自己的市場。公司的訂單多到無暇應接。也就是在這段日子裡，杜克先生住在走廊隔成的寢室裡，一日三餐通常就在工廠附近的廉價餐廳裡解決。他將節約下來的錢作為利潤進行投資，從而使年利潤從 4.95 萬美元成為 5 萬美元。不僅如此，他還不顧人們的反對，堅持要求他的股東們，不管是已婚的還是未婚的，任何人每年可以支取的薪水不得超過 1,000 美元。他的企業如滾雪球般越來越大。為了促進信用以及其他一些商業行為，公司於西元 1885 年成為股份有限公司。這樣一來，香菸的年產量迅速攀升到 10 億，相當於美國香菸總產量的 40%，將一些歷史更長、起步更早的公司遠遠甩到了後面。

然而，杜克仍不滿意。因為他在菸草行業所取得的成就，無法與洛克斐勒在石油行業的成就相提並論。前面還有領地需要去征服。

為何不將幾個主要的菸草公司接管過來，形成一間大公司，然後發行股票，籌集資金，統治整個美國市場，順便為開發歐洲市場打基礎？

對於杜克而言，實現夢想從來不會是一件太久的事。計畫最終成型了。這次計畫極具創新意義，他整整花了兩年的時間才讓它初具成效。最終，他於西元 1890 年建立美國菸草公司。該公司除了杜克企業外，還包括了其他 4 間大型菸草公司。

我在採訪中問道：「這麼大手筆的一次兼併，您的主要目的是什麼呢？」

他回答：「我的目的在於銷量和有條理的管理。一個企業要想成功，就必須以更低的價格提供更優質的服務，要想做到這一點，必須要有銷量做保證。我們的目的就是要比別人的價格低、品質好，這一切都要依靠巨大的銷量。我們不單純是要和同行競爭，我們是要促進菸草的消費量，並且廉價出售優質香菸。我想，如果能做到這一點，我知道我們做得到，多數人就會發現，還是購買我們的產品好。

「事情就是這樣，在西元1911年被解散之前，美國菸草公司發展之快，已經達到了3.25億美元的年銷售額，是整個菸草行業總額的80%。其他公司的產品也在全國零售商店銷售，但是我們的產品更好、價格更低，自然就更受歡迎。」

「還有另外一個原因。我們在香菸這一塊擁有相當的地位，所以，我希望能夠在菸草這一塊做得更好。剛開始的時候，全國香菸的銷售總額才僅僅800萬美元，也就是20億支，然而，人們在其他菸草上每年所花的錢卻超過了1億美元。」

那個剛開始建在杜克農場的原木廠房裡的企業，在西元1890年賺到了750萬美元！

而這750萬美元，為美國菸草公司帶來更為重要的東西──詹姆斯・布加南・杜克的服務和智慧。這些服務與決策是必不可少的。在通往「托拉斯」的道路上並非一帆風順，英國生產商透過出口侵占了一部分美國市場，造成相當大的破壞。

西元1901年，詹姆斯・布加南・杜克打點行裝，登上了開往倫敦的船，他此行的任務，就是要在英國本土給英國生產商還以顏色。

在此之前，他從未踏出過美國半步。他對英國以及英國人的偏見、現實一無所知。面對多年來固若金湯的英國同行，這場即將打響的戰鬥有沒有讓他感到膽寒？他才不怕呢！他有信心能夠將這一切搞定。

10天後，他透過電匯拿到500萬轉帳資金，這是他投入戰鬥取得勝利的武器。

「你是怎樣在這麼短的時間內，做到這一切的？」我又問道。

杜克先生回答道：「因為我只有這件事可做。」這樣的回答似乎就是他取得一切成就背後的一個全面澈底的答案。

我接著問道：「那麼，你是怎樣發起這場著名戰鬥的？」那段日子，我恰巧也在倫敦，目睹了整個英國對於美國菸草入侵英國市場的一片譁然和憤怒，媒體上充斥著對美國佬言詞激烈的報導。

杜克先生首先表明，他所做的一切沒有什麼了不起的，然後回答道：「我到倫敦辦事處後，調查研究英國所有的大菸草生產商，了解到他們的生產情況、公司規模等等。兩天後，我決定先從普萊耶公司或奧格登公司入手。」

「我首先去了位於諾丁漢的普萊耶公司，直接向他們表明我的來意，然後徵求他們的意見。他們覺得我是在異想天開，於是，我又去了位於利物浦的奧格登公司。經理願意接受我開出的價格，沒過幾天，公司的總裁就同意這樁買賣，但附加條件是他要一定數量的股份。」

「到了這個時候，英國菸草生產商已完全進入警戒狀態，他們匆匆忙忙聚在一起，組成一個『帝國菸草公司』的聯合公司來對抗我們。他們出現在奧格登公司的股東會議上，表示願意出更高的價格，並以此來破壞我的計畫，然而，由於有合約在先，奧格登公司最終還是被我們收購了。」

緊接著，戰鬥正式打響。英國的每一個生產商都把矛頭指向美國人手裡的奧格登公司，從批發商到零售商一致拒絕來自奧格登公司的產品，各大報紙的批評有如狂風暴雨般落在奧格登公司身上，紛紛指責它將自己出售給美國人的叛徒行為，並敦促每位忠誠的英國人打垮放肆的美國人。

然而，詹姆斯·布加南·杜克也有他自己的絕招。就算是奧格登的產品銷量降了50%，英國人正在為他們的勝利歡呼之時，他也從沒有過片刻的退縮。他不斷地推出促銷方案，也正是在這場菸草大戰的歷史時期，所售出的每一包香菸，即使是最小的包裝都會附帶慷慨的贈品，其中一些贈品幾乎和香菸有著同樣的成本。價格戰已經到達了毀滅性的地步，幾十萬美元花在了廣告上。

戰爭多持續一天，開銷就多 3,000 美元！

不到一年，杜克獲勝了。

儘管他同意將自己所有英國的股份，在數百萬美元的利潤基礎上賣給英國聯盟——帝國菸草公司，但他卻伺機創立英美菸草公司，並獲得了英國聯盟帝國菸草公司的出口控制權，這樣一來，他就在國外菸草業務中占據了主導地位，持續至今。

然而就在此刻，美國政府卻下令解散英美菸草公司。在整個股權分割過程中，有大量的股份不得不拋向市場，這些股份被英國人搶購一空，因此，英美菸草公司的股票在倫敦股市上，要比紐約股市上的價格更高，最終導致的結果就是：英美菸草公司實質上成為一個英國公司，而不再是美國公司。倘若英美菸草公司的主動權在美國人手中，公司在開拓海外市場時候，自然就會偏向於推銷美國產品，可是現在，中國、土耳其、印度以及其他菸草市場已經被開啟，大把的利潤自然而然就落到了英國人，而不是美國人口袋裡。香菸的日銷售額可是高達約 10 億美元！

杜克先生現在雖然是英美菸草公司的總裁，仍然持有美國菸草公司的大部分股權，卻早已退出了公司的管理。

儘管在此次菸草戰爭之前，杜克先生就決定要在國外度過他的後半生，可是，他仍然心繫故土，尤其是美國的南方。為了促進自己的故鄉及其姊妹州南卡羅來納州工業的發展，他醞釀了一套龐大的方案。他創立南方電力公司，為紗廠和其他工廠供電，這些需要用電的地方包括有軌電車、照明設備廠和其他一些需要用電的活動。

這間電力公司為 75 個鎮共 200 多家紡紗廠提供電力資源，這些電力帶動了 350 萬錠紡錘的旋轉，同時還供應著一條全長 125 英里的鐵路用電。南部的紡紗廠現在已經超過了新英格蘭的產量，一部分應該歸功於南方電力公司為他們提供價格公道的電力來源。

即便他一度為了提供足夠的運作資金給公司，而長期節約每一分錢，並督促其他有志向的年輕人也做到這一點，但是現在，他覺得自己已經有資格享受金錢所帶來的舒適家庭生活。他在紐澤西州的薩默維爾購置了房產，並擁有 1,000 英畝的草坪，他的府邸成為這個州的一道風景線。

雖然他非常富有，卻從不亂花錢。他覺得花錢要比賺錢更需要三思而後行。他的理念是要朝著約翰‧戴維森‧洛克斐勒的方向發展，他相信洛克斐勒的慈善行為會讓他名留史冊，因為他是人類有史以來最偉大的樂善好施者。

詹姆斯·布加南·杜克

T・科爾曼・杜邦

　　T. 科爾曼・杜邦（T. Coleman du Pont），美國工程師、實業家和政治家，杜邦公司的創辦者之一，並出任公司總裁，將公司從軍火商發展到世界第二大的化學公司。

COLEMAN du PONT

T·科爾曼·杜邦

我問T·科爾曼·杜邦：「你是怎麼想到要建一座世界上最大的建築物的呢？」T·科爾曼·杜邦是紐約著名的公平大廈的所有者，這座大廈的總價值為3,000萬美元，它為1.5萬人提供辦公場所，擁有2,300間辦公室，可供出租的總面積為122.5萬平方英尺。總共有487名工人在為大樓提供各種服務，有59部電梯在這幢高達548英尺的40層樓房裡上上下下。這座樓房每週可為紐約貢獻出9,000美元的稅金，每年的稅金幾乎達到50萬美元。

「原因嘛，我估計有人已經了解到，這個世界上任何建設性的事情對我都有吸引力。」杜邦回答道，「不管它是摩天大樓也好，狗窩也罷；不管是修建工路，還是鋪設車行道；不論是建煤礦，還是建鋼鐵廠；不論是建一個火藥廠還是在一片不毛之地建起一座農場。

「公平保險公司的人希望這裡能夠有一座大廈，我發現他們在紐約這個經濟中心有這麼大的一塊地，於是，我就有了一個想法，要在這裡建起一座最大的商務辦公大樓，這可是世界上最適合蓋商務大樓的地方。那個時候長期貸款的利息還算合理，而且我也能夠申請到，再加上各方面基本情況良好，整個工期在資金方面也沒問題，就這樣，大樓開工了，最後的結果已經是不言而喻了。」

「既然大廈已經竣工，杜邦公司工作也進行得很順利，我也就不再為此操心。我喜歡構想、計劃、組織，使事情系統化，讓專案成功地確立。接下來，我想做其他的事情。不久前，我退出了杜邦公司。」

他雖然退出了杜邦集團，可他仍然經營著世界上最大的商務大樓，他還控制著公平人壽保險公司近6億的資產、肯塔基一處重要的煤礦、特拉華和馬里蘭的大型農場。他還自己出資200萬在特拉華建立一條橫跨全州的示範高速公路。他積極參與幾個大型賓館的投資建設，據說還是特拉華州共和黨的領導人（他否認了此事）、特拉華共和黨委員會的成員，其他

的我就不清楚了。

我接下來的問題是:「你為什麼要從摩根公司那裡,買下公平保險公司的股權?」

「大樓剛竣工之時,公平公司是最大的承租客戶,他們跟我打交道的方式真的是非常公平,所以我想,買一點公平保險公司的股票,讓公司的業務多樣化一些也不是什麼壞事。我一貫堅持公司業務要多樣化,公司的業務早在幾年以前就應該多樣化了。我一直以來都迫切希望能夠有一個全面合理的合作計畫,一個既對保險投資人公平合理,又能讓公司管理者滿意的計畫。」

在美國人的印象裡,「杜邦」這個名字似乎是火藥和富有的代名詞。科爾曼·杜邦在真正擁有屬於自己的財富之後,開始管理杜邦公司(那時候杜邦公司的產品以火藥為主),38歲那年,他退出了正如日中天的杜邦,選擇過上悠閒的生活。

我又嘗試性地問道:「你又是怎樣介入杜邦火藥公司的管理中呢?這一定是個有趣的故事吧!」

「我當然會告訴你。」他用一貫直截了當的方式回答道,「公司的總裁尤金·杜邦去世後,家族中沒有人願意接替他的職位管理公司。一天我收到了表兄艾爾弗雷德·I·杜邦的一封信,要求我考慮一下管理公司的事。與艾爾弗雷德商量過後,我和其他幾位來自老火藥廠的家族成員認真討論了這件事。可他們當中誰也不願意積極投入,去擔當起管理公司的重任。接著,我找上皮埃爾·S·杜邦,他住在俄亥俄州的洛蘭,後來來到東部。我們把計畫告訴他,最後,老火藥廠的成員、皮埃爾·S·杜邦、艾爾弗雷德·I·杜邦和我經過會議商定的結果是,我們三個年輕一點的堂兄弟共同管理這間公司。」

「當我們接管公司時,公司總部,也就是我們的辦公所在地只有7名

職員。然而,這間公司對其他生產火藥的公司卻抱有濃厚的興趣。」

「公司現在有多少職員?」我問道。

「我離開時,總部辦公室大概有 1,600～1,700 名員工,我想現在大概在 2,500～3000 之間吧!」

在歐洲爆發那場不幸的戰爭之際,公司良好的管理產生的成果充分地展現出來。順便提一下,杜邦公司的發展規模要比原計畫的多出 100 倍。許多訂單杜邦公司都做到了提前交貨,雖然他們一次專案要僱用 4 萬名工人,卻從來沒有發生過罷工事件!

我問道:「你們是怎麼做的呢?」

他回答:「我們所做的第一件事情,就是將杜邦公司的幾個分公司及其下屬子公司,合併為一個股份合作制公司,這樣一來,每個部門既提高了效率,又節約了資金。重組後,公司實行系統調理的統一化管理,採取最佳管理模式,建立不同的部門,各部門均由部門經理負責,並且將經理的業績和他的獎金掛鉤。

「我對火藥生產幾乎一無所知,只在學校裡學過普通化學課。我的堂兄弟們有這方面的知識和經驗,不過對於公司的管理,我卻非常在行,我在好幾個行業中都有管理經驗,我可以在公司實行有效的管理。

「我們聘用的都是當時最優秀的人才,一共高薪聘請了 6 個人,可他們對我們而言仍然是最便宜的勞動力,因為他們的才智每年能夠為公司帶來巨大的財富。」

連續四五年來,科爾曼・杜邦一直都是起早摸黑地工作。他痴迷於火藥,腦子裡想的是火藥,嘴裡說的是火藥,夢裡夢到的是火藥。3 年後,公司一舉獲得成功,從此便以飛快的速度繼續向前發展著。

公司實行的新型管理極具主動性,他們積極投資火藥生產以外的一些

副產品。如今，杜邦公司不只是最大的火藥製造商，還是最大的皮革替代品生產商——在去年全國所生產的 150 萬輛汽車中，有 60% 都用杜邦生產的 Fabikoid（人造皮革）座套，其中一款產品的價格，和你我腳上所穿的皮鞋價格相差無幾。杜邦還生產大量的象牙和貝類替代產品，電影膠片是杜邦公司的主打產品之一，乙醚和麻醉劑這些可以讓外科手術在無痛的情況下進行的、奇蹟般的化學物品，在杜邦公司的產量要比美國其他公司多得多（我面前有一張單子，上面列出了 251 種杜邦公司生產和銷售的產品）。

然而，在公司業務蒸蒸日上之時，T·科爾曼·杜邦竟然選擇退出！這正是他的個性。他已經完成自己的使命，公司運轉正常，每項工作都實行了系統化和標準化管理，所以，他就用不著把注意力都放在公司了。

如果有人告訴你，在和平時代，杜邦公司生產的產品只有不到 2% 用於軍事方面，你可能會感到非常意外。杜邦公司每年為美國政府提供了大部分所需軍火，不過，這只占了杜邦公司每年火藥總產量的 1% 多一點，其他將近 99% 的產品均用於開礦、鐵路修建、公路建設、採石場、農業、體育、皮革替代品以及其他各式各樣的用途。

科爾曼的性格決定了他必然能成就一番事業，他的朋友們一致看好他，都說他有朝一日能成為全國舉足輕重的人物，類似於羅斯福那樣的人。他身材高大，19 歲時就有 193cm，體重 105kg。他熱愛各種體育運動——他是划船隊中的主舵手、橄欖球隊的隊長、九人棒球隊的隊長，跑 110 公尺只需要 10 秒，能以牛仔般的技術將馬馴服，他擅長射擊，勤於游泳，是拔河比賽中的明星，在拳擊和摔跤運動中也是常勝將軍。

每每提及自己的大學生活，他總喜歡自嘲一番：「我要是學習也能像體育那麼出色，那我肯定早就是教授了。」他從各方面注意保持體形，所以離開學校後，他的體重還沒增加 5 磅。他寬闊的肩膀就像傑斯·威拉

德，他的肌肉健美而結實。

他是民主的化身。這種民主不是虛偽的、偽裝的、冒牌的，也不是故意裝出來的。當初在肯塔基煤礦親自趕騾子、扛鋤頭的時候，他就明白了什麼是民主，幾百萬美元的進帳他都親自參與。美國的千萬富翁中，沒有人比他更平易近人。為他工作過的人崇拜他，他能和工人們打成一片，總是隨時準備為他們伸出援手，而不是去訓斥他們。

他樂於助人。在電車上，他會替售票員賣幾個街區的票來減輕他的工作量，遇到帶孩子的老人，他會將他們護送下車。他認真做著這些事，彷彿自己就是那個靠著每週20美元生存的售票員一樣。

科爾曼還是個踏踏實實做事情的人。美國人喜歡實幹家，不喜歡空談家。他從基層工作做起，不久後當上肯塔基一個煤礦的礦長，他積極地促進中區市的發展，讓它成為工人們願意居住的地方。到後來他還擔任其他幾個煤礦的礦長，至今仍然關注著它們。他在鋼鐵行業也相當成功，鋪建了城市有軌電車軌道，並成為其經營者。接下來，他又負責籌建全美國最卓著、最有前景的企業——杜邦火藥公司。另外還有一條共投資200萬美元、橫貫整個特拉華州的高速公路正在建設中，竣工之日，這條公路必然會造福於整個特拉華州人民。

他還是麻省理工學院（他的母校）理事會的成員，並為她的發展貢獻了100萬美元。他把自己的遊船命名為「理工號」——他的「理工二代」遊船在西元1915年打破了紀錄。他投資農場，並獲得成功，他大量培育良種役馬，擁有多群有血統證明的牛、羊和豬。在威爾明頓時期，他積極投入國防事業，建立起一支快速有效的民兵衛隊。在他看來，每個市民都應親自保衛自己的家園，而不是把這一切全交給國家軍隊。在連續三屆的特拉華州長任期中，他的軍銜皆為準將。

他並不是一名政客。但是為了打破特拉華州連續12年來，在國會沒

有議員席位的局面，他毅然踏入政治圈，與多年來控制著特拉華州的「空談家」阿迪克斯展開角逐，一舉將他擊敗，並將其趕出政界。他當選為州議員，卻拒絕參議員總統競選活動，一直到後來始終如此。身為美國共和黨委員會的成員，他曾在西元1908年支持塔夫托的競選活動（共和黨總統候選人），並一度擔當這次競選活動發言小組的負責人。西元1916年，他在特拉華的朋友們再度提出讓他參加總統競選活動，這位將軍卻告訴他們，自己被他們高估了。

科爾曼·杜邦的父親安東尼·比德曼·杜邦不是杜邦公司的成員。他的父親在年輕時和自己的一個弟弟來到西部尋求財富，最後，他們定居於肯塔基州的路易斯維爾，西元1863年12月11日，科爾曼·杜邦就生於此。老杜邦兄弟在西肯塔基州涉足造紙業、煤礦業和市內電車軌道的鋪設，也經歷了一些起起落落。

科爾曼·杜邦從小就對建築感興趣，長大後就讀於著名的麻省理工學院，在那裡接受採礦工程學方面的正規訓練。從理工學院畢業後，他來到肯塔基州的中區市學習開採煤礦，從最基本的東西學起。他肩上扛著鋤頭，親自挖煤；他趕騾子餵馬，在鐵匠鋪幫忙打鐵，替騾子和馬釘蹄鐵，做木工活，當消防員，開機器修車，負責機械方面各種問題的處理。他過著礦工一樣的生活，和他們相處融洽，並參加他們的婚禮和葬禮以及生活中其他一些大事。他是整個礦場上最受歡迎的人，還被選為「勞動騎士團」的成員。「勞動騎士團」在當時就相當於今天的「礦工工會組織」。

他被提升為主管後，為發展中心煤礦和鍊鋼公司，使其成為實力強大的企業做出了貢獻。中區市從一個只有一間綜合商店、幾座零散農舍的小村莊，發展成為今天繁榮的工業城鎮，7,500位居民住在一排排整齊的標準住房裡，他們大多是工人。身為社區裡重要的人物，主管杜邦在中區市的改造工作中首當其衝。在他的帶領下，工人們懷著無比的熱情，為提高

自己的生活和工作環境而奮鬥。正是他的這種人氣和民主精神，讓他在整個中區市的發展過程中，成為一名高效率的領導者。

他在取得這一切成就時，還不到30歲。30歲那年，他離開了肯塔基州前往賓夕法尼亞的約翰斯頓。

我問道：「為什麼你放棄了當時的一切，離開自己扎根的土地？」

他回答道：「在肯塔基西部，就算你是當地最大的煤礦公司的總裁，你的年薪也不過就是4,000美元。我想要嘗試一下，看自己是否還能夠做得更好一點，賺到更多的錢。我下決心要在美國最大的行業裡闖蕩一番。」

「阿瑟‧J‧默克塞姆和湯姆‧L‧約翰遜兩人，在賓夕法尼亞州約翰斯頓共同擁有一家鋼鐵廠。他們曾經是我父親工廠裡的工人，每天50美分的薪資，湯姆‧L‧約翰遜到後來成為克里夫蘭市的市長。所以，我就在他們賓夕法尼亞約翰斯頓的鋼鐵廠當一名經理。」當時的約翰遜公司變成後來的洛蘭鋼鐵公司，現在它是美國鋼鐵公司的一個子公司。

過了五六年之後，科爾曼‧杜邦已躋身於市內電車軌道的鋪設行業，業務規模也得到進一步的擴大，例如，他在約翰斯頓購買鐵軌後，再把它們運到紐澤西、紐約、阿拉巴馬投入使用。

「我並不喜歡工作。」這是他對自己的評價。

「什麼？」他出乎預料的話讓我不由得驚叫了一聲。「你不喜歡工作，卻做了這麼多工作！」

「雖然每天我都希望能夠在娛樂中度過，但是我一定要工作。我要麼不工作，工作起來就非常投入，這是我必須做到的，因為我認為值得去做的事情，除了認真做以外別無選擇。我不會只為了錢而投入極大的精力，除非沒有這些錢生活就沒辦法繼續下去。你總得為朋友考慮一下吧！對於一個大型的建設性專案來說，沒有資金將一事無成。」

正當他的事業發展到這個階段之時，威爾明頓的杜邦公司讓他去負責領導整間公司的管理，並帶領公司走向繁榮，時間已經證明了他所做的一切是何等的成功。

科爾曼·杜邦對於公路修建和養護有他自己的觀念。在提高全民公路意識方面，他所做的貢獻是最大的，他讓美國人民明白不論是和平時代還是戰爭年代，良好的公路系統都是非常必要的。

他表明：「我相信，在未來的25年裡，用於公路修建的資金，要比過去25年所投入的資金多得多。我從19歲就開始修路了，在那個時候我就覺得把路上的坑填起來，比把陷進去的馬車抬出來要便宜、容易得多。」

「要想養護公路，就得制定相關的法規，要想讓公路保持良好的路況，就必須養護它。這需要花錢，而且要花很多錢。所以我希望能夠透過這個首次推出的計畫，來減少公路稅收（現代人最大的痛苦之一）。我的計畫就是讓州、郡或個人，不管是誰出資修路，都應該在路邊留出相應的寬度，比方說在250英尺中留50英尺出來，用作管道或電話等商業活動。一條好的公路往往會帶動周邊地區發展，讓州、郡或個人將留出的那部分路段租出去，這樣一來，所得到的收入很快就會遠遠大於用來養護公路的稅收。

「我來舉個例子，據我所知，大約在西元1791年的時候，紐約州通過了一條法律，撥款3萬美元修建一條從紐約市的運河街，一直向北延伸的一條石子路，能修多長就修多長。若是紐約州或紐約市那個時候，就在百老匯街從運河街到塔里敦的道路兩邊，留出了100英尺提供商業服務的話，如今年收入恐怕早已達到一億美元。」

「這就是我在修建特拉華公路時所遵循的原則，我將把整條公路交給州政府，把建在周圍的產業託管出去，這樣一來，從中獲取的收入就能源源不斷地用於公路養護和其他方面。」

T・科爾曼・杜邦

科爾曼・杜邦的妻子來自威爾明頓，是他的第二個堂妹，名叫愛麗絲・杜邦（Alice Elsie du Pont）。他在肯塔基煤礦工作時，他們就結婚了。他有三個女兒和兩個兒子，其中兩個女兒已經結婚，大兒子在麻省理工學院讀大學，小兒子在希爾中學裡讀書。

喬治·伊士曼

　　喬治·伊士曼，美國發明家，柯達公司創辦人以及膠捲發明人。被譽為「為人類留下美好記憶的光影世界的締造者」。

GEORGE EASTMAN

柯達公司的誕生與成長是一個鮮為人知的故事。

這是一個關於貧窮與勇氣、奮鬥與堅持、希望與絕望的故事，故事裡的人物命途多舛。一位寡居的母親，拖著病弱的身體，全家經濟狀況極為拮据。危急之中，年紀尚輕的兒子毅然決定挑起母親的重擔，支撐起整個家。我們彷彿可以看到一個年輕人白天在公司當職員，晚上就在一間臨時租用的小工廠裡做實驗。他整晚待在實驗室裡，只有在等待化學反應結果時才能打個盹，睡上一兩個小時，有時連續好幾天他都不曾沾過床邊。

後來，成功澈底結束了他的職員生活，讓他擁有一個簡單的家。這位年輕發明家甚至因此聲名鵲起，他的攝影感光板被人們公認為是有史以來最好的。於是，他開始專門生產這種產品。

接下來，他遭遇了嚴重的、莫名其妙的、不明原因的失敗。他的公式，那條在攝影界轟動一時的化學方程式，竟然存在著很大的問題！無數個不眠之夜的反覆研究與實驗似乎收效甚微。災難就這樣降臨了，誰也不知道為什麼，誰也幫不了他。他和他的工人們面臨著滅頂之災。

然而故事的結局卻是：失敗並沒有讓這名年輕人氣餒，他的聰明才智最終帶給他巨大的財富。這就是喬治·伊士曼的故事，是他讓每個普通人都可以拿起相機拍攝，是他讓美國成為全世界攝影材料的最大供貨商。

當然，故事中自然也會講述到這個曾經受過貧窮洗禮的年輕人，在成為百萬富翁之後如何利用這些財富。人們冠以他發明家、化學家、科學家、企業家、行銷家、金融家這些稱號，可是，除此之外，我們還應該再授予他另一個稱號：公眾福利家。晚年時期的喬治·伊士曼在如何合理地應用自己的財富方面所花的精力，絲毫不亞於在如何創造財富方面所花的精力。

在故事結尾時，我們還可以補充一點，從這個故事的主角身上，你可以看出來什麼是謙遜。當他連續幾週露營在叢林的帳篷裡，或者去山裡勘

探時，他總是自己動手做飯；當他去南加利福尼亞州視察自己建立大型標準農場，向農場的黑人傳授現代化農業技術時，還會親自拿起工具和農具，教他們如何去做。

下面，我來將整個故事詳細地敘述給大家看。

西元 1854 年 7 月 12 日，喬治·伊士曼出生於美國紐約的瓦特維爾，6 歲時，舉家搬到了紐約羅徹斯特，不到一年，他的父親去世了。他的父親是商業學校的創始人，他去世之後，其所建立起來的一切，雖然在弟弟的管理之下持續了一段時間，但這一切無法長期支持他們的生活。

喬治是家裡唯一的男孩，他還有兩個妹妹。他 14 歲時被迫輟學，去一間保險公司上班，每週的薪水為 3 美元。即便身體有些殘疾，他的母親仍然是個能力出眾的人，精心操持著這個小家庭。

伊士曼先生一邊回想著往事一邊說：「從那個時候起，我就對貧窮有一種莫名的恐懼，它像一場噩夢般日日夜夜縈繞在我心頭。我每花一分錢都要十分小心，儘管我自食其力，還設法補貼家用，但工作第一年的時候，我還是想辦法積蓄了 37.5 美元，然後把它們存入銀行。」

他雖然還是個孩子，卻已經意識到，要想擺脫貧窮，過上出人頭地的日子，努力工作是唯一的途徑。他的收入很快就達到了每年 600 美元，這是這間小小的保險公司所能給出的最高薪資。不過他的雇主深知這個男孩的價值所在，就推薦他去儲蓄銀行當記帳員，這樣一來，他每年就可以賺到 1,000 美元了。

他頭腦靈活，雙手靈巧敏捷，還喜歡擺弄各種工具。所有這一切加起來使他在工作之餘成為一名業餘機械師。很快，他就有了一間自己的小實驗室，他把大多數時間都花在這裡，許許多多由他設計發明的機械裝置就在這裡誕生。他渴望旅行，想看看這個世界上人們發明建造起來的新鮮事物，他對知識有著難以遏制的渴望。他想要去旅行的想法引發了另一個想

法：他必須弄到一架照相機，把自己所看到的一切記錄下來。

他花了5美元請羅徹斯特當地的一名攝影師詳細教會他如何攝影，以及隨後的溼版處理過程（將化學物質塗抹在玻璃片上，然後等待影像的形成）。整個攝影過程所採用的方式留給他的印象是彆扭、煩瑣和令人不悅。

他在攝影領域所取得的第一個成就，是發明了一套行動式攝影器材。在伊士曼改進溼版處理過程時，他升遷了。此次升遷讓他不得不將手頭的實驗工作暫時先放一旁，因為新的職務意味著銀行會將更關鍵、更繁重的工作交給他去處理。

緊接著有消息從英格蘭傳來，英國人發明了明膠乾版處理技術，這條消息立刻引起伊士曼的濃厚興趣。儘管他除了從雜誌上得來的一些資訊以外，沒有任何技術方面的消息來源，但他仍然決定要親自投入實驗。在經過幾次失敗之後，他開始小有成效。重要的是，他還感覺到這種產品適合大量生產。

也就是說，乾版可以生產和銷售，而舊的溼版處理過程的局限性，決定了人們只能銷售攝影所必要的化學材料，買家必須親自去拿這些原材料（硝酸銀、火棉膠和一塊玻璃），然後再把自己用黑帳子覆蓋起來，將火棉膠塗在玻璃上，再把它浸泡在一個盛滿硝酸銀的大盆子中。專業攝影師以外的任何人，幾乎都不會為了拍張照片而去做這樣的事情，因為就算是做了，往往也會以失敗告終。然而，乾版則不同，它可以大量地生產和銷售。

喬治·伊士曼嗅到這種巨大的可能性，機會向他敞開了懷抱，他將成為一名乾版製造商。

可是，他家庭的責任怎麼辦？現在（西元1879年），他在銀行的年薪有1,400美元，而且，他是母親的唯一支柱。新的探索充其量也不過是嘗

試一下，當時，國內外有許多人都在研究乾板技術，所以他無法保證自己可以靠這個來謀生，畢竟他過怕了窮日子。

然而，志向和直覺呼喚著他繼續前進，他的謹慎機敏和對事情良好的判斷力，最終使問題得到解決。他以每個月幾美元的價格租下一間小工作室，僱了一個年輕人負責白天的日常事務，到了晚上他從銀行下班後，就在實驗室裡親自去做複雜的化學實驗。通常他在銀行的工作時間不會很長，只是若到了結算利息和清帳的時候，加班是免不了的。每每到了這個時候，年輕的伊士曼整晚奮戰在實驗室裡是稀鬆平常的事，他顧不上脫掉衣物，也沒時間躺在床上，只能在化學反應發生的這段時間裡打幾個盹。星期六晚上他會回家睡覺，常常一覺就睡很久，星期天也就起來吃一兩頓飯。

功夫不負有心人，他發明的伊士曼乾版很快就有了名氣，市場需求量迅速地超過他和助手的生產能力。

我問伊士曼先生：「您生產的乾版效能優於其他類似產品，背後的祕密是什麼呢？」

「我恰巧發現一個非常有用的化學公式，多少有些幸運的成分吧！」他謙虛地回答道，「即使是 30 年後的今天，配置適當的感光乳劑也得靠經驗，也只有幾個人可以辦得到。化學家們至今仍無法完全明白，影響感光性靈敏度的化學反應過程。比方說，在千分之一秒內膠片成像的原理，與花上幾秒鐘在氯化銀照相紙上成像的原理有什麼不同？到現在還沒有一個澈底的、科學的明確界定。所獲得的感光度的大小，也完全取決於個人經驗，到目前為止，也不過就那麼十幾個人有這種技術。那個時候，我正好抓住了機會，將這幾件因素很好地融合在一起。」

當初那個教他如何照相的攝影師，欣然買下自己的學生經過巨大改進後的技術。當這位攝影師在千島群島拍攝時，正好被當時最大的攝影器材

經銷商和進口商注意到。他拍照時不用黑帳篷，令這位經銷商感到十分奇怪，就問他在做什麼。得知這是一位住在羅徹斯特的年輕人，發明的一種拍攝效果良好的明膠乾版後，他勸說伊士曼將產品的樣品拿到紐約去。這家公司確認了伊士曼的產品是市場上最好的產品，他們以批發價購買大量乾版。伊士曼為這家公司保留了經營的優先權，他不會將產品以更高的價格賣給零售商。

伊士曼為自己的產品打廣告，從那天起，他的產品就開始變得供不應求。到年底時，伊士曼辭掉了銀行的工作，全心全意地投入乾版的生產中，因為他原有的產量甚至無法達到批發商訂單的一半，因此，批發商感到十分不滿意。伊士曼和客戶之間有一個頗有新意的協定，他們同意每個月從伊士曼手裡購買最低數量的產品，包括冬天這個淡季在內，但是要在貨到之後立刻付款。

「那個時候，我的資金並不是十分充足，」伊士曼回憶道，「我覺得這項約定相當不錯，可後來它幾乎毀了我。」

伊士曼公司擴大了規模，西元 1881 年 1 月 1 日，從小寄養在伊士曼母親家裡的亨利・A・斯特朗（現為伊士曼柯達公司的副總裁）加入了伊士曼公司，成為第一位合夥人，公司也由原來的一個公司變成聯合公司。每個月的產量上升到約 4,000 美元的乾版，所有的這些產品都賣給了批發商，他們同意購買在冬天淡季時生產的全部產品。

然而，當春天來臨時，客戶們對伊士曼產品品質的投訴如潮水般湧來，收到的次品投訴與日俱增。公司和伊士曼溝通，他簡直無法相信自己生產的乾版會出問題，然而，情況卻變得極為糟糕，他只得匆匆忙忙趕往紐約，為存貨中喪失感光能力的乾版樣品做測試。伊士曼百思不得其解，陷入了苦苦的思索。

最後，他發現越早生產出來的乾版，感光能力就越差。這些乾版在運

來時，就那麼一個個疊放起來，最新運來的，則最先被賣出去。想到這裡，他立刻恍然大悟，他的產品存在一個嚴重的問題，這個問題直到今天才暴露出來，這個問題就是，時間會削弱他這種乾版的感光度。

伊士曼毫不猶豫地同意收回全部未售出的乾版。這次不幸事件幾乎讓他尚未成熟的事業毀於一旦，但是他堅信，在他伊士曼的字典裡沒有「失敗」二字。透過增加乾版的化學活性，伊士曼和他的合作夥伴們很快就收復了失地，用新產品替代舊產品，公司再度繁榮起來。

然而就在當時，一切在一夕之間全變了樣！

伊士曼再也無法生產出高品質的乾版了。儘管他盡力嘗試，可生產出的乾版再也沒有良好的感光度。

伊士曼日日夜夜思考著、研究著、煎熬著，竭盡全力去弄清楚問題所在。他絲毫無法改動自己的化學方程式，可是，不改變的話就沒辦法繼續用下去。能想到的辦法他都嘗試過了，結果都是徒勞。他似乎失去了開啟成功之門的鑰匙。

他的工廠必須停工，生產這種不合格的乾版沒有任何意義。他該怎麼辦呢？關閉工廠，再重新找一份職員工作？

「在經歷了接下來的一切之後，我以後生活中的麻煩事情根本就算不了什麼。」伊士曼先生前幾天對我講起。的確，逆境永遠無法將他壓倒，逆境只能讓他思路更開闊、更有勇氣、更堅定、更堅持。

伊士曼突然之間從人們的視線中消失了。一週，兩週，三週，四週過去了，工廠裡一片沉寂。

終於有一天，伊士曼回來了，他帶著智慧，口袋裡裝著新的配方。他去了一趟英格蘭，他去紐卡斯爾的莫森──斯旺公司，他們生產的乾版是全英國最好的。他買下了他們的配方，並且連續兩週在那裡工作，以確

保完全掌握操作過程的每一個階段和細節。

刻不容緩，工廠又重新開工了。儘管這次生產出來的乾版不像以前那麼好，但它卻是美國市面上最好的，也可以和國外一流的產品相媲美。停工只給伊士曼公司帶來一些暫時性的動盪，客戶的滿意度又恢復到以前的水準了，一切均未改變，唯一改變的是伊士曼這段日子以來，因過度操勞悄然而生的白髮。

那麼，他的乾版究竟為什麼會失去感光能力呢？伊士曼不把原因弄清楚是不會安心的。最後，他發現自己一直以來都在使用一種明膠來製作感光乳劑，而這種明膠所生成的感光乳劑在過了一段時間後，會慢慢失去它的效能。可是，目前他所知道的其他明膠都無法替代原有的明膠，原因他無法解釋。其他的方法他也嘗試過了，但終究還是徒勞，其他方法對他的配方都沒什麼用。

從西元1879～1880年間，伊士曼的工廠開始發展。在西元1881年與斯特朗的合作確立之後，他們搬到一座自有的建築裡，西元1882年又增加了一座廠房。乾版製造是公認的高利潤行業，有無數的企業也投入這一行，競爭導致降價，市場供大於求，到西元1884年時，前景就顯露出了一片黯淡。

伊士曼並沒有一籌莫展，他在考慮如何讓事情有所改變。從一開始，他就是一個著迷於改進現有一切的人，這一次，他要著手尋找玻璃替代品。與生俱來的遠見告訴他，攝影行業的前途與未來就在非專業攝影這一領域。倘若他能夠讓攝影成為一件簡單的事情，那麼潛在的需求將是無可估量的。

當時的威廉·H·沃克已經退出乾版生產行業，因為他似乎也看到了這個行業的窮途末路。於是，伊士曼在威廉·H·沃克的幫助下，開始進行攝影膠片的實驗。這樣一來，涉及的問題不光是能否生產出令人滿意的

膠片，而且還必須設計出和它相配套的、方便攜帶的照相機機身。在他們的共同努力下，一款塗有感光明膠的柔韌材料終於誕生了，同時，他們也設計生產出一種可以固定膠捲的裝置。即便有無數個技術和化學難題需要攻克，但是巨大的進步證明，西元1884年10月伊士曼乾版膠片公司所進行的改組是正確的，該公司後來購買了斯特朗、伊士曼和沃克在歐洲的專利。

西元1885年3月，第一款紙質膠捲架被製造出來，沃克先生被派到英國開設分廠。雖然紙卷固定架早在伊士曼出生那一年就獲得了專利，不過帶有負片（底片）的膠捲固定架，才是一件真正具有商業價值的產品。

然而，這樣的進步並沒有讓伊士曼感到滿足。與其出售裝入照相機的膠捲固定架和膠捲，為何不發明一種帶有膠捲的照相機呢？這樣一來，初學者不就也能照相了嗎？伊士曼著名的口號「你只需按下快門，剩下的由我們來做！」就這樣順勢而生了。

這款照相機被叫做「柯達」，它誕生於西元1888年6月。

我問伊士曼先生：「您為什麼替它取這個名字呢？有什麼特殊含義嗎？」

他回答道：「它沒有任何特殊含義，我們就是希望能讓它有一個好聽的、令人印象深刻的名字，只要是一個不容易拼寫錯誤或發音錯誤的詞就夠了。最重要的是，要是一個能夠當註冊商標，並在這方面經得起任何攻擊的名字。在此之前，我們曾因為自己的產品有侵權或名字相類似，而遭遇過不小的麻煩。」

第一款柯達產品是一臺裝有100張密封底片的相機，價格為25美元。當這100張底片用完之後，照相機可以退還到羅徹斯特，或者交給當地的代理商，再由他們送到總公司。膠捲必須在暗室裡被取出。

柯達相機為全世界開啟了一扇攝影之門！

當然，西元 1888 年生產的柯達相機，並不是今天的柯達相機。要想看到拍攝效果，100 張底片必須全部拍完並且沖洗出來。紙質膠捲得由專家來處理，而且，其他方面也有不盡人意的地方。

伊士曼先生絞盡腦汁地尋找紙質膠捲的替代品。他向一名有才華的年輕化學家簡短地講述自己的想法，這位年輕人在經過反覆實驗後，研製出一種蜂蜜狀的物質——這種物質是火棉膠與甲醇發生化學反應後的產物。這並不是他們想要的結果，不過，伊士曼先生立刻注意到，這種物質也許能用來替代紙，讓膠片成為透明膠片，這是他的一個長遠目標。一次次的實驗表明，要想得到厚度統一的透明膠片，最好的方法就是將這些膠體均勻地塗抹在一塊玻璃板上。他們立刻就造了一個 100 英尺長的臺子，專門用來加工透明膠片。然後，這些膠片帶可以切割成任何想要的長度。

愛迪生實驗室那裡立刻就傳來了詢問，要確認伊士曼公司是否已經發明了透明膠片，如果確有其事的話，愛迪生先生希望能夠立刻得到一些。

這種膠片讓電影的產生成為可能。事實上，愛迪生在維持他早年發明的電影機專利時，法官表明，這種機器最重要的部分要歸功於膠片的發明。愛因斯坦先生後來也承認，電影的誕生最主要還是靠透明膠片的發明。

頃刻之間，訂單就多到讓伊士曼公司無暇應接的地步。許許多多的攝影業餘愛好者，只要擁有暗房就可以自己沖洗照片。於是，帶有不同膠捲的、各種規格的柯達相機被生產出來，工廠又僱用了幾百名追加勞動力。從那以後，享譽全球的柯達工業園區正式開放。

接下來需要解決的問題是：如何能夠不進暗房就完成膠捲的裝入和沖洗工作。伊士曼先生設計出幾種特殊相機，這些相機所使用的膠捲兩端均附有黑色的紙，這樣一來，就可以在光照條件下裝入膠捲。但是，另外一位發明家塞繆爾·N·特納卻使用一種今天每個人都非常熟悉的方法，這種方法需要在照相機的背後開一個視窗，將整卷膠捲的背面都覆蓋上一層

黑色的紙，並標上數字。伊士曼用 4 萬美元買下這項小發明，這在當時（西元 1894 年）可是不少的一筆錢。

西元 1902 年，膠片沖洗機的發明是技術進步道路上的另外一個里程碑。這是一位名叫阿瑟·W·麥柯迪的年輕人的發明，當時，他是亞歷山大·格拉漢姆·貝爾的私人祕書。他埋頭苦幹了幾個月，可仍然不見成效。絕望之中，他幾乎就要放棄了。這時，他把自己設計的東西拿給伊士曼先生看，伊士曼為他指出這個設計的問題所在。

他的思路是對的，實際操作起來卻有一個致命的缺點。伊士曼先生向他解釋其中的原理，建議他繼續努力，成功後再來。麥柯迪直接走進柯達公司的實驗室，還沒過 24 小時，他就將自己的成功之作交給了伊士曼。從那天起至今，他不需要再親自動手去做什麼事情了，因為他成功地獲得柯達公司全體員工的忠誠，現在，他已退休，在不列顛哥倫比亞溫哥華的家裡享受生活。

西元 1904 年，直板膠片的完善，似乎意味著柯達公司在攝影器材領域的發展暫時告一段落。

西元 1914 年，柯達公司又推出一款全自動照相機。這之前的 10 年裡，一直沒有什麼重大的進一步發展。當全自動照相機的發明者亨利·J·蓋斯曼第一次找上伊士曼先生時，他的想法是不切實際的，可是在他的缺點被指出來之後，他重新進行設計，卻又一次的被拒絕。他一次又一次返回來，總是帶著不減的熱情。最後，他終於帶著 30 萬元的支票離開，而且，不再另收專利的使用稅。

伊士曼柯達公司的成長是全球的商業奇蹟之一。從僅有一名助手開始，伊士曼員工大軍已擴展到了 1.3 萬人，另外，還有 1 萬多人專門經營柯達產品，以此謀生或增加收入。位於羅徹斯特的柯達工業園區裡一共有 90 座大樓，樓層總面積為 55 英畝，其中有一座七百四十英尺的大樓。還有 4

間工廠也坐落於羅徹斯特，工廠共有 8,500 名工人。根據美國人口調查局的分類，這些工人代表了 22 個行業，229 個不同的職業！

就在伊士曼開始在他的小工廠裡和衣而臥之前，美國全部的攝影材料均由國外進口。接下來的 40 年，尤其是後 20 年，伊士曼柯達公司讓世界各地的財富湧入美國，發薪資給幾萬名工人，讓柯達公司的股東得到了豐厚的投資報酬。柯達統治著整個攝影界，在這裡，美國發明天才、科學天才、化學天才的才智得到充分地施展，更為重要的是，它是喬治·伊士曼智慧的證明。

伊士曼與生俱來的謙虛，讓他的成就沒有得到更為普遍的承認。上一輩偉大的科學家洛德·凱爾文認為，伊士曼是一位地位獨特的化學家和科學發明家，並一直以公司顧問的身分和他合作。伊士曼之所以能夠克服重重困難不斷前進，人們對其產品的需求量之所以不斷擴大，那些帶有伊士曼商標的產品之所以能夠享譽全球，所有這一切都歸功於他難能可貴的精神──集智慧與勤奮於一身，不惜一切代價提供最佳服務的精神。他不只在提高產品品質的實驗上花費幾百萬美元，還花錢請專家嚴格檢驗出廠的每一件商品。「精益求精」始終是他的座右銘。

就像其他一些獲得巨大成功的美國企業家們一樣，伊士曼最終成為那些心胸狹隘的政客們的攻擊目標，「反托拉斯」的那種瘋狂，令他們一個個興奮不已，把企業做大做強就是犯罪。對美國人來說，生產出品質最好的產品，建立起在全世界擁有分公司的大企業被看成是一種犯罪。當美國政府宣布要拿伊士曼柯達開刀時，公司盡可能地主動在司法部感到不滿意的方面做出調整，但是再怎麼調整也擋不住政界的長時間爭論。儘管國內外發生的一些事件有遏制這種「反托拉斯」情緒，也表明了建立大企業聯合會的必要性，不過這場爭論仍然持續至今。

當然，全體伊士曼員工也盡可能地讓公司在不引起爭端的情況下，成

為行業的佼佼者。就像石油行業的約翰·戴維森·洛克斐勒、菸草行業的詹姆斯·布加南·杜克、電訊行業的西奧多·牛頓·魏爾，以及其他一些行業巨人一樣，伊士曼跟對手競爭也是使盡渾身解數的，同時，也採取了一些與眼下盛行的《謝爾曼法》格格不入的方法，但是，這些方法在當時是極為常見的、普遍被人們接受的，而且也是絕對合法的，甚至被後來的司法部長所接受。

喬治·伊士曼把金錢看得很淡，除非是用這些錢去實現有價值的目標。他的生活相當簡樸，沒有孩子，終身未婚，在某種程度上，羅徹斯特就像是他的孩子。他送給羅徹斯特的禮物有：贈給羅徹斯特大學和綜合醫院大筆的捐款，捐款給哈尼曼醫院、順勢療法醫院、慈善之家、兒童醫院、基督教青年協會和城市公園。他為孩子們提供的牙科診所大概是全美國最好的，他在市政建設上也投入大量的金錢和精力，其中一項計畫就是建立市政研究局。他出資蓋羅徹斯特商會大樓，帶頭組織羅徹斯特藝術交流委員會，親自參加城市公共環境、公園、建築的美化工作。他熱愛藝術和高雅音樂，總是積極地參與，建立羅徹斯特超級交響樂隊是他在這方面做出的貢獻。

他還常常慷慨捐贈給羅徹斯特以外的城市，但通常是匿名。他是美國作家布克·華盛頓（Booker Taliaferro Washington）的熱情支持者之一，他在加利福尼亞北部蓋農場，該農場成為塔斯基吉實行黑人訓練計畫的補充內容。

他自己的雇員一直都是他特別關照的對象。柯達工業園區充分說明了大工廠也可以擁有優美的環境。而且，他還推出了雇員擁有股票計畫，讓幾百名老雇員持有柯達股票，以增加其在公司裡的資歷。而他每年要給各個階層的雇員開出的薪資數目龐大，最近發的一次薪資總額在 90 萬美元左右。

我和伊士曼先生共同度過了幾個小時，卻仍然無法使他親口說出自己的種種公益行為。他只承認一件事：「我覺得自己只不過是在人生旅途中做了一些小事情，我不贊成一個人到死也沒把自己的錢用在對別人有幫助的地方。」

　　巧合的是，伊士曼先生還是自由貸款最大的個人贊助者。

　　伊士曼先生堪稱是「締造美國的巨人」中的傑出典範。

湯瑪斯・阿爾瓦・愛迪生

　　湯瑪斯・阿爾瓦・愛迪生，美國科學家、發明家、企業家，擁有眾多重要的發明專利，被傳媒授予「門洛帕克的奇才」稱號的他，是世界上第一個使用大量生產原則和其工業研究實驗室，來進行發明創造的人。他於西元1892年創立了今日美國的知名能源產品集團奇異公司。西元1908年創立「Motion Picture Patents Company」（一般所知為Edison Trust），一家由9個主要電影工作室組成的企業集團。

THOMAS A. EDISON

在我們看來，發明家是天才，是能夠將一瞬間的奇思妙想最終轉變為現實的東西，並且因此而獲得專利的人。在人們的印象裡，他們都是些古怪的人，大部分時間都坐在那裡等待著靈感的降臨。

愛迪生卻不屬於這種人，他痛恨被別人稱為「天才」、「奇人」或「魔術師」。他宣告：「天才是1％的靈感加99％的努力。要想取得任何有價值的成就，三個基本要素必不可少。第一，要努力；第二，要堅持；第三，要有良好的判斷力。」

愛迪生被譽為全世界最偉大的發明家，他在成功地成為一名發明家和製造家之後，於西元1876年放棄了其他所有的一切，把發明當成終身的職業，全心全意地投入其中。在這之後，他唯一的選擇就是製造更好的商品，否則就會成為別人的笑柄──哦，那是愛迪生製造的商品。

他也是世界上最偉大的實驗家。在一件事情上，他會嘗試幾千、幾萬種方法，有時候多達5萬次。他從不放棄，即使要花上10年的時間，他要麼就成功，要麼就澈底證明這件事行不通。

愛迪生是歷史上工作最為勤奮、睡眠時間最短的偉人。他在改善留聲機的那段日子裡，有一次連續工作五天五夜都沒闔眼。他做的實驗比人類歷史上任何一個人都多，曾創下了一年拿到100多項專利的紀錄，他獲取的專利總數達到1,000多項，這在國內外都是空前的。

他嘗過最痛苦的失敗，一次次變得身無分文。他花了整整5年時間，耗資200萬計畫並修建一間工廠，想要透過磁力來取得岩石粉末中的各種礦石，結果卻發現大量的美沙芭礦石，導致整個研究毫無利潤可言，這個計畫只好被迫終止，愛迪生因此負債累累。可是，他的精神是不會被打垮的。還有一次，在他多年苦心研究蓄電池，並進入大量生產之後，他發現產品中有少量一部分存在著缺陷。儘管當時商家紛紛搶購他的蓄電池，不過他拒絕再售出，然後又歷經了5年的反覆研究實驗，才終於達到自己理

想的目標。

那些令常人陷入絕望的困難，只會燃起愛迪生的鬥志，堅定他獲得成功的決心。如果一件事情一種辦法行不通，他就會想其他的辦法，必要的話，他會想出 5,000 種、1 萬種甚至 2 萬種辦法。他把植物學家、礦物學家、化學家、地質學家和其他一些人，派到地球上那些遙遠的、未開化的角落，去尋找適當的纖維和其他稀有的化學材料，這位不知疲倦的實驗家認為，這些材料可能正是他實驗中不可或缺的一個環節。比如說，一名專家走遍全球就為了尋找一種竹子，當時正在研究白熾燈的愛迪生認為，這種竹子的纖維或許就是適合用來當白熾燈燈絲的材料；與此同時，另外一些專家在南非這個重要的地方密集搜尋，希望能夠找到更好的材料。

是愛迪生將發明定義為：以明確的方式成功實驗，最終取得成果。他最偉大的成就並不在於孕育了多少新構想，而在於他實現了別人想到卻無法做到的事情。愛迪生是實幹家，不是空想家。當然，愛迪生也有過夢想，但是他是因其所為而出名，而不是因其所想而出名。

電報和電話並非愛迪生第一個想出來的，他也並非電燈的發明者，電氣鐵路也不是他首先想到的，其他人也做過類似電影的玩意，把人類的聲音記錄下來再重新播放出來，也不是出自他的腦海，他也不是第一個想到要把電能儲蓄在電池裡的人。

可是，沒有愛迪生，我們今天的生活就不會享受到這些額外的進步帶給我們的好處。在實現這些目標的過程中，他的思想是銳利的，他的雙手是強而有力的。在這一點上，其他人失敗了，他卻成功了，其他人只提出了想法，他卻將想法變成現實。在其他人沿著一條錯誤的道路前行時，愛迪生則透過無止境的勤奮、無可比擬的內省和洞察力，以及自身無人能及的知識，尋得一條正確的道路，並且沿著這條道路不懈地、義無反顧地前行，年復一年。如果有必要，他會每天工作 20 小時，每週工作 7 天，為自

己的事業不惜犧牲掉所有的金錢。

　　他的知識有一部分是來自本身就熟悉的領域，但大多數都來自於他明確的調查、實驗和經驗。對於愛迪生來講，在實現一個目標的過程中，時間並不是問題，10 天、10 個月或者 10 年又有什麼關係呢？最後的結果才是最重要的。

　　對於失敗，他有自己的哲理，這套哲理適用於每個人。在嘗試了幾千次，花了幾十萬美元，很明顯地浪費了幾年寶貴時間之後，倘若唯一的回報是失敗，他並不抱怨，也不沮喪。當他的助手們認為他或他們所付出的辛勞是徒勞，並為此而感到難過時，愛迪生就會嚴肅地告訴他們：「我們的工作並不是徒勞的。在實驗中，我們學會不少東西，我們為人類現有的知識又增添新的內容，我們親自證明了這件事行不通。這難道不是有價值的事情嗎？現在，我們開始來做下一件事吧！」

　　這就是愛迪生。現在和未來有那麼多大大小小的事情，大聲召喚著我們，等著我們去完成，所以，不要浪費時間和精力感傷過去。要向前看，不要向後看。

　　不久前，一位部長問幾位成功的人：「戰勝誘惑最好的武器是什麼？」愛迪生回答道：「在這些事情上，我沒有任何經驗，我甚至抽不出 5 分鐘時間去想，任何有違於人倫道德或法律的事情。假使非得讓我勉強去猜測一下，怎樣才可以使年輕人擺脫各種不良誘惑，那我的答案就是找點事做，努力去做，這樣的話，各種誘惑就沒有了容身之地。」

　　愛迪生簡直就是在夜以繼日地工作。每當他的事業到了最關鍵的時刻，每當一種裝置的發明、生產和安裝，需要他付出全部的精力，需要他投入全部的時間，他會持續幾週不在床上睡覺，要是實在太睏，他就在地板上躺一會，拿一本書當枕頭，或者蜷縮在他的推拉式寫字檯上，或者躺在一大堆實驗材料上。

有人見他不停地工作，曾經勸他不要把全部精力都放在工作上，也抽點時間放鬆一下、娛樂一下。就在前不久，愛迪生給出了回答：「我已經做好了計畫安排。從現在起到 75 歲，我打算用工作充實自己，但是不會再像以前那麼拚命了。我打算在 75 歲時穿著帶有時髦鈕扣的花哨馬甲，再穿上高筒靴；80 歲時，我打算學習打橋牌，對著女士們說些傻話。85 歲時，我打算每天晚上都穿好一整套禮服用餐，90 歲時⋯⋯哦，我從來沒有為 30 年後的事情做過計畫。」

　　發明家多以古怪著稱，愛迪生也不例外。他有 25 年的時間從沒進過裁縫鋪，也沒有訂做過一套衣服。在西元 1900 年前的一段時間裡，他一度被一位裁縫說動，去店鋪裡量體裁衣，於是接下來的每一套衣服，都由那個他稱之為「巧舌如簧的裁縫」來負責。

　　他有可能會在隆冬時節穿著夏天的淺色西裝進入實驗室，卻絕對不會凍死，因為愛迪生先生非常聰明，他會想辦法在西裝裡面再穿上三四層內衣！據說，愛迪生還曾接受一個外國封號，當代表遠渡重洋來為愛迪生送上這份巨大的榮譽時，愛迪生幾乎是赤膊上陣，手上臉上全是汙垢和油脂。對於他的同事來講，要想勸說愛迪生親自去接見來訪者，需要頂著非同小可的壓力，還得費一番腦筋才能說動他，因為在重大的實驗中，愛迪生實在是太投入了。

　　去年，一所大學授予愛迪生法學榮譽博士學位，可這項活動卻不得不透過電話進行，由於愛迪生忙於實驗，實在是無法抽身親自去接受這份榮耀。英國一所著名的大學宣布要授予愛迪生學位，不過他不肯犧牲太多的工作時間，飄洋過海前往英國參加慶典活動，最後，該提議不得不被撤銷。還有一次，身為大獎的得主，他在紐約領取了一面金牌，卻在返家的渡船上，不知道把這塊金牌放在哪裡了。他對自己這樣評價道：「我一個人做著兩個人的工作，更多時候，我應該在家裡。」

西元 1889 年，在法國舉行的巴黎百年世博會上，他成為榮譽軍團的成員。在這個值得紀念的慶典儀式上，愛迪生沒有接受榮譽肩帶的佩戴儀式，並主動拒絕了任何類似的東西。他同意將這枚令人眼紅的小小徽章別在外套的領子上，但每次見到美國人時，他總要把領子翻下來，這樣他們就不會看到這枚徽章了。他的解釋是：「我不想讓美國人認為，我是在炫耀自己。」

在接待各國來訪的領導人和來自各界的名人方面，愛迪生常常抱怨自己很顯然浪費了太多時間。他是一個普通老百姓，他的心也和老百姓更為貼近。西元 1916 年，在紐約舉行的全民備戰遊行活動的歡呼和掌聲，或許是他收到的、最令他感到滿意的稱頌。當時，老發明家愛迪生走在遊行隊伍最前端，這支隊伍由他在美國海軍顧問委員會的同事組成。人們不停地高呼著：「愛迪生！愛迪生！愛迪生！」那時，他正打算辭去一些行政職務，儘管群眾的熱情高漲，愛迪生依然決定不再繼續出任。

對於那些設法要勸說愛迪生停下來稍作休息的人們，他最後只說了一句：「人們似乎很喜歡我，但我喜歡這樣的生活方式。」他的同城老鄉為他歡呼鼓掌，熱情歡迎的人群自發地排起了幾英里的隊伍，這一切都以最直接的方式震撼著他的心。這種來自普通市民真摯的掌聲，要比世上任何文憑、學歷證明以及獎牌的分量都要重。

愛迪生與他的好朋友亨利·福特一樣，一直都在追求那些能夠造福於大眾的東西。這世上還有誰比他為世人帶來過更多的舒適和便利，更加豐富了人們的生活？

愛迪生伸出雙手，捕捉到了人類轉瞬即逝的聲音，並讓它們永不消失。

愛迪生發明了電影，過去，人們只能眼睜睜地看著生活中的一切隨時間而消逝，現在，我們可以用電影將它保留、重現，留給後人看，也可以給予人啟迪和娛樂。

讓人類的聲音跨過大陸，越過大洋的電話機，也只不過是一個小小的工具，它藉助了愛迪生早年在電話技術方面的一些成果。

　　人類能夠在黑暗中照亮這個世界，光明僅次於太陽，這是愛迪生送給人類的另外一個禮物。

　　愛迪生一直、永遠都是為普通人謀求福利的人。他所做的事並不僅僅是些微不足道的小事，比如說讓人們享受到了以前未曾有過的娛樂，或者把音樂帶進千家萬戶，他盡其所能努力的方向，是要發明各種簡單而廉價的、用來處理家事和重體力活的裝置，從而減輕美國每個家庭主婦肩上過於繁重的負擔。要是他還有足夠多的時間——他的家族有長壽史，他承諾，將在這個領域做出和其他領域同樣重要的貢獻。

　　俄亥俄州的米蘭，這裡因是愛迪生的出生地而聞名。西元1847年2月11日，愛迪生在這裡翻開了生命中的第一頁。他的父母是荷蘭人的後裔，不過這些荷蘭人已經在美國生活了好幾代，他們的家庭成員還因長壽而聞名。湯瑪斯·阿爾瓦7歲時，出於經濟原因，一家人來到了密西根州的格拉蒂奧堡。在這裡，愛迪生的父親從事農業、木材生意和穀物貿易。由於小愛迪生頭部形狀長得與眾不同，醫生便預言他的大腦有問題！在學校裡，小愛迪生因成績差而被老師宣布為「無法清晰思考」。到了第3個月，愛迪生因「太笨了，接受不了老師講授的內容」而退學。這就是愛迪生所接受到的、全部的正規學校教育。從此以後，愛迪生的老師就由他聰明的媽媽來擔當。

　　他做過許多稀奇古怪的事情。6歲時，有一次家人到處都找不到他，最後發現他坐在幾顆鵝蛋上，打算孵出小鵝。他曾在穀倉裡點起一堆火，然後看著火焰熊熊燃燒起來，因此，他在村裡的廣場上，公開捱了一頓皮鞭，以警示其他男孩。他有一根手指斷掉一半，還有一次幾乎被淹死，10歲時突然對化學產生興趣，他讓另外一個男孩吃下大量沸騰散（一種輕度

瀉藥），因為他覺得腹部產生出來的氣體，會讓這個男孩飛起來！所有這一切，連同他嘗試去孵化鵝蛋，可以算作是他人生最初的實驗。還沒到11歲，他就把自己家的地下室當成了實驗室，收集各種危險的和精彩的化學物品。為了確保別人不碰這些東西，他在200個瓶子上都標上了「有毒」。

接下來，他開始和另外一個男孩耕種自己父親的10英畝農場，有一年出產的農產品賣了600美元。他在往返於休倫港和底特律之間的列車上賣報紙，還在休倫港開了兩家小商店，由另外幾個年輕人負責看管，但不是很成功。然後他又想辦法安排報童在其他列車上兜售他印刷的報紙，以增加銷量。正如戴爾和馬丁在《湯瑪斯·阿爾瓦·愛迪生的生活》中所描述的那樣，只有他的勤奮才可以和他的雄心相比肩。這是一本十分優秀的作品，愛迪生早年的一些故事均來源於此。

他利用列車上一節不通風的車廂搭建一間實驗室。這節車廂是專門為吸菸的旅客預留的，可是，乘客永遠也不會去使用它。接著，他又在列車上安裝一臺印刷機。實際上，《先鋒週報》從蒐集數據、撰寫再到排版和印刷等一系列工作，都是在列車上進行的，每週的銷量能夠達到400份。倫敦《時代週刊》的一篇著名特寫曾這樣描述：「這是有史以來第一份在完全運動著的列車上印刷的報紙。」

他的創造力在許多方面都得以顯現。內戰期間，他買通鐵路電報員為每一站發送情報，宣布當天最為敏感的事件，這樣一來，沿途每到一站，都會有一大群人在那裡等候「消息人物」愛迪生帶著他的報紙出現。偶然有那麼幾次，他的報紙還能賣出個高價來。他的實驗室進行得也非常順利，直到有一天，車廂突然嚴重傾斜，不幸讓磷掉在地上著火了。怒火中燒的車掌把愛迪生和他的全部家當，在下一站扔出了車廂，並且狠狠地打了愛迪生一記耳光，正是這一記耳光從此導致愛迪生終身失聰。

一個印刷所的學徒勸說愛迪生，把他的出版品改名為《保羅普萊》，

並在裡面增加一些閒談非議，結果導致一名受害者將這位涉世未深的年輕編輯扔到河裡。《保羅普萊》沒過多久也就銷聲匿跡了。愛迪生在底特律度過一段為時不短的時光，在這期間，他利用早晨和晚上不在車上的時間，如飢似渴地閱讀底特律圖書館的書籍，這對他的文字撰寫能力有著很大的幫助。他的方法是不加區別地依次閱讀每一排書架上的每一本書。

他的化學實驗帶領著他開始向電訊方面著手。他和一個好友在他們兩家之間架起一條電線，從此兩個人可以自由地徹夜長談。後來，一頭走失的母牛扯斷了這條電線。愛迪生還曾勇敢地將一名兒童從鐵軌上抱走，從呼嘯而來的火車車輪下救了他一命。孩子的父親是當地車站的站長，為了感謝愛迪生，這位父親主動提出以少量的收費教愛迪生電報技術。連續 6 個月，他每天工作 18 個小時，終於能夠熟練地將電線從火車站架設到一英里外的村莊裡，因此他被任命為休倫港的電報操作員。不過他常常忙於做實驗，導致一些消息沒有發送出去，愛迪生的許多服務工作並沒有做到位。

西元 1863 年的那次工作變動，對愛迪生具有重大的意義。他在加拿大附近的大幹線鐵路斯特拉福特樞紐站，找到一份鐵路電報員的工作。在這裡，同樣是他的那些實驗給他帶來了麻煩。值夜班的電報員每隔一小時就必須向主管發出一個「six」的訊號，來證明他們沒有睡著。愛迪生馬上就發明了一種裝置，讓它每隔一小時就按要求敲擊出一個訊號，這樣，他就可以在值夜班的時候，舒舒服服地打盹了。一天晚上，一列火車被允許通過，而此時另一列火車正沿著同一條鐵道從對向開過來。即使愛迪生發瘋般地想盡一切辦法發訊號給火車司機，想讓火車停下來，然而一切都是徒勞，頃刻之間，兩列火車相撞出軌。接下來的 5 年裡，他成了一名四處流浪的電報員。

有時，愛迪生幾乎處於飢餓狀態。不過，他的發明天賦總能夠不時地

為他救救急。有一間辦公室裡鼠患成災，愛迪生就弄了一臺小裝置，讓老鼠成批觸電而亡。沒想到，報紙上刊登了一則用類似方法電蟑螂的消息，愛迪生便遭到了解僱。後來，一項更了不起的發明就在這段時間裡孕育成型，它能使點和線段以低於發送的速度記錄在紙條上。一年後，愛迪生順藤摸瓜發明了電報機。

他一度在波士頓漂泊，在那裡，他買下了法拉第的全部成果，並將自己投入艱辛的實驗中。愛迪生於西元1869年7月1日獲得了第一項專利，那是一種能夠讓國會在一瞬間統計並獲得投票結果的方法，只要讓每個投票的人，按下裝在自己桌子上的按鍵即可。這個自豪的發明者滿心歡喜地前去華盛頓，本想著能受到熱情的接待，哪想到卻帶著失望離開。他被斷然告知，這種投票時間短暫的方法，應該用於阻礙對方會議的程序，或是給對手造成威脅的場合。這段最初的遭遇讓愛迪生決定，從今以後精力應該花在那些需求廣泛、受人喜愛的方面。

在波士頓期間，愛迪生製造了一臺股票行情自動收錄機，開了一家小小的股票行情報價公司。也在公司採用電報技術，這種技術非常簡單，每個人都能理解和操作。

愛迪生在西元1869年第一次去紐約的悽慘情形，和後來西元1916年去紐約參加全民備戰遊行所受到英雄般的待遇，真是天差地別啊！

剛離開波士頓那陣子，他的生活非常艱難，不得不將書籍、實驗器具等物品租出去，才免於陷入債務問題。他坐船剛來到紐約時，沒有買食物的錢，只好挨餓。看到有人分發試吃的點心，他討了一些來，這就是他來到紐約的第一頓早餐。

3天後，愛迪生正在黃金和股票電報公司的大廳裡，觀察黃金行情自動收錄機的工作情況——那個時候，黃金正被人們炒得火熱。突然，幾個年輕人衝了進來，緊張地說他們老闆辦公室裡的黃金行情收錄機壞了，公

司的主管勞斯博士也氣喘吁吁地進來，說整套設備都壞了。愛迪生冷靜地告訴勞斯博士，他或許能修好。一切處理完畢後，勞斯博士既感激又吃驚地看著這個從沒見過的年輕人，問他叫什麼名字。第二天，派人調查了他的情況後，愛迪生被安排負責管理整間公司，月薪為300美元。當這個飢餓的、身無分文的、失業的電報員，突然聽到自己能賺這麼多錢時，幾乎暈了過去。

在這個新的環境下，愛迪生尋找機會發揮自己的聰明才智，改進了股票行情自動收錄機，研究出許多新的專利產品。同時，他還設立一間公司，名叫「波普——愛迪生公司」，並且開始為西部聯合電報公司做重要的工作。當西部聯盟的老闆打算要購買愛迪生的一項專利時，問他多少錢的出價才算合理，愛迪生鼓足了勇氣想要5,000美元，卻又覺得這筆數目太大了，沒勇氣說出口。

「4萬美元怎麼樣，能成交嗎？」他問愛迪生。

愛迪生本來就耳背，這下子更無法相信自己的耳朵了。他拿到了一張4萬美元的支票，卻不知道該怎麼辦。最後，他拿著這張支票來到支票的開戶行，把這張未經背書的支票往櫃檯上一放，看到底會發生什麼事。他想著西部聯盟的行政部門是不是在耍什麼花招，拿4萬美元的支票和他開玩笑。

當然，銀行出納員不會將這張支票兌現，因為他不認識愛迪生。他又去了一次西部聯盟辦公室，這次，一名職員和他一起返回銀行為他證明。與此同時，銀行的出納員也提前得到了消息，用小面額的現金支付給他4萬美元，愛迪生將這些錢打了一個大大的包裹，好不容易才扛著它回到家中。他沒有保險箱，為接下來可能發生的不測而提心吊膽。好在第二天，他們對愛迪生表示了一點同情心，告訴他如何在銀行開設帳戶。

有了這筆資金後，他在紐瓦克開設一家自己的工廠，他聲稱，自己不

是那種把錢鎖在保險櫃裡的人。他很快就僱用了 50 名工人生產自動收報機和其他一些儀器。他生意興隆，工廠的工人是兩班制。愛迪生擔當這兩班工人的工頭，不分白天黑夜地工作，有時只能在店裡不起眼的角落裡睡上半小時。從這裡開始，他正式踏上發明的漫漫征程，開始了自己的發明生涯。

在他早期的專利中，以自動電報機最為出名，這種機器能夠在一分鐘內接收和發送 3,000 個字，並用羅馬字的形式將它們記錄下來。他還發明了打字的機器，並且把它發展成為現在人們普遍使用的雷明頓打字機。西元 1873 年，他前往英國推廣自動電報機和四路多工電報設備，他在這套設備上投入的時間和實驗比預期的更多。油印機是他在 1870 年代的另外一項成果。在愛迪生的工廠裡，同一時期內進行著 45 項發明的研究，這時，他已經開了 5 間商店。

他早期的帳務「系統」至少是新穎的，可是和他的創造能力比較起來，似乎還欠缺了些。系統是這樣的：所有的帳單無一例外地被放到同一個帳目裡，直到最後期限到來，愛迪生才會結算清理。每當催帳命令到來時，愛迪生就會連同稅款一起付清，然後，把這筆帳再轉入另外一個欄目。對待稅務徵收，他也是採取同樣的方法。

在一次偶然的機會裡，他得知有一項稅款必須在規定的日期償付，否則會額外徵收稅額的 12%，這筆數目還不小呢！於是，在規定日期的最後一天，愛迪生排到長隊的尾端等待繳稅。不料，當他走到收款員的面前時，腦子裡淨是些其他事情，他情急之下竟然忘了自己的名字。由於在短時間內實在是無法記起自己的名字，愛迪生只好又一次來到隊伍的末端，只是還沒等他排到收款員面前，人家下班了，結果，他只好再付額外徵收的稅款。

西部聯盟公司曾花 10 萬美元的鉅款，買下愛迪生著名的碳粉電話送話器。由於愛迪生很清楚自己不善理財的弱點，於是就約定，這筆錢以每

年 6,000 美元的形式分 17 年付清。愛迪生的這項安排，足以讓西部聯盟公司的人興奮得跳起來，因為每年支付的錢，實際上僅僅是這一大筆錢的利息而已。

又過了一段時間，當西部聯盟出價 10 萬美元，購買他的另一項專利自動複記電報機時，他又重蹈覆轍，再次上演他安排事情方面糟糕的一幕。這樣一來，西部聯盟電報公司與愛迪生做生意時，幾乎沒有付出任何代價。後來，英國一個集團透過電匯的方式，購買他的一部分儀器，出價為「3萬」。愛迪生欣然答應，對這個價格相當滿意。然而，當這筆錢到來後，他收到的並不是預期的 3 萬美元，而是 3 萬英鎊，相當於 15 萬美元！

留聲機是他早期從事並投入使用的最著名的發明之一。他於西元 1877 年生產的這部留聲機，現為英國倫敦南肯辛頓博物館裡珍貴的展示品之一。當愛迪生的工人們聽說這麼個手搖的小圓筒，竟然能夠重現人類的聲音時，他們表示出絕對的懷疑。愛迪生喜歡開玩笑，所以他們肯定，這次一定又是他在玩什麼花樣，聲音絕對是別人模仿出來的。一直到他們將這個小小的機器仔仔細細地檢查了一遍，確信並沒有任何電線將它和其他裝置接在一起，也確定附近並沒有藏著口技師時，他們才接受了這個令人欣喜若狂的事實——他們的老闆剛出手就射中靶心，拿下了歷史最高分！

然而，愛迪生在正式將它投入商業使用前，又花了 10 年的功夫去改進它，這也正是愛迪生的做事方式。在整個過程最後的幾天裡，愛迪生整整五天五夜沒有睡覺。

愛迪生最艱難、也或許是最有成就的一個階段，開始於 1870 年代後期，現在，他在這個領域的成果已經發展到僱用幾十萬名工人，擁有幾億美元的資產。當然，我是指他那一整套對電力的生產、管理、度量、配送系統，這套系統為照明、加熱和動力提供了來源。在研發白熾燈的過程中，愛迪生為了找到適合的材料，幾乎翻遍這個世界，為了找到燈泡內部

理想的燈絲材料，他測試了從世界各地找來的 6,000 多種植物。剛開始，他使用的是一段經過碳化的棉線，後來發現某種竹子的纖維效果更好，不過到最後，所有含碳的纖維都被金屬絲所取代。

西元 1882 年 9 月，愛迪生在紐約珍珠街建設第一座電力照明廠，這是一項艱鉅的任務。它不僅涉及要建造以前從未有過的新型機械和設備，而且還包括電纜的架設、尋求能夠穩壓和分流的方法和設備、說服人們同意安裝這種未經測試的發明、解決以前從未碰過的上千種問題。在我看來，電燈在經過 20 多年的使用後，人們已經對它非常熟悉，因此一切與電燈有關的事情，在今天看來都是情理之中的事，然而當時這項任務的艱鉅性，是今天的我們所無法理解的。截至西元 1882 年底，紐約只有 225 座建築架設電線，其中包括 J・P・摩根的辦公大樓，摩根是愛迪生的崇拜者和支持者之一。那時只要勇於讓自己的家受到威脅，架設這種「神祕的、隨時有可能著火或爆炸的電線」，愛迪生就會提供 3 個月的免費供電，當成是送給他們的獎勵。

有關多項電弧系統、能夠節約 60% 銅消耗量的二項三線制的研究過程、不顧所有人的反對和無視，引入中心定位系統、發明電錶來測量電流的消耗量，所有這些將人類一步一步帶入新時代的故事，都是引人入勝的，礙於篇幅有限，就不再大概地講述了。在這裡我們只需要說：湯瑪斯・阿爾瓦・愛迪生在這個領域的成就，讓他成為這個時代最偉大的發明家。

接下來，鐵路電氣化的實驗，吸引了愛迪生大部分的注意力。他將鐵軌用作電路的一部分，因而產生了神奇的結果。他分別於西於 1880 年和西元 1882 年，在紐澤西的門洛帕克鋪設電氣化鐵軌，後來，門洛帕克成為他的總部。它吸引了來自全世界的鐵路修築人員和工程師，但是某種程度上，他們並沒有像愛迪生那樣，很快就感覺到這個領域迅速發展的可能性。

愛迪生所遭受的、最慘痛的一次經濟損失，是他在紐澤西州中途放棄的磁力選礦廠。他的合夥人對此是這樣評價的：「這是我所見過的愛迪生，投入最大的一次實驗。」這次實驗的終止，主要是由於美沙芭地區發現了大量的稀有礦藏資源，愛迪生失去了全部的財產，而且還背負著一大筆債務。他的一些合夥人悲痛欲絕，可愛迪生並沒有被打倒。「就我個人而言，」他說了一番富有哲理的話，「我可以在任何時候去當一名月薪 75 美元的電報員，這些錢能滿足我的一切個人需求。」這番話表明了他簡單的生活模式，讓人深有感觸。

緊接著，是愛迪生在水泥製造的劃時代生產。到了後來，凡是美國出產的矽酸鹽水泥，有一半都是出自愛迪生的工廠。一天當中，幾乎是 24 小時，愛迪生都在親自為自己的第一座水泥廠詳盡計劃，這些計畫加起來總共有半英里那麼長，一位專家這樣評論他的工作業績：這是人類的大腦在一天內所做出的、最令人嘆為觀止的工作。從生產水泥再到水泥廠大量生產是一個必然階段，但是愛迪生卻認為，它仍然處在發展初期。

在後來幾年中，蓄電池、無線電設備、愛迪生——西姆斯魚雷，以及其他一些潛水艇設備的發明，改進留聲機、電話記錄儀，有聲電影的發明，各種家用電器的發明，都花費不少愛迪生這位發明大師的時間和天賦。在最近的兩年中，海軍問題一直是他十分關注的問題。眼下，愛迪生傳遞給我的訊息是：「我正在日日夜夜為我的薩米大叔而工作。」

威爾森總統在他送給愛迪生七十大壽的生日祝辭中這樣寫道：「在自然面前，他似乎一直都充滿自信。」如果真是這樣的話，那也是因為他比其他人工作更努力、更勤奮，才能夠探求到大自然的更多祕密。他的成功從來都是來之不易的。

即便愛迪生給予這個世界的，要比他這一代人中的任何人都多，可是愛迪生卻不是最富有的。他並不是億萬富翁，也從來沒想過要成為億萬富

翁。他吃的和睡的同樣少，用他的話說，能夠讓他一年年下來保持相同的體重（約175磅）就可以了。他穿著簡單，從不考究，他吸菸，並且咀嚼菸草，這是他唯一的嗜好。直到最近，他都沒有沉浸在任何休閒娛樂中，唯一的娛樂形式就是巴奇遊戲。現在他開始學開車，通常由他的妻子或一個孩子陪伴。

有時，我們聽到有人這樣評價：「愛迪生不是基督徒，他是無神論者。」關於這件事，還是讓愛迪生自己來說：「這麼多年來，我都按照著大自然的發展過程辦事，因此不再懷疑一種智慧的存在，這種智慧以更強大的力量支配著這個世界，我所做的一切根本無法與之相比。」

雖然愛迪生在生命的旅程中已走過70年，他的頭腦卻仍然充滿睿智，他的右手仍舊那麼敏捷。他的職業生涯還沒到畫上句號的時候。

有人問他：「有這麼多事情尚未完成，你不覺得遺憾嗎？」

他回答道：「遺憾又有何用？人的一生是有限的，我正在努力完善我所建立起來的事業。」

這些事業給了他的同胞相當大的就業機會和生活來源，給每一位市民帶來舒適、便利、娛樂、教育，豐富了我們每一個人的生活。

詹姆斯・A・法雷爾

　　詹姆斯・A・法雷爾（James Augustine Farrell），美國鋼鐵公司總裁，是世界上首位將一家公司帶入 10 億美元規模的總裁，被譽為「美國鋼鐵出口貿易之父」。

JAMES A. FARRELL

詹姆斯・A・法雷爾

詹姆斯・A・法雷爾是全球最大、最著名的鋼鐵公司總裁，而他的出身只是一名普通的工人。

今天，他是全美國支柱行業中的最高管理人員之一。

在我認識的所有人中，美國鋼鐵公司總裁詹姆斯・A・法雷爾，是對自己的行業最精通的人，無論是從實踐方面、理論方面，或是從細節方面、總體方面，他大腦裡儲存的各種與鋼鐵有關的知識，要比這個世界上任何人都多。

他不僅知道如何鍊鋼，甚至在生產鋼鐵產品的每一個步驟中，都受過實際訓練，更是有史以來，為美國產品出口貢獻最大的人。早在其他人尚未開始討論美國對外出口產品的重要性之前，詹姆斯・A・法雷爾早已日夜兼程地穿梭於七大洋之間，為美國的出口貿易開闢先河。那個時候發展起來的市場，為今天全美國的工人和企業創造年均幾百萬美元的財富。他也因此以「美國鋼鐵出口貿易之父」而聞名於世。

法雷爾先生保持著為美國產品賺取外貿訂單數量之最的紀錄。他是美國歷史上最偉大的國際貿易商人。

他是那麼地謙遜和低調，很少談起自己和自己的成就，直到 7 年前，報紙上刊登了他被任命為美國鋼鐵公司總裁的消息，並將他的名字向全世界公布時，他才進入公眾的視線。「法雷爾是誰？」公眾和報紙紛紛發問。各種報紙封存的檔案被人們尋遍，卻仍然一無所獲。《美國名人錄》和其他一些收錄知名人士職業生涯的出版品裡，也沒有任何紀錄。

即使是在今天，詹姆斯・A・法雷爾除了被鋼鐵行業的人熟知外，也並非是盡人皆知。關於他，下面有幾件實事，這些均為事實：

他在很小的時候就開始訓練自己的記憶力，而且一生中都在嚴格遵循這個方法，因此，他無可厚非地成為美國商業界記憶力最好的人。

身為線材廠的工人，即使每天要工作 12 個小時，他也依然堅持每晚

有系統地學習。14 個月之後，他成為一名機械師，並被提升為負責 300 人的工頭，那時他還未滿 18 歲。

還在上小學的時候，詹姆斯就跟著當海員的父親一起去遠航過幾次，從那時起，他就對異域的土地產生濃厚的興趣。現在，對國外不少地方，他簡直就像對匹茲堡或紐約一樣了解，他被人們戲稱為「世界地名活字典」。

他在航行、輪船的航線和航道、如何以最佳的方式，將貨物從一個地方海運到另一個地方等方面的知識無人能及，因此他的綽號就叫「美國勞埃德船級社」。在和平時期，他能夠說出每天往來於海面上，來自全世界幾百艘船隻的用途和種類。

法雷爾先生比一般美國人早 20 年意識到，將美國產品銷往國外的重要性，他勇敢地面對著足以令常人崩潰的障礙，單槍匹馬地為美國鋼鐵開闢海外市場，並在戰前建立起每年近一億美元的出口業務，這是一項無人能夠打破的紀錄。從那以後，每年的貿易額總量成倍成長。

身為美國的第一任對外貿易部部長，法雷爾先生在幫助美國製造商掃清障礙，進入海外市場方面有著無可估量的貢獻。

在美國政府對美國鋼鐵公司提起訴訟，長達 9 天的審查過程中，法雷爾先生沒有藉助任何參考資料，就回答了成千上萬個常人所無法想像的問題，他令在場的每一個人都吃驚得目瞪口呆。在許多情況下，他的回答涉及了一些帶小數點的數字，比如說平均值、最大值、最小值等，然而，這位證人輕而易舉地把它們從記憶中找出來，就好像眼前有一本書一樣準確無誤。

當他來到公司的工廠和礦井時，他能叫得出幾百名工人的名字，偶然間甚至還能碰到一兩個在他也是工人或技師時，曾在礦渣堆旁和他坐在一起，但從那以後再沒見過的工人。

詹姆斯·A·法雷爾

據他的同僚們說，他同時可以做多件事情，這可真是一種不可思議的本領，比如說，他能一邊接電話，在完全接受對方說話內容的情況下，還可以一邊閱讀呈遞給他的信件或報告，進行思考和決策。

他閱讀了每一本已出版的、有關鋼鐵行業的書籍，而且還閱讀了許多關於其他國家歷史和現狀的、有價值的文集。他在這方面的藏書不亞於任何人。當電力日漸成為鋼鐵加工生產和運輸的可能因素時，他花了1,500美元籌建一座完全是電學方面的圖書館。

儘管他知識淵博，在鋼鐵行業中占有獨一無二的地位，擔任著一家擁有28萬名工人的公司總裁，不過，詹姆斯·A·法雷爾仍然是當年那個吉姆·法雷爾，仍然像第一次在線材工廠裡吹著口哨時那麼民主，仍然像一個工人那樣勤奮工作。

6年前，在那些艱難的、物質化的日子裡，人們的工作環境往往充滿了緊張、壓力和冷漠。然而，在紐約市中心的摩天大樓裡，卻上演了一幕與這種常見的情形完全不協調的場景。

幾百名工作人員，有男有女，將他們的一位同事團團圍住，獻上了對他的一片熱愛。他已接獲提升命令，同事們紛紛前來向他表達祝賀之意，祝他一切順利。他們都感到非常開心，一直到他發表上任演說的那一刻，人們才知道，道別的時刻來臨了，這位昔日的好同事馬上就要離開這裡了。

先是一名負責速記和接電話的女孩開始嗚咽起來，接著，在兩分鐘的時間內，在場的所有人幾乎都落淚了，這些眼淚充分證實了人們對他的一片真摯感情。

這些員工就是美國鋼鐵產品公司的雇員，而這位先生就是他們的負責人詹姆斯·A·法雷爾。他即將從紐約分公司的總裁，變成擁有幾十億資產的總公司總裁。

在美國政府調查美國鋼鐵公司的那段日子裡，法雷爾先生一天天地站在證人席上，各大報紙的記者把他描述成一臺機器而不是一個人，在他肩上扛著的不是一顆人頭，而是潘朵拉的盒子，裡面裝滿了各種超乎正常範圍的數字和知識，他永遠像斯芬克斯一樣地面無表情，說話的時候幾乎看不到明顯的嘴唇運動，他簡直就是一尊雕塑，而不是一個活生生的人。「一個只有理性沒有感性的人」是外界對他的寫照。

　　然而實際上，法雷爾先生有著一顆熱忱的心，只不過他不會那麼明顯地表現出來，他沒有前任總裁查爾斯·施瓦布那樣具有征服力的笑容，在會見或歡迎任何人時候，都不會有太過熱情的寒暄，這個社會流行表面的客套，可他一點都不受影響。

　　一項經過認真調查研究的分析表明，詹姆斯·A·法雷爾是一名極具同情心的人。他的一個法國好友說，他的同情心已經超過正常的限度。他對人性的了解和對鋼鐵的了解一樣透澈，儘管一直以來，他在發展美國鋼鐵工業方面的興趣，要大於其他人，不過他更加關注，如何提高和改善那些在火爐前揮汗如雨的工人們的生活狀況。他長期為美國鋼鐵尋求國外市場，並沒有影響到他為改善美國工人的生活狀況而努力。實際上，自從他以工人身分進入線材廠以來，美國鋼鐵廠的情況就開始發生革命性的變化，這一切在相當程度上，都是法雷爾先生努力至今的結果。

　　或許，他與生俱來的愛爾蘭式幽默，使他能夠在國內外成功地迎接挑戰、面對對手。身為每年產值幾十億的鋼鐵公司的總裁，肩上巨大的責任並沒有改變他對幽默的追求，也沒有影響到來自法雷爾內心深處的那份童真。休假時，尤其是當他去騎馬、去海邊游泳或者自己駕船出海時，他喜歡與家人和朋友開玩笑。

　　讓我們從頭來回顧一下，法雷爾先生的職業生涯吧！

　　西元 1863 年 2 月 16 日，詹姆斯·A·法雷爾出生於美國康乃狄克州

的紐黑文。在當地的學校讀書時，他對地理學產生了濃厚的興趣，他學著按照記憶畫地圖，並且能夠正確地標出重要的城市、港口和河流。他努力地記住自己學過的每一樣東西，這讓他本來就很好的記憶力更加優秀。法雷爾家族幾代人都是遠航出海的船員，當詹姆斯還是個孩子時候，父親就帶他航海旅行過幾次，異域的風光更加激起了他對地理的熱愛。

有一天，老法雷爾的船（他既是船長也是船主）從紐約港出發後就再無音訊。

他的大學夢就這樣隨著船的消失而破滅。最終，他沒有進入大學，而是進入一家線材廠當工人。儘管他未滿16歲，然而他強健的體格和良好的健康狀況，令他能擔當起一個成年男子的工作，他從來沒有被體力活難倒過。每天12小時的體力勞動，也沒有減弱他對學習的熱情，在工廠裡度過整整12小時後，他回到家裡就立刻投入書本知識的學習中。雖然年紀小，他卻很喜歡拿東西做交換，也喜歡參與其他一些少年的交易。他當時的理想是當一名銷售人員。

他一邊做著普通工人的工作，一邊尋找機會當銷售人員，14個月後，他得到成為技師的升遷機會。在這個職位上，他學會了拉製各種規格的鋼絲，從頭髮絲那麼細再到纜繩那麼粗。不到20歲，他離開了紐黑文線材廠，以拉絲專家的身分前去匹茲堡奧利弗線材公司，在他有權投出第一張選票（具有公民權）之前，已經是廠裡領導著300名工人的工頭了。

然而他依然日日夜夜地努力，想成為一名銷售人員。他除了掌握拉絲工藝中的每一個技巧之外，還刻苦學習鋼鐵工業中其他分支行業的知識，甚至透過系統的學習，提高自己的教育程度。23歲時，他達到了自己設定的目標，公司任命他為負責整個美國業務的國內銷售人員。

當然，他成功了，而且是非常成功。3年後，賓夕法尼亞布拉多克最大的匹茲堡線材公司，任命他為銷售經理。他的辦公室設在紐約的總部大

樓，這一切讓他有機會碰到鋼鐵行業中一些有影響力的人物，同時也增加了他的見識，開闊了他的眼界。

在這裡，他又一次交出非凡的成績單，年僅 30 歲時，他就成為整間公司的總經理了。

「他能夠成為一名成功的銷售人員，背後的原因是，」一個了解他的人，說了這樣一番讓我印象深刻的話，「他對從鐵礦算起的整個行業，有澈底的了解，所以，他不只能夠詳實地介紹自己的產品，還能根據客戶的目的和用途，向客戶提出良好的建議，告訴客戶哪一種產品最適合他們。他並沒有採用當時頗為流行的方式，與客戶建立起業務關係，他既不會帶客戶去沙龍，也不會帶他們去酒吧，他是個滴酒不沾的人。

「他甚至不是一位很好的交際家。他不是透過能言善辯，而是以實實在在的東西來贏得客戶。他是一個能帶給你驚喜的陪同者，他的愛爾蘭智慧總是源源不斷，那些思想正統的人發現，他是非常好的談話對象，因為他閱讀廣泛，知識淵博。他是一位名副其實的超級業務員，他對產品的了解程度，要多於 90% 的生意對象對產品的了解。他還因自己的直率而出名。吉姆·法雷爾的話是靠得住的。」

法雷爾先生並不像許多美國人那樣，把目光局限在美國境內。從孩提時代起，那個光著腳丫在父親的甲板上蹦蹦跳跳的小傢伙就已經知道，在大西洋的彼岸，還有著極為廣闊的一片世界。他被選為匹茲堡線材公司總裁時，正好是西元 1893 年大恐慌那一年，鋼鐵行業處於疲軟時期，所以，他上任的頭一年險些就成為一個糟糕的總經理。誰也不會買太多的東西，該怎麼辦呢？多數商人在這種情形下，顯得毫無辦法，只能找藉口聽天由命，「我們只好等這場危機過去，一切恢復正常再說。」

可是法雷爾不會以這種方式，等著訂單自己找上門來，他會主動出擊去尋找訂單。這個時候，他已有的知識發揮了效果。此前，他認真地研究

過國外許多國家，掌握了和這些國家有關的大量內部消息，比方說，支柱產業有些什麼、對鋼鐵的需求量有多大、關稅是多少等等。

他立刻開始對國外市場展開強而有力的進攻，截至12月31日，他已經將一半的產品銷往國外市場。這一業績在鋼鐵貿易行業被人們傳為佳話。

連續3年來，法雷爾就住在布拉多克距工廠幾步之遙的地方，許多時候，他都會在半夜時分被人們叫起來，去處理工廠裡的一些突發事件。他對待工廠就像母親對待孩子一樣細心呵護，工廠自然而然就會茁壯成長。他在任的6年間，公司雖然沒有注入任何追加成本，其資產卻擴大了3倍。

西元1899年，公司的股權被約翰·W·蓋茲和其他幾個人購買後，重新成立了美國鋼鐵線材紐澤西公司。新公司海外銷售代理的職位，自然就落在法雷爾先生的頭上。西元1901年，美國鋼鐵公司成立後，美國鋼鐵線材公司變成它的一個重要分公司。法雷爾先生又一次被選中，為這個巨大的鋼鐵企業發展海外市場。公司選擇法雷爾先生來負責這項艱鉅的任務是必然的，因為身為對外貿易的大師，他已徹底地將其他人遠遠地甩在後面。

為了將子公司的一切海外市場活動協調化，西元1903年，美國鋼鐵製品公司也被合併，由法雷爾先生出任總經理。他在這裡取得的卓著成績，為美國的對外貿易史寫下了嶄新的一頁。

頭一年，也就是西元1904年，美國鋼鐵公司及其子公司的海外銷售總額為3,100萬美元，到了西元1912年，這一數字已經超過了9,000萬美元，西元1916年時，銷售額已創下超過2億美元的紀錄。法雷爾先生接手時，每年海外銷售的成本占7%～11%之間，而現在降至不到1%，他希望最終能夠保持在5‰。他在60多個國家建立260個代理機構，這些代

理機構幾乎遍布全球。法雷爾先生很快就發現，擴大的業務引起了船隻不足，於是他建議公司自備船隊，額外包租船隻。

現在，公司自有貨船或長期包租的貨船約為 30 ～ 40 艘之間。每年的出口總量為 250 萬噸，平均每兩天就裝載 3 艘汽船。美國鋼鐵公司的貨船遠赴其他船隻從未到過的地區，把其他船商包括競爭對手的貨物，也帶到了這些地方。經營的產品囊括一切鋼鐵製品，從銷往中國的特製鐵釘，到運往冰島的鐵橋；從運往巴勒斯坦的線材，再到賣給南美洲的摩天大樓，無所不有。

只有那些曾經嘗試過開闢新市場的人，才能夠理解建立起這樣的一間公司，需要付出多少辛勤勞動，需要具備什麼樣的技巧，需要擁有多麼大的耐心。倘若法雷爾先生不具有非凡的國際運輸知識，他今天就不可能開闢出這麼多新的貿易渠道。思維活躍的丘納德·萊恩，曾經描述法雷爾先生為「一個不小心入錯行的好船東」。要是他在前幾年沒有經歷過這方面的鍛鍊，也不會獲得這樣好的結果。綜合全面的研究，加之他令人稱奇的記憶力，使得他能夠計算一些複雜的事情。例如，每個國家的關稅、不同國家的鐵路和海運設施及費用，以及可能會遭遇到的競爭程度。所有這一切都沒有現成的數據可查閱，也不可能不停地發電報去國外詢問。

據法雷爾先生當時的同事，繼他之後的鋼鐵製品公司的總經理 P·E·湯瑪斯稱：「法雷爾先生一個人做四人份的工作，他好像什麼都知道，什麼都能記住。他的工作能力強得驚人，在辦公室工作一整天後，他會將一大堆公司資料帶回家，然後就像他說的那樣，在晚上將它們『清理』完畢。他常常一天工作個 14 小時。每天我們都會收到幾百封電報和信件，在這一大堆數據當中，他會設法選擇出最重要的一部分將它們全部處理消化掉，並且親自回覆很大一部分。他的這種工作方式令人為之震撼。

「當然，我們也非常努力地為他工作，因為沒有誰能夠比他更有人格

魅力。每位雇員都把他看成一個如父親般能夠依靠和信賴的人，無論是家庭事務還是其他問題，他都能夠給你指導，表示出同情。」

當鋼鐵公司總裁職位空缺時，對於誰將是最理想的人選，人們有稍稍不同的意見，但是，詹姆斯・Ａ・法雷爾的支持率要高出別人許多倍。他對鐵礦的開採、運輸，以及如何將它轉變為鐵和鋼的每一個細節都瞭如指掌；他熟知生產各種鋼鐵產品的每一個過程；他不光知道如何在國內銷售產品，更重要的是，他知道如何能讓美國的鋼鐵產品走向世界。當然，這也是這個最大的鋼鐵公司中，靠人力所能達到的、史無前例的目標。

法雷爾還有另外一種能力，他知道如何激勵工人，獲得他們的忠誠。像是有一次，他去視察一座鐵礦，主管提醒他，千萬不要進入礦井的某一部分，因為頂部的石板有可能會掉下來，十分危險。「不是有人在那裡工作嗎？」法雷爾先生問道。主管回答：「是的。」法雷爾先生答覆道：「很好，如果有人能夠在那裡工作，那麼我也一定能夠進去。」說完，他就進入了礦井。

這件事情傳遍了整座礦區，一名記者就此還寫了一則報導。當報紙被大量印刷，並引起人們的廣泛評論後，法雷爾先生竟然覺得吃驚，因為他根本就不覺得自己做了什麼特別的事情。不過，他從此留給礦工、鋼鐵工人和其他雇員們的印象便是：成功並沒有改變法雷爾先生的本質，他仍然把自己看成是工人中的一員。

在他剛被選為鋼鐵公司總裁時，一位朋友邀請他去參加一個戲劇聚會。當他們到達戲劇院後，法雷爾先生說什麼也不肯坐在廂內的貴賓席上。他的照片已被刊登在全國發行的報紙上，所以他擔心被部分觀眾認出來，或被人們盯著看，更別說是和人們侃侃而談，被簇擁著來到鎂光燈下了！

當他偶爾休假的時候，他最喜愛的娛樂活動就是駕著自己的船，和他

的家人，有時也和幾個朋友一起出海。他的大多數慈善活動是為無家可歸的兒童提供住所和醫院，在這方面，他不是很出名。

當我問到法雷爾先生，他從生活中領悟到了什麼，能夠給無數想要獲得成功的年輕人傳達一些什麼經驗時，他引用了下面一些內容作為必要條件。當然，他還補充了其他一些理所當然的品格，比如誠實、正直。他說：

「要勤於做事。一件工作無論看起來多麼不重要，也一定要把它做好。」

「要集中鑽研一個行業裡的特定領域。」

「要培養自己的記憶力和實踐中的想像力，培養分析情況的能力，以便能夠推出新的計畫及方法，這也是一種創造力。」

法雷爾先生有一次在接受採訪時，重點回答如何才能擁有強大的記憶力。這段採訪被刊登在《美國雜誌》上，下面是一部分：

「要想開發記憶力，首先要付出努力，相當大的努力。時間長了，良好的記憶力就成了一件自然而然的事情。要刻意地培養將事情記在腦子裡的習慣。」

「柯南‧道爾（Arthur Ignatius Conan Doyle）在他的文章中提出了一個很好的觀點：必須集中注意力。你的大腦裡絕不能有其他沒有用的精神垃圾，你必須把注意力全部集中在感興趣的事情上，並把不感興趣的事情全部從記憶中刪除。這種記憶清理不只需要季節性清理，而且每天都要清理，也就是說，為有用的資訊騰出更多的記憶空間。」

「詹姆斯‧J‧希爾可能是美國記憶力最好的人之一，他曾經說過，人們對感興趣的事情總是記得特別快。任何想要在自己行業或者是想在某個專業中獲得全面知識的人，一定不能在意識中詳盡儲存其他的一些事情。比如說，對於鋼鐵行業，我一直在盡己所能地記住與其相關的所有資訊，

就像鐵礦開採、加工、銷售、運輸等分支領域。但是，為了在我的大腦中更多地儲存業務資訊，我絕不會在腦海裡保留任何關於政治和壘球方面的詳細數據。」

「要吸收對你重要的東西，這些東西也就是一切和你所在領域有關的事情。要消除一切無關緊要的、枝節性的東西。這世上沒有一個人的大腦會有足夠的腦細胞，能夠記得住世界上所有學科的詳細內容。不要讓自己的腦細胞因負擔過重而運動緩慢，我們只能把它們用在一些關鍵的數據上。增加和提高有用的資訊儲存量，會讓你在自己的活動領域中發揮更大的用處。」

我問道：「年輕人想提高自己的記憶力，要從哪方面做起呢？」

「最能夠為良好記憶打下基礎的，就是培養一個人的工作能力。好的習慣也能發揮作用；粗心大意的習慣往往讓人精力不集中。如此一來，記憶也會隨之減弱。清醒的頭腦對於記憶是必要的。」

「一個人的思維能力是隨著輸入大腦的資訊而增加的，這是一個基本事實。年輕時期是一個人思維和記憶最敏感、最持久、可塑性最強的時候，因此，早期正確地訓練思維是尤為重要的。清理記憶中沒有用處的、成為負累的資訊，其難度不亞於獲取新的、更好的知識。一開始事情一旦沒有做好，就全完了，通常我們要為此付出巨大的代價。」

就像這個世界上其他一些值得去做的事情一樣，一個好的記憶需要為此付出努力，任何人只要想訓練記憶力，就必須做好準備為之付出代價。他必須準備好放棄沒完沒了的娛樂時光，雖然說娛樂並沒有什麼壞處。在成長的歲月裡，他不能總想著讓自己帶著炫目的光彩，頻頻活躍在社會或社交圈子裡。別人玩耍時，他必須學習。他的閱讀內容相當程度上，必須限定在對他有所幫助的書籍、雜誌和報紙之內，這些內容會幫助他更好地了解或理解，自己決定要掌握的業務或學科。他必須最大限度地利用業餘

時間，絕不能白白地浪費掉。」

美國政府對美國鋼鐵公司提起訴訟時期，他曾作為證人接受審訊。法官問他：「你能否記得在西元 1910 年和西元 1912 年，美國鋼鐵公司每一個子公司的對外貿易額，分別占其貿易總額的幾 %？」

下面是他給出的回答，這份回答並沒有參考任何筆記或數字。

「是的。卡內基公司在西元 1910 年占 21%，西元 1912 年占 24%；國民管材公司在西元 1910 年占 10%，西元 1912 年占 12%；美國板材和鍍錫板公司在西元 1910 年占 11%，西元 1912 年占 20%；美國鋼鐵和線材公司在西元 1910 年占 17%，西元 1912 年占 20%；洛蘭鋼鐵公司兩年都占 30%；美國橋梁公司在西元 1910 年占 6%，西元 1912 年占 8.5%；伊利諾伊鋼鐵公司在西元 1910 年占 1.2%，西元 1912 年占 2.4%。」

一名律師這樣評價道：「那個人的大腦簡直就是自動點鈔機和計算機的組合。」

法雷爾先生的聰明才智、詳盡的知識，和解決出口貿易問題上的必要計算，都是透過解決實際問題日積月累起來的。比如說，他能夠想辦法以極低的成本，將貨物從紐約運到英屬哥倫比亞溫哥華，而且成本低到能夠和當地生產商競爭的地步。

歐洲可以以每噸 5～6 美元的價格發貨，而匹茲堡發貨的成本為每噸 18 美元。於是，法雷爾先生開闢了一條新航道，從紐約港出發，途經麥哲倫海峽，在南美西海岸和墨西哥各大港口停靠，最後抵達溫哥華。

律師問道：「這些汽船又是怎樣返回紐約的呢？」

法雷爾先生做了如下回答：「透過其他的商業活動，我們可以經濟划算地讓商船周遊全世界，從而將美國的鋼鐵運往英屬哥倫比亞。汽船在普吉特海灣裝載著煤炭和木材運往加利福尼亞海灣，即運往瓜伊馬斯或馬薩

特蘭。然後繼續前行抵達一個叫聖羅薩里亞的地方，在羅斯柴爾德家族開的伯萊奧礦產公司裝載銅銃，從那裡再到法國敦克爾克或英格蘭的斯旺西賣掉這些銅礦。在那裡裝好貨物後，又一次出發穿越大西洋返回這裡，準備下一次的三角形之旅。返航時，他們通常裝有白堊岩或其他一些物品。就在剛才，我們從斯旺西運回來一船錫板。」

問題：「這些船出航一次，往返大約需要多長時間？」

法雷爾先生：「7個半月～8個月之間。」

戰後的國際經濟情況必然會出現好轉，一想到美國最大的鋼鐵公司能擁有像詹姆斯·A·法雷爾這樣的領導者，我們就深感欣慰。他是我們民族的瑰寶。

亨利·福特

　　亨利·福特，美國汽車工程師與企業家，福特汽車公司的建立者。亨利·福特是世界上第一位將裝配線概念實際應用在工廠，並大量生產而獲得巨大成功者。亨利·福特不是汽車或是裝配線的發明者，但他讓汽車在美國真正普及化。這種新的生產方式讓汽車成為一種大眾產品，它不但改革了工業生產方式，而且對現代社會和美國文化有著巨大的影響。

HENRY FORD

在過去的 5 年中，亨利·福特在整個美國和歐洲的知名度排行中上升最快，對他的負面評價也最多。關於他的個人生活，人們褒貶不一，給予的詆毀和稱讚也超過了其他人。

他被人們稱為最愚蠢也是最聰明的人。

他被人們稱為理想主義者和詭計多端、只顧自己的利己主義者。

他被人們稱為人道主義者和苛刻的工頭。

他親自導演了足以載入史冊的「福特和平號船」行動，前往歐洲執行「在聖誕節前解救歐洲於戰爭的水火之中」的任務。這次行動被人們譽為歐洲戰爭中最崇高的事件，同時也被人們指責為，這是從這個「愛譁眾取寵之人」的腦子裡，冒出來的最幼稚可笑的想法。

他的「工人每天人均 5 美元計畫」大受歡迎，該計畫被看成是工業時代一個嶄新的、更好的開端。同時，它也因其對參與者帶來的不利的一面，以及對各種經濟理念的相悖性，而受到了人們的嘲諷。

他的大型工廠被人們描述為一個統一化了的模式，他用人們從未想到過的、最有創意的發明，實現了將人類的勞動機械化。每個工人都被迫在巨大的壓力下，做著如鐘錶般準時、快速而又單調乏味的工作。

在有些人看來，他取得的這些輝煌業績，也不過就是用來標榜個人的高明手段而已；而另外一些人則認為，他做的一切是有益的，是單純從利他為出發點所做出的努力。

有人針對他給出了這樣的評價：「他裝出一副鄙視金錢的樣子，卻在過去的幾年中，為自己聚斂了幾百萬美元，大概除了洛克斐勒，誰也沒他賺得多。」然而他的崇拜者卻堅信，福特比任何一位現代億萬富翁更不在乎金錢，如何將自己的錢花在有用的地方，他在這方面考慮最多，也最為迫切。

許多人認為福特是一個簡單樸素的人，而且是最可愛的人；然而也有一些人認為，他已經澈底昏了頭，鬼迷心竅地覺得自己就算不是全世界，也是全美國最偉大的人，能夠實現一切不可能的事。

他的一些朋友稱：「就算有這麼多錢，他的生活也照樣是那麼簡單樸素，就好像他仍然是一名機械師一樣。」可另外一些人卻反對這種說法，他們認為，他現在很喜歡與美國總統、愛迪生、其他一些知名人物在鎂光燈下親切交談，樂此不疲。他已經不滿足於在密西根不惜動用百萬巨資買下一幢5,000英畝的別墅，他必定會在陽光充足的南部、最時尚的富人區購置一處豪宅。

福特是一位先知，是一個超人。他比全美國任何其他經商的人都更能夠讀懂人性，了解人類現有的狀況，熟悉他的人說，他自詡這輩子也沒讀過一本歷史書，他就喜歡這種絕妙的無知狀態，並且自吹自擂地說，他不需要任何來自過去的經驗當指導，就能解決人類現在和未來的一切問題。

「最忠誠、最可愛的朋友」和「任何有自尊心的人，都無法和他相處」是對他的截然相反的兩種評價。

福特汽車比現代世界上任何東西或任何人，更多地成為人們的笑柄，不過，在所有靠人類的大腦設計出的汽車中，人們購買最多的也是福特汽車。

亨利·福特到底是怎樣的一個人呢？是惡棍？還是聖人、愚人？是智者、利己主義者還是利他主義者呢？他是這世上真正的偉人之一呢？還是一名普通的機械師，只不過是運氣好，偶然想到一個好主意，又恰巧能找到幾個願意幫他一起開發研究的好朋友？

根據我對他的分析，亨利·福特是一位工作努力、有理想、有抱負的機械師。在追求理想的道路上，他克服重重困難和阻力，最終獲得了與自己的頭腦和人格相應的成功。他有幸和幾名有實力的企業家成為朋友，他

們幫助福特尚未成熟的事業，能夠在正確的方向上發展前進。福特不僅對於生產效能良好的機械感興趣，還對培養態度正確的工人感興趣。遺憾的是，他陶醉於自己的成功中，一葉障目地認為，他的能力和金錢能夠令他獲得這世上一切有才華的人，哪怕是超人。

然而，他的動機一直以來都是無懈可擊的，也是光明正大的，他一刻也不曾有過自我標榜或自我榮耀的自私想法。他是一個徹頭徹尾的人道主義者，是一個理想主義者，他本著為勞動階級的利益著想原則而推崇工業改革。他鼓吹不需要過去人類歷史的經驗，他對經濟規律的無知，以及他後期的傲慢，直接導致他做了一些本不應該做的事情。他的雙手和意圖值得人們欽佩，可是他的一些所作所為，卻無法成就他的聖賢之夢，雖然他一直都極度渴望。

亨利・福特，在他被那連神仙也不免為之動心的財富蒙了雙眼，失去判斷與遠見能力前，是最謙虛可愛的人。他思想單純，所有的想法都是以人為本，決意要為廣大的勞動人口創造更好的生活。那個時候，他是那麼地真誠，他的動機總是出於人道主義，從來都不曾想過為了賺錢而賺錢，他頻頻出現在聚光燈下，也並非出於對名聲的渴慕及任何的私心。然而，不幸的是，他似乎承受不了突然之間降臨在他身上的成功和國際名譽，這一切所帶給他的壓力，幾乎和在此之前的逆境帶給他的同樣大。

可話又說回來，他要是沒有缺點就不是人了。他已經做了這麼多好事情，已經為其他企業家樹立起人道主義的典範，他的成就是如此值得誇讚，他的動機是如此無可指責，所以一味地、毫不偏袒地批評他，似乎顯得有點不太光彩。

亨利・福特的早期職業生涯，對於美國的年輕人來說是一個激勵。西元 1863 年 7 月 30 日，亨利・福特出生在密西根州底特律附近的格林菲爾德。他的父親在那裡擁有一座 300 英畝的農場，小福特就出生在父親的農

場裡。除了比其他孩子更喜歡擺弄機械玩具以外，福特從小與附近一帶的男孩並沒有什麼區別。據人們說，他還是個孩子的時候，有一個星期天沒去教堂，而是去展示他的本領，給一個有新手錶的小同伴看，他能夠將手錶的每一個齒輪和螺絲拆開，然後又完好無損地重新裝上。據說，他還在學校裡讀書時，就能利用一些零件做一臺發動機。他為自己的發明感到驕傲，卻因對它沒有太多熱情而懊惱。

在他未滿 16 歲的一天裡，他沒有按照課程安排去學校上課，而是跳上了開往底特律的火車。他冒失地走進一家名叫詹姆斯 —— 弗勞爾蒸汽機公司的生產工廠，接受了一份每週 2.5 美元的工作。他成功地找到了一位老婦人，願意每週收 3.5 美元為他提供食宿。為了平衡開支，他得出去再找另外一份工作。他說服一名珠寶商，每晚讓他工作 4 個小時，每週支付他 2 美元的薪資。他從早晨 7 點到晚上 6 點，再從晚上 7 點到 11 點，每天工作 15 小時，只剩餘 6 個小時的睡眠時間。

年輕的福特很快就證明了自己在機械方面的能力，實際上，他已經能夠為當時工廠所採用的效率低下、耗費勞動力的方法找出不足之處。他十分肯定，自己可以將事情做得更好。到了第 9 個月末，他的薪資漲到了每週 3 美元。但是兩週後，他就辭掉這裡的工作，前去德賴多克引擎工廠，在那裡，他可以學到新的知識 —— 航海機械的生產。他自己估計了一下，這種擴大知識面、增加閱歷的機會，值得用每週少賺 50 美分的代價去換取 —— 他的新工作薪資為每週 2.5 美元。不過，這個數字沒有保持太久，沒過幾天，他的薪資就翻倍了。

這樣一來，他就可以放棄自己的夜間工作，因為他並沒有什麼額外的開銷。「多餘的錢對我來說並沒有什麼用，我從來不知道該拿多餘的錢來做什麼，因為要想揮霍掉這些錢，我還得拚命想一想要怎麼去做。錢是世界上最沒用的東西。」這是他的格言，以前是，現在也是。

根據羅斯·懷爾德·萊恩的傳記小說《福特》中的記載，就在他生命中這一階段的歲月裡，他成為德賴多克工廠裡其他男孩子中的一員，和他們一起嬉戲玩耍。然而，他很快就變成了這些男孩中一部分人的領導者，因為他總是用自己遠大的志向激勵著他們。福特其他一些早年的故事，均取材於這部傳記。

福特計劃建一間手錶工廠，同時還做了令其他人滿意的論述。手錶工廠每天可以以每只 37 美分的成本，生產出 2,000 只手錶，這些手錶可以賣到每只 50 美分。他們先大量購買原材料，然後在他夢想的工廠裡，從設備的一端開始，然後在短時間內，在設備的另一端，一個完整的成品手錶就生產出來了。這其實正是福特現在所做的事情，只不過現在出來的是汽車而不是手錶；每天的產量不是 2,000，而是 3,000；成品的銷售價不是 50 美分，而是幾百美元。

「那麼資金問題怎樣解決？」其中一個滿懷期待的合作者，同時也住在這個空中樓閣中的年輕人問道。

還沒等福特想出辦法來解決這個小小的問題，他就被家人叫回去照顧農場，因為父親受傷，哥哥也生病了。唉！就這樣，他向這群年輕人承諾的百萬美元泡湯了，這個世界也與 50 美分的福特牌手錶失之交臂。

在農場上度過了兩三年時光後，西元 1888 年，他與臨近一名農場主的女兒克拉拉·J·布萊恩特結婚了。他們在 40 英畝的福特農場上，安置了一個舒適的家。

現在，福特有時間在晚上繼續研究機械方面的東西了。有一次，他在閱讀一本機械方面的雜誌時，偶然看到一篇文章，上面介紹了法國的一位農民發明的，一種不用馬拉車就可以自動行走的馬車。這個創意點燃了他想像的火焰，他動身前去底特律購買材料，決心要做出一個發動機效能更好的自動馬車來。

底特律最近採用了火力蒸汽機火車頭，當福特返回底特律車站時，碰巧看到這種火車以每小時 15 英里的速度呼嘯而過。這種發動機攜帶著一個巨大的蒸汽鍋爐，這種蒸汽鍋爐體積龐大、笨重、安裝不得體，自身就消耗了整個驅動系統的很大一部分能量。福特立刻就看出這種多餘的體積和重量所帶來的浪費，決定要想個辦法改進一下。

　　經過反覆思考之後，他終於決定用汽油來當驅動燃料。然而，要想將他的想法付諸實踐，他還必須掌握全部電學方面的知識。可他只有一本書是和這些神祕電流有關的。

　　他不顧鄰居的議論、家人的傷心和妻子的哀求，毅然決定要去底特律找工作。格林菲爾德的父老鄉親一致認為，可憐的「漢」一定是瘋掉了。

　　就在福特和妻子租到房子的同時，福特在愛迪生電力照明公司找到了一份工作。命運女神似乎格外青睞於他。愛迪生照明公司變電所的一臺發動機壞了，負責這項工作的工程師卻怎麼也修不好它。福特能讓這臺頑抗的發動機聽話嗎？他覺得自己可以試試看。就這樣，幾乎一眨眼的工夫，那臺發動機伴隨著有節奏的轟鳴聲，又重新開始了順暢的工作。於是福特留在了那裡，以每月 45 美元的薪資，成為這間變電所的夜班工程師。半年後，他被調到總部，以每月 150 美元的薪水當上機械部的部門經理。

　　福特發現，這家公司多年來存在的問題，主要是由於工人們每天工作 12 小時，卻仍然效率低下所導致的。他率先引進工人的 8 小時工作制，當然，除了他自己，他每天至少要工作 12 小時。他這樣的做法極具特色。

　　不斷累積的財富，讓他有實力擁有一個自己的家。這位機械師在妻子的陪伴下，每晚挑燈夜戰，辛勤工作，終於有了一個簡單的家和寬敞的工作室。然後他定下心來鑽研他的「汽油驅動馬車」。

　　就在那間簡陋的工作室中，這位名不見經傳的機械師正在創造著歷史。他經受著發明家和先驅者都經歷過的痛苦，每天晚上工作到深夜，拒

絕一切社交和娛樂活動。他滿腦子想的都是這個耗費腦細胞的問題：如何才能研究出一種能為運輸業帶來一場革命的發動機。他的鄰居們看到，每天晚上從這座破舊的房子裡透出的燈光徹夜不滅，開始覺得他是個古怪的人。在他下班回家的路上，鄰居看到他都面面相覷，然後拍拍自己的前額，用這個表示遺憾的動作，他們似乎在說，這個人並不令人討厭，只可惜瘋了。

時光荏苒，轉眼間幾個月過去了。有一天晚上，午夜已過了很久，外面正下著傾盆大雨，福特先生冒著雨，將剛剛裝好的老爺車「嘎嚓、嘎嚓」地開出自己的工作室，開到了愛迪生大街上，福特太太在人行道上跟著他。他就這樣沿著街道讓車子爬行了幾個街區，突然間他意識到，自己還沒辦法讓它掉頭回家。於是他只好停下來，從車裡出來，費九牛二虎之力又是拖又是拉，好不容易才讓它轉了過來，然後帶著勝利感回到工作室。福特汽車是一件真實的東西，儘管它只是在馬車框架上裝了一臺「呼哧呼哧」的單缸引擎，然後又在下面裝了四個改良過的腳踏車輪胎而已。

當地的報紙報導了這條新聞，然而，由此帶來的小小衝擊很快就平息了。因為這個東西不精良，甚至極其簡陋。福特意識到，在他能夠放棄愛迪生公司的工作，全力投入生產自動馬車前，他必須花費相當大的精力來替它改良設計。這個時候，福特太太家裡有事，得回去和自己的媽媽待上一段時間，所以，福特先生不得不自己做家事。通常在晚上，他和發動機奮鬥數小時後，就會跳上自己的車，開著它來到「咖啡吉姆」這裡，要上一個三明治，喝上一杯咖啡。吉姆的咖啡店是通宵營業的，兩個人一來二往就成了好朋友。

8年多來，在這長達 8 年的時間裡，亨利·福特每天工作 12 小時來養活妻子和兒子，還經常花上大半夜的時間來改進他的汽車。到了這個時候，汽車已經是一件非常時髦的東西，它們是昂貴的奢侈品，只有富人才

會去考慮購買。福特的想法是要生產一種便宜的、讓每位普通收入的人，都能買得起的汽車。最後，他設計出一種雙缸發動機，這種發動機效能良好，然後做了一輛成品汽車，將它開到底特律大街上做廣告宣傳，希望能夠籌集到足夠的資金，成為一名真正的汽車製造商。可是，沒有一個資本家敢冒風險資助他的企業。

福特並沒有失去勇氣。從那時起，他就有了這樣一則座右銘：「任何信念，只要出發點是為大多數人謀福利，最終都會贏得勝利。」他知道自己會贏。

最後還是咖啡吉姆解救了他。他資助了福特，讓他能夠放棄愛迪生公司裡的工作，製造一輛跑車來參加在格羅斯波因特舉行的汽車大賽。福特趕在賽前完成了他的雙缸賽車，但是，當他將自己的車拖出去，與威風凜凜、不可戰勝的亞歷山大・溫頓同場競技時，觀眾席上傳來一片哄堂大笑。福特，這位默默無聞的車手，是參賽者中唯一一位勇於挑戰這位著名冠軍的人。

不過，嘲笑聲很快就變成了歡呼聲，這輛小小的跑車以飛快的速度在跑道上跑了一圈又一圈，他獲勝了。

僅僅一輪比賽，就讓福特成為美國最著名的汽車大賽選手。人們紛紛擁上前來想要知道，是誰製造出了這麼一臺奇蹟般的汽車。福特謙虛地承認，自己就是這輛車的製造者。

各大媒體的注意力，立刻就集中在福特和他的車以及他的工作室上。現在，終於有人肯出資贊助了，但條件是：生產什麼，要受出資人的控制。他們想要生產價格為幾千美元的豪華車型，而福特的夢想卻是建起一個靠生產線作業的汽車生產廠，就像他在年輕時的手錶廠白日夢中想的那樣。所以那個時候，福特汽車依然無法誕生。

然而，畢竟還有幾個不是十分貪心的人，對福特和他的計畫感興趣。

他們籌集了足夠的錢財，讓福特製造一輛汽車，好在下一次的比賽中，令這個世界大吃一驚。這次，福特製造了一輛四衝程、80馬力的怪物，由巴尼·奧德菲爾德來駕駛，在3英里專案中，他以領先半英里的優勢獲得了冠軍！這一消息傳遍了全球，並帶來了建立一間公司所需的資本。

福特成為公司的副總裁、總經理，還有其他一些頭銜，薪水為每個月150美元。福特終於看到了讓自己夢想成真的希望。但是，由於類似的原因，他注定又一次地失望了。他的新贊助者希望生產豪華的大型車，並且以200%～300%之間的利潤出售。然而福特始終不肯偏離自己的計畫，他要製造的是適合大眾消費的、人人買得起的汽車。這次衝突，最終使年過30還要養活老婆孩子的福特，陷入了一沒資金二沒工作的境地。

詹姆斯·卡曾斯和另外一兩個人堅持福特的觀點，他們艱難地湊夠了錢，租下一間大一點的工廠，僱用兩名工人，購置了原材料，開始少量生產廉價汽車。公司名義上有10萬元的資金，實際上卻只有1.5萬美元到位。福特簡直是沒日沒夜地在工作，他的兩個機械師也跟著他心甘情願地加班。

後來，客戶主動地來到他的工廠，預先支付車款來購買汽車。沒過多久，福特的工人就增加到40人，原材料也變成了大量採購。他得到了足夠長的信用期，能夠讓他將原料轉變為成品汽車後再付原料款。他把能夠存下來的每一分錢都投入發展公司，他的薪資也不是很高。那時，公司還處在勉強維持開支的境地。很快，他的銷量成為每年1,000輛，每輛車900美元。

冬天的來臨，很有可能就會意味著訂單的減少。那個時候，福特醞釀著一項計畫，要用他的全新四衝程車，打造一臺能打破世界紀錄的跑車。在結冰的辛克萊湖上，福特親自以每英里391.5秒的速度，駕駛著他的新跑車，並以令人震驚的成績，將世界紀錄降低了7秒鐘。這會為明年帶來

大量的訂單。

故事還沒講完。當福特從他技驚四座的表演中返回工廠時，卻被告知公司已經沒有現金能發薪資給工人們了！更為糟糕的是，馬上就是聖誕夜了。當他的工人們結隊來到辦公室前討要薪資時，福特把實情澈底告訴了工人們。如果他們支持他，那麼一切將會順利進行，但若得不到他們的支持，那麼一切就全完了。工人們用忠誠支持了他，在接下來的日子裡，福特汽車的生產方式，足以讓每個人都有所啟發。

這一次是福特事業生涯的一個轉捩點，成功很快便不請自來。

西元 1914 年 1 月，福特宣布要給工廠裡非技術性的工人，每天 5 美元的最低薪資，並且要將工作時間從 10 小時縮短到 8 小時。整個世界都為福特的計畫而大吃一驚，這個消息引發了人們大量湧向底特律，警察根本無法控制幾千名情緒激動的求職者，最後，消防部門不得不動用武力，使用功率最大的高壓水龍頭來對付群眾。這真可謂是空前絕後的一次混亂和騷動，最後公司宣布，在底特律未居住滿 6 個月的人不予考慮。

實施「工人每天 5 美元薪資」的前提，是要實現某些有待匯出的計畫，或者迫使工人們按照福特所提倡的模式去生活，這項計畫的實施對象中，還包括工廠裡來自 55 個國家的文盲。這種非暴力的強制性手段，在一些工人中引起了一定程度的積怨，事態很快發展到需要想辦法緩和的地步。透過建立英語培訓學校，建立全面的福利部門，提供醫院、健身房或類似場所，以及鼓勵工人們合理分配自己的收入，福特和他的工人們最後取得的成效令人大吃一驚。

因此，到了西元 1914 年 2 月，在新計畫的框架下，不到 1.6 萬人，在每天工作 8 小時的情況下生產 2.6 萬輛車。而在此之前，1.6 萬人每天工作 10 小時，生產 1.6 萬輛車。產量足足增加了 1 萬輛，這個計畫澈底奏效，每人每天 5 美元的薪資一點都不虧！

在這項「利益共享計畫」實施的5個月後，效果就顯現出來了。受益者的銀行帳戶幾乎翻了三番，他們所擁有的住房價值也增加了90%，透過合約購買的商品增加了135%。帶有不滿情緒的工人比率，從23%降到1.5%。現在，「利益共享計畫」的合作者，包括了幾百名先前極力反對的人，他們曾把它看成是罪孽。福特從他們身上也獲得極大的利益。正如亨利所說：「修補一個糟糕世界的辦法，就是創造一個更好的世界，創造一個美好世界的辦法，就是給予人們足夠的物質財富，讓他們能夠安居樂業，從而才會有更大的信心去建設這個世界。」這句話也適應於戰爭、革命以及類似的情況。

安撫完工人之後，福特接下來又宣布，要是產量能達到某個設定的目標，他將拿出1,000萬美元回饋自己的客戶。當然，這一目標最終達到了，而且實際回饋給客戶的大約為1,500萬美元。

福特的座右銘之一是：「數量是財富的泉源。」下面是福特汽車公司於西元1916年7月31日做出的年度財務報表的一部分：

年利潤	59,994,118美元
總業務量	206,867,347
汽車總產量	508,000
所有工廠的工人總數	49,870
日收入5美元或以上的人數	36,870
可支配現金	52,550,771美元

根據計算，西元1916年福特自己手中的股份收益為3,500萬美元。難怪福特會說：「我不必為銀行的事情擔憂，倒是銀行要為我的事發愁，因為每年光是要付給我的利息，就足夠讓他們捉襟見肘。」

現在，他的汽車年產量已突破100萬輛大關，每天超過3000輛，而且工廠星期天還休息。

現在，福特設在底特律的工廠和他的 3.5 萬名工人，以及他阿拉丁神燈般的流水生產線，已被人們視為現代工業中最大的奇蹟。每天前來的參觀者多達 5,000 人。

現在，福特在加拿大和英格蘭已有分廠，愛爾蘭分廠正在建設中，他還計劃在芝加哥、堪薩斯城和紐澤西建造工廠。

他從自己的礦井中開採礦石，再把它們熔化在自己的熔爐中，在自己的模具中鑄造出來，再透過自己的工人將它們鍛造出來，總而言之，他盡可能地在原材料方面實現自給自足。

他沒能夠實現的最大的理想，是要為農民提供廉價的拖拉機。子承父業，這個任務交給了福特的獨生子埃德塞爾‧福特（Edsel Bryant Ford）來完成。

福特聲稱：「我希望為農民創造一種條件，讓他們可以打破農業長久以來的壟斷局面，讓勞動者能夠自由發展。我希望幫助農民從債務中解脫出來，我們能做到。過去，人們對有關農場的各方面沒有足夠的了解，但是現在不同了，我們有了電話、照相機、電影和汽車。所以，我們可以在任何時候離開大城市，農民也可以住在鄉下就了解到整個世界。昂貴的衣物、用具和交通運輸阻礙著農民的發展，信託機構欺騙農民，銀行向農民敲竹槓，我希望能夠消除這些現象。」

即便福特總是稱自己「不信奉國家與國家之間的疆土之別，國家的概念與國旗是愚蠢的東西」，可不久前，福特先生告訴威爾森總統，他能夠安排每天生產 1,000 艘單人潛艇，讓這些小小的航行器潛伏在敵軍船隻下面，在敵船的關鍵部位安放一枚體積小、威力大的炸彈，然後在炸彈爆炸前潛入水下，這樣就可以擊沉敵船。然而這種工作似乎和他不太會有瓜葛，就好像在他的新奇農場上為幾千隻鳥築巢、餵食一樣不太可能。所以，單人潛艇還沒有出現在任何海域中。

下面兩段著名的話，是福特最近說的：

「錢並不能替我帶來任何好處，我不能把錢都花在自己身上。畢竟，紙幣沒有任何價值，它無非就是一種流通媒介，就像電流一樣。為了我所關注的每個人的利益，我必須讓貨幣以最快的速度流通，一個人絕不能損人利己，因為損人利己的人，最終會以同樣的方式自食其果。

「我會繼續讓美國國旗飄揚在我的工廠上空，直到戰爭結束。然後，我會把它們扯下來，這樣做有好處。我會在原來的地方升起每個國家的國旗，這些國旗正在我的辦公室設計中。」

現在就為福特來一個蓋棺論定還為時過早。

詹姆斯·貝里克·福根

　　詹姆斯·貝里克·福根（James Berwick Forgan），從芝加哥第一國民銀行職員一直做到副總裁、董事局副主席、名譽主席，被譽為全美最有實踐經驗的銀行家。

JAMES B. FORGAN

詹姆斯・貝里克・福根

「我真希望自己的職業生涯才剛剛開始，而不是快要畫上句號了。」說著，這位芝加哥偉大的國民銀行家詹姆斯・貝里克・福根重重地嘆了一口氣。

我曾經問過福根先生，在今天的銀行領域裡，留給年輕人的機會，是否還像他當初嶄露頭角時一樣多呢？

他回答：「當然是現在提供給年輕人進入銀行業的機會比以前更多。美國現在的銀行業正處於發展階段，因為令人痛惜的歐洲戰爭創造了許多機會，加上聯邦儲備制度也為我們提供不少可以利用的機會，儘管我們對它還不是十分地理解和重視。

「在美國，銀行業的發展尚處於萌芽階段，透過發展，我們的銀行會在國內外貿易和金融業務中迎頭趕上，並取得和歐洲各大銀行同等重要的地位。這些老資格銀行的聲望和實力，在接下來的幾年中將會被大大削弱，『他們的極限正是我們的機會』。前方有數不清的機會，等著有能力的銀行家們去利用。」

詹姆斯・貝里克・福根性格中最明顯的特徵，就是大膽和極富有幽默色彩。讓我用一件事來說明一下。

有一天，一個朋友正在福根先生的辦公室裡，這時，來了一位來訪者。這位來訪者把福根叫到辦公室的一個角落談話。

他們兩人低聲談了一會，然而談著談著，這位銀行家的臉上漸漸露出了生氣的表情。沒過多久，福根先生就「蹭」一下子站起來，生氣地命令他離開辦公室。

「對不起，請原諒我這個樣子。」福根先生轉向他的朋友，「但是，你知道那個傢伙對我說了些什麼嗎？他打算賄賂我，讓我將銀行的錢貸給他。」

在很小的時候，詹姆斯·貝里克·福根就學會了時刻保持警惕，不論是在生活中還是在打高爾夫球時。他的父親是聖安德魯斯的一名高爾夫球和高爾夫球桿製造商。聖安德魯斯是一個古老的學術中心，也是高爾夫中心，還是以優美風景著稱的蘇格蘭歷史名城，曾一度是蘇格蘭主保聖人的主教區，幾個世紀以來，一直矗立著一座「堪稱壯觀歷史遺跡」的天主大教堂。在詹姆斯還沒成為一名銀行出納員時，就已經知道如何揮動球桿了。

年輕的福根並不像其他大部分名留史冊的美國人那樣，經歷過貧窮或者沒有機會接受良好的教育。他的父親是一個非常有能力的人，自己擁有一個企業，手下還有一些員工為他創造大量的財富。福根的高爾夫產品在全球均有市場。他們都是敬畏上帝的人，福根先生的父母心滿意足地看著，自己有兩個兒子成為部長，唯一的女兒嫁給一名教士，詹姆斯·貝里克·福根和戴維·R·福根成為銀行家，另外一個兒子則接替了父親的工作。

順便提一下，戰爭為這個企業帶來巨大的影響。福根先生的外甥，也就是這個企業的一家之主，自從開戰以來就成為一名軍官，上了前線；工人中有30個人也參了軍，留下來的淨是些老弱病殘的工人。

詹姆斯·貝里克·福根從聖安德魯斯馬德拉斯學院畢業後，繼續就讀於福雷斯學院，他的叔叔在那裡當了50年校長，並且還是學院創辦的男生寄宿學校的校長。畢業後，他有兩個選擇：進入聖安德魯斯大學或者進入商業界。一名當地的律師已經感覺到了，這個年輕人身上具有一種成為法律界傑出人物的潛力，於是就勸說他進入自己的事務所。福根打算一邊學習大學的必要課程，一邊學習法律，然而他的雇主卻去世了。於是另一名來自蘇格蘭皇家銀行聖安德魯斯辦事處的律師僱用了他。就這樣，詹姆斯·貝里克·福根從此便一腳踏入了銀行業。

大多數蘇格蘭年輕人的夢想，都是能走到更寬闊的領域，看到更大的世界。在結束了為期3年的訓練之後，福根在位於倫敦的英國北美銀行得到一份差事。這是一塊許多蘇格蘭人夢寐以求的前往大西洋彼岸的敲門磚。他出生於西元1852年，西元1872年他20歲時，被派到了蒙特羅，然後是紐約，接下來是哈利法克斯。

加拿大新斯科舍銀行發現了這名溫文爾雅、衣冠楚楚的年輕人，注意到他的能力，就讓他當付款員。他認真仔細地工作著，全面地研究銀行業務，贏得了上司的信任。

緊接著，他所謂的「好運氣」來臨了。

雅茅斯分行的經理一家得了白喉，受到了隔離，必須火速派一個人前去接替他的工作，付款員福根是最佳人選。

總經理湯瑪斯‧菲斯問道：「你什麼時候能動身？」

福根回答：「現在就可以。」

「當機會來臨時，我不贊同拖拖拉拉，過去是，現在也是。」福根先生接著說道，「我匆忙打點好行李，搭上第一班火車出發了。」

「我總覺得，有一種神祕的力量在支配我們每個人，給我們機會。如果我沒有能力的話，機會就不會來到身邊，它會滑向其他一些已經做好準備的人。我相信，有些命運是決定終身的，所以要時刻做好行動的準備。」

在雅茅斯時，他不得不澈底地審查整間銀行，他做到了。他的報告內容詳盡、條理清晰，其程度不亞於調查報告和研究報告。他所完成的數據，讓銀行的董事們認定他是一位業務精通的銀行家，最後，他們把其他分行也交給他管理監督。

蘇格蘭式的執著認真，再加上他的智慧，令他獲得了每個有上進心的

銀行職員都羨慕的成就 —— 成為銀行裡的行政管理人員。

他被任命為利物浦銀行的經理、新斯科舍分行的經理，還有其他一些接踵而來的升遷。當銀行的業務發展到有必要選出一名各大分行的總監時，當時年僅30歲的福根被挑選出來當此重任。他的第一份報告的內容，至今仍然有著重要的影響。

對於新斯科舍銀行來講，美國仍然是一塊處女地，其業務尚未拓展到達美洲大陸。不過銀行的董事們是注重發展的，他們迫不及待地想要去征服新領地，那為什麼不朝著美國的重要城市挺進呢？他們不是有一個一流的、能力強大的、能應對任何任務的年輕負責人嗎？就讓他去顯一顯身手吧！

33歲時，詹姆斯‧貝里克‧福根被派到美國的明尼阿波利斯，負責為新斯科舍組建一間分行。他懂業務，也知道如何和商人打交道。他對信用做過專門的研究，也在實踐這所學校中學到了一條原則：賺錢的最簡單方式，是先學會如何賠錢。他早期經營銀行的一套理論，在經過了不同地方和不同情形下的實踐後，日臻完善。此時他在金融界的名氣，正可謂是「小荷才露尖尖角」。

他在明尼阿波利斯的工作成果迅速地被傳開。他的業務從小到大，慢慢發展了起來。人們都認為詹姆斯‧貝里克‧福根的能力要大於他現有的職位。不出3年，明尼阿波利斯西北國民銀行這家大銀行，為他提供出納員的職位。由於他的經驗能夠擴大該銀行的聯繫和影響力，使得西北銀行成為整個銀行界中最強盛的一個機構，福根也因此為自己躋身於美國頂級銀行管理人才行列，埋下了伏筆。

萊曼‧J‧蓋奇注意到這個年輕銀行家取得的巨大進步，於是，在西元1892年時，以第一副總裁的職位將福根先生帶入了芝加哥第一國民銀行。蓋奇先生在任職財政部祕書的時候，由於一場疾病的影響，錯過了升

為部長的機會,但是,他在西元 1900 年康復後,登上了芝加哥銀行的最高寶座。

下面是 15 年之後所發生的事情。

詹姆斯‧貝里克‧福根任總裁時期,銀行的發展情況

資產(美元)	西元 1900 年 1 月 9 日	西元 1915 年 1 月 31 日
貸款和貼現利息	27,781,462	134,762,853
美國債券	879,160	3,824,000
其他債權和股票	3,391,913	38,728,312
銀行大廈	500,000	1,250,000
銀行的現金和收益	16,827,327	79,847,616
合計(美元)	49,379,862	258,412,781
負債(美元)		
已付債款	3,000,000	10,000,000
盈餘	2,000,000	20,000,000
其他待派利潤	531,951	2,731,680
美國債券專項存款	……	3,340,000
流通貨幣	450,000	924,000
待派分紅	……	550,000
待繳稅款	50,319	575,264
再貼現外匯	83,214	393,798
存款	43,264,378	219,936,019
合計(美元)	49,379,862	258,412,781

西元 1916 年 1 月 1 日,福根被選為董事會的董事長,此後他仍然積極參與銀行的業務活動。

這些讓人眼前一亮的數字,即使無法和整個美國銀行史的記載相比,不過,這也只是其成就的一部分而已。

福根先生很早就意識到，激起員工對工作熱情的重要性。為了達到這一目的，他於西元1903年為雇員慷慨地建立了退休基金。對於那些來到他手下工作，有朝一日也將成為管理人員的年輕職員，他無時無刻不在關注著他們的福利待遇和發展機會。據說，他和每一位剛來的新職員，都會以長輩的身分和語氣，與他們語重心長地談一番話，好讓這些年輕人明白，職業生涯的成功就從這一刻開始，並且告訴他們，應該怎樣做才能得到晉升。我向他問起了這件事。

　　「是的。」他回答，「能夠將優秀的年輕人選入銀行，我對此感到十分自豪。我跟高中的校長建立起良好的友誼，希望他能推薦有前途的年輕人。透過這種方式，我們建立起獨一無二的良好合作關係，最終產生的結果是，他當初推薦的年輕人就是銀行現在的主管。

　　「我曾經帶著這些年輕人來到我的辦公室，我要讓他們明白，他們的理想應該是成為銀行家，而不是整天點鈔票的出納員或記帳員。他們應該關注周圍每件事的發展，努力去理解他們在帳簿上寫下的每一筆數字到底代表著什麼。我同樣也替他們指出，他們應該多去觀察周圍的每一個人，在身為中間人提供一系列票據接收服務的過程中，要針對銀行的客戶和其他商人形成自己的經營理念。透過運用自己的智慧，他們能夠看到一些事情，彙集一些資訊和概念，這一切對於銀行的管理人員是相當有價值的。」

　　芝加哥和整個美國的銀行家都向福根先生表示過敬意。從西元1901年以來，他一直是芝加哥票據交換所的主席，他不僅被選為芝加哥聯邦儲備銀行的行長，還當過美國聯邦諮詢委員會的會長，這無疑是其他銀行家對他傑出能力的一致推崇。他還擔任過證券銀行和第二證券銀行的主席、當地各種企業的理事以及公平壽險公司的理事。

　　福根先生不止一次被請到紐約，去協助解決一些銀行方面的棘手問

題，尤其是在出現危機和改革通貨制度的時候。不止一個高層權威人物把他叫做「全美國最有實踐經驗的銀行家」。

我記得在去年出席的美國銀行家協會會議上見過他。在兩次會議間的休會期間，前來與他握手的代表是人數最多的。他是一位具有威嚴的、與眾不同的人物，卻從不拒人於千里之外。當他接見一隊隊來自全國各地的朋友時，臉上始終掛著微笑。

他是一名富有同情心的人。芝加哥授予他「最佳市民」的稱號，他是一個道德典範，慈善運動的領導者和指導者。他是（基督教長老會）醫院的理事會成員，此外，他還做了許多慈善捐助活動。

他給包括他的 3 個兒子在內的年輕人提出的建議是：要用更高的職位來武裝自己，盡可能地多存錢。身為一個蘇格蘭人，他從小接受的教育和耳濡目染的薰陶告訴他，做人要節儉。

他認為：「奢侈是整個美國的罪孽。多數年輕人從不努力存錢，甚至年長的人也很少儲蓄。我的方法是在新年伊始之際，確定好今年打算要儲蓄的數額，如果我要買 1,000 美元的債券，我會用現金支付 100 美元，剩下的就跟銀行借，每個月還 75 美元，償還這 75 美元，便是我每個月發薪後要做的頭一件事，然後用剩餘的錢來維持我這一個月的生活。12 月時，我便是債券的擁有者了。我從不投機，所以到現在都無法完全理解股票交易錄影帶上的內容。」

倘若美國想要抓住現在大好的金融和商業發展機會，我們必須廣泛地開展「向詹姆斯·貝里克·福根學習」的運動。因為單單是銀行家並不能創造資本，你和我以及每個公民都必須參與其中。

亨利・C・弗里克

亨利・C・弗里克（Henry Clay Frick），美國實業家、金融家，更是一位藝術資助人。H. C. 弗里克焦炭公司的創辦人，後任卡內基鋼鐵公司董事局主席。被譽為建立國際性大公司的天才實業家。

HENRY C. FRICK

亨利・C・弗里克

有一天，一位年輕人走進匹茲堡著名骨相學家O・S・福勒教授的辦公室。教授發現，這個年輕人具有非凡的才能，這令教授難以置信地揉了揉眼睛。速記員將教授口述的探測結果記錄下來後，上面寫有這樣一段話：

「你的頭很大。你的力量、精力、活力，以及要闖出一番事業的動力、進取心、勇氣、決心是千里挑一的。你會竭盡全力和困難鬥爭，奔跑起來奮力而輕鬆。實際上你在生活中是一個喜歡跟各種困難鬥爭的人，對你而言，與逆境對抗就如同可口的食物一樣誘人。巨大的壓力反而會讓你做得更好。渴望名譽是你最大的動力，名聲受到詆毀中傷後，你會暴跳如雷。你有強烈的賺錢慾望。」

這段話寫於西元1879年4月10日。

現在這個人已不再年輕，住在紐約第五大街最昂貴、最考究的地方，徜徉於世界一流的油畫、繪畫、雕塑、陶器等私人藏品中。他擁有匹茲堡最大的建築和土地，其中包括一個面積為250英畝的露天廣場。

但不論是第五大街擺滿無價之寶的藝術品珍藏室，還是匹茲堡的大型露天廣場，都不是他用來炫耀個人的奢侈或品味的，前者將作為藝術畫廊，後者則作為兒童遊樂園，這兩樣價值數百萬美元的財產，最終都會捐贈給大眾。

骨相學家的預言並沒有錯。這些語言所描述的人在剛開始的時候，甚至沒有足夠的錢來買件像樣的衣服，然而30出頭之後，他就擁有了幾千名工人和幾百萬資產。後來，他不僅成為匹茲堡最大的企業家，甚至成為美國歷史上最有能力的工業巨人之一。他用自己的勇氣、努力、永不放棄的精神，完美地演繹了骨相學家當初的預言。

這個擁有驚人才能的年輕人就是亨利・克雷・弗里克。

弗里克先生在美國鋼鐵史上的地位，沒有得到人們的正確評價，相當程度上是因為，他既不擅長也不願意將自己和自己的成就公之於眾。他情

願埋頭工作，讓自己一度的搭檔安德魯・卡內基在公眾面前拋頭露面。而人們眾所周知的那個弗里克先生，只不過是個「焦炭大王」。然而他在鋼鐵領域取得的成就，卻遠遠大於他在焦炭行業的成就。有實踐經驗的鋼鐵業人士都說，弗里克為卡內基鋼鐵公司做出的貢獻，比卡內基本人的還要大。

剛開始的卡內基公司是一個缺乏組織和系統管理、日常事務雜亂無章、年利潤未達到200萬的鋼鐵廠，然而弗里克加入的12年後，工廠就成為一個能自給自足、完整的、連貫的、有系統組織的、年利潤為4,000萬美元的工廠。H・C・弗里克被緊急召入摩根 —— 洛克斐勒財團，來拯救在航行中馬上要觸礁的美國鋼鐵公司，這在鋼鐵界已經不是什麼祕密了。實際上，卡內基曾一度十分自信，他認為只要不支付股東手中持有的鋼鐵債券利息，這價值幾十億美元的鋼鐵托拉斯，就會重新回到他的掌控之下。

下面我來講述一段鮮為人知的歷史。

雖然弗里克先生是鋼鐵公司的董事之一，但是他卻沒有參加過一次董事會議。他聯合匹茲堡的梅隆集團和唐納集團，成立一間名為聯合鋼鐵公司的線材廠，以此來還擊約翰・W・蓋茲入侵焦炭行業的行為。為了使弗里克先生能夠積極地為管理鋼鐵公司而出力，唐納集團最後買下聯合鋼鐵廠，弗里克先生立刻就帶著熱情全心全意地去幫助這家巨大的公司擺脫困境。

他所做的第一件事，就是停止以普通股的形式發放紅利，然而，就算是這樣做也未必能夠有效規避財務風險。

接著，弗里克先生又把目標轉向了優先股的分紅方式。他找上摩根先生，讓他充分明白這力挽狂瀾的方法是絕對必要的。這次討論是在摩根的遊艇「科賽爾號」上進行的，當船駛向紐約南部時，這場討論基本上到了關鍵時刻。

亨利・C・弗里克

剛用過早餐的摩根先生從餐桌旁站起來，和弗里克先生一起來到甲板上。他面朝著對面岸上的商業區，眼中噙著淚水，然後手一揮，傷心地低聲說道：「要是你減少優先股的分紅，明天我便無顏再進入紐約市區了。」

弗里克先生能夠感覺得到摩根先生的激動情緒，只得向他保證，以後不會再提起這件事。後來發生的事情證明摩根先生是對的，弗里克是錯的，因為沒過多久日子就好過了，這艘幾十億的鋼鐵巨輪，勉強與前方的礁石擦肩而過。

從那天起直至現在，亨利・C・弗里克便一直是鋼鐵公司中最活躍、最具影響力的董事之一。也正是他，首先發現了詹姆斯・A・法雷爾是個人才。詹姆斯・A・法雷爾在擔任鋼鐵公司總裁的最後 7 年裡，令公司的業績連連創下新紀錄。

在大部分人的印象裡，亨利・C・弗里克是因為拒絕向霍姆斯特德鋼鐵廠的血腥大罷工妥協而出名。當時他遭到一名企圖暗殺他的無政府主義者刺傷，甚至受了嚴重的槍傷。還有一次，弗里克先生的名字也出現在報紙上，並且鬧得沸沸揚揚。這次是因為他起訴安德魯・卡內基沒有付給他在卡內基鋼鐵公司裡應得的利益。具體的情況是，卡內基非常不公平地沒收了弗里克爭取來的那部分收益。這場爭論最後以重新調整條款，使其有利於弗里克先生而告終。

然而，弗里克先生的職業生涯還是相當值得一提的，因為他是典型的美國式成功人士。他充分向人們闡明，在沒有家庭背景和經濟做後盾的情況下，努力工作和聰明才智相結合，最終會讓人們得到些什麼。他的經歷讓我們明白一個極為老套的道理：獲得成功並沒有什麼祕訣，也沒有什麼奧祕，更不是什麼深不可測的東西。即便通往頂峰的道路是艱險的、崎嶇的、荊棘密布的，可是不懈的努力、永不退縮的勇氣、不變的方向和優秀的前瞻性，可以讓你克服最大的困難，爬上最陡峭的山峰。

當我問他取得成功的祕密時，他詫異地反問道：「我獲得成功的祕密？成功根本就沒有祕密。成功只需要努力工作，日日夜夜、時時刻刻地投入工作。我是個窮苦孩子，所受的教育也有限，但是我工作非常努力，而且不停在尋找著機會。

「一個人要想在人生的戰場上取勝，除了具有自身的能力之外，勇氣、堅韌和主動性也是必要的。他必須學會時刻保持鎮靜。

「不過，所有這一切中，努力工作是最重要的。從西元 1889 年我第一次來到卡內基公司後，到西元 1895 年整整 6 年來，我沒有休過一天假。每天早晨我都會在 7～8 點之間來到辦公室，一直工作到 6 點以後才下班。我的榜樣作用對其他人產生了相當大的影響，卡內基總是表揚我，『你的確比這些人做得好。』工人們認真工作，是因為他們看到那時身為的董事長的我也在工作。」

亨利・克雷・弗里克很小就養成了這種努力工作的習慣，最初是出於迫切的必要性，因為他的母親嫁給一位身無分文的、有瑞士血統的農夫約翰・W・弗里克，這件事激怒了她的父親——賓夕法尼亞西部最有錢的人亞伯拉罕・奧弗霍爾特，畢竟他的母親完全可以找到一個門當戶對的人。西元 1849 年 12 月 19 日，亨利・克雷・弗里克出生在賓夕法尼亞西部的奧弗頓。在父母的小農場上，孩子們不得不用自己有限的力量幫助家裡。8 歲前，小亨利就學會了播撒玉米、幫助收割莊稼、照料牛羊以及做各種家務事。家裡是那麼需要他的幫助來維持生活，所以，他只有在冬天農閒時節才可以去上學。

「我記得大多數時候，我都是光著腳，不過我能做出一雙夠兩個冬天穿的靴子來。」談起他童年時候的事情，弗里克先生覺得並沒有什麼值得驕傲的事情。14 歲時他離開了學校，他上學時的成績並非十分優異，也只不過是能夠輕而易舉地預習功課，能夠很快地做出數學題來而已。

他的第一份工作，是在芒特普林森的一家綜合商店當店員。他的一個叔叔擁有這家商店的一部分所有權，在這裡，亨利開始和他學習如何做生意。他累積了不少經驗，學會了秤量白糖、丈量棉布、處理奶油和雞蛋，也學會了一大早起來打掃商店，清掃前一天晚上，村子裡那些志同道合的活躍人物，留下來的菸蒂和其他一些雜物。每天晚上，他們喜歡坐在店裡圍著爐火邊吸菸、嚼菸、漫無邊際地談天說地，然後在八九點鐘時候各自散去。後來，弗里克先生把這一段經歷看作是「一次極好的教育」。

在他很小的時候，目光就不在這家小小的村莊雜貨店，他的夢寐以求之地是匹茲堡。17歲時，他快刀斬亂麻地做出一個大膽的決定，離開村子去15英里以外的大城市。在那裡，他走遍了每一條大街小巷，總算是在一家婦女裝飾用品首飾店找到一個空缺，薪資為每週6美元，僅僅能維持生活而已。他從一個親戚那裡借來50美元，再加上自己的一點錢，買下一套差不多的衣服，這樣他就可以去教堂了。

他去了基督長老會第三教堂，這間教堂是由威廉索和阿薩·P·柴爾茲建立的，後來阿薩·P·柴爾茲成了弗里克先生的岳父。許多年後，當初那個飾品商店的小職員買下了這間教堂，並出資幾百萬美元，在這裡建立可以和紐約任何一座賓館相媲美的威廉佩恩賓館。

不久，年輕的弗里克接下一份在匹茲堡的工作，在負責人的指導下，開始銷售蕾絲，每週薪資為8美元。後來他生了一場病，持續的高燒迫使他回家休養一陣子。這段時間裡，他已經留給店主深刻的印象，所以店主希望他病好之後再回來，並答應替他加薪。

正如後來被實踐所證實的那樣，這位年輕人抓住機會，成為外公奧弗霍爾特在賓夕法尼亞布拉德福德麵粉廠和釀酒廠的記帳員，以及管理日常事務的管理員，這實在是明智之舉。布拉德福德地處康乃爾斯維爾礦區的中心地帶，那個時候還未成為焦炭生產中心。他不僅負責記帳，還要秤量

穀物、銷售麵粉、測量木材，他讓自己成為一個各方面都能派上用場的人。他不知道自己的薪水是多少，直到他做了兩三個月之後，被告知年薪為1,000美元，他幾乎無法相信自己的耳朵。

從這邊的廠區，就可以看到遠處建在河對岸的康乃爾斯維爾煤礦礦脈。1,000美元的年薪不是年輕的弗里克長期的理想。正在那個時候，從西部來了一名有錢的年輕人，他就出生在距奧弗霍爾特辦公室咫尺之遙的一座農場上。他的提議是要想賺錢，就買下一塊地，然後從事焦炭加工這個新興行業。弗里克做好了答覆的準備，但是，當時的他能夠提供的才智遠遠多於資金。然而，這位剛來不久的約瑟夫·李斯特為記帳員弗里克帶來了希望，他能夠借到足夠的錢來支付購買土地的頭期款。李斯特出了五分之三的錢，弗里克和他的表兄，管理麵粉廠和釀酒廠的亞伯拉罕·O·廷茲門兩人每人出五分之一的錢。由於弗里克的肩上擔著管理整個企業的重任，因此，公司的名字就叫弗里克公司。

他的第一項任務是去一趟匹茲堡，說服當地最大的銀行家賈奇·梅隆貸給他1萬美元的6個月短期貸款。他以每個月償還10%的利息得到這筆錢。就這樣，50個焦化爐拉開了他事業的序幕。而這位最終壟斷了整個康乃爾斯維爾地區的焦炭生產，每年用來運輸焦炭的火車車廂能繞地球一週的人，他的職業生涯開端是很卑微的。但是，從谷底爬到頂峰，從50個焦化爐到1.2萬個，這並不是一兩個回合就能解決的問題，其間所需要克服的困難，是任何一個不夠果敢、不夠機智、不夠有膽識的人所無法跨越的。

弗里克公司從50個焦化爐開始，發展到100個焦化爐，第二次的1萬美元貸款，也是被這位記帳員金融家搞定。這樣說是因為此時的他依然在記帳，還在擺弄麵粉，還在測量著木材。隨著第二座農場的購買成功，另外100個焦化爐的建構工作也開始了。

緊接著，西元1873年的大恐慌猶如晴天霹靂一般，將整個美國的金融業打擊得七零八落。弗里克的兩位合作者李斯特和廷茲門，都在這次蕭條中破產了。而弗里克儘管年輕又沒什麼經驗，負債還大於資產，卻認定自己能夠經得起這場風暴，並且能夠殺出一條血路來。此時，他又一次頑強地出現在匹茲堡最大的銀行家面前，告訴他自己需要借款的數額！

這裡我要講述一段插曲，每個壯志凌雲的年輕人看到它，都足以為之倍受鼓舞。

賈奇・梅隆派了一個人（W・E・科里的叔叔）前往布拉德福德，去調查這名大膽的、拿破崙式的年輕金融家的人品和能力。這位調查者並沒有發現H・C・弗里克是當地的上流人物，過著豪華的生活，擁有相當的財產，相反，他發現這位年輕人只有24歲，是一名記帳員，不是住在高樓大廈裡，而是住在藥店上面的兩間小屋子裡。

經過詢問，他發現人們對這位年輕人給予了最高的評價，他的勤奮和能力普遍為當地人所津津樂道。他經營的焦炭公司就是他能力和成功的最好證明。賈奇・梅隆不但沒有對這個貸款人低微的社會地位感到失望，反而覺得像他這樣一個有企業家精神、有勇氣、有才能的年輕人，為了累積資本，非常務實地將生活水準限制在每週幾美元，應該給予幫助，所以他批准了貸款。

有了足夠的錢之後，弗里克不僅買下兩個搭檔手中的股份，還收購了其他一些破產企業。弗里克張羅著購買或租用其他煤礦的土地和焦化廠的舉動，令當地人覺得他瘋掉了，因為當時整個焦炭行業，總共也不過是幾百個焦化爐而已。每噸焦炭不就是90美分嗎？這樣的價格連成本都不夠，這樣的行業哪裡有利潤可言？明知是火坑卻還要跳進去的人，是個十足的瘋子。

弗里克沒說什麼卻做了不少事。用他自己的話來講，「那段日子真

是糟糕透頂。」他借了又借，不過，儘管他夜不成寐地想著如何能擺脫困境，卻從來沒有想過拒付任何一張簽有「H・C・弗里克」的借據。

他在這一階段所做的一筆生意對他幫助很大。他和其他人一起修建一條從布拉德福德到芒特普林森，橫穿整個焦炭生產地區10英里長的鐵路，並且把它租給巴爾的摩和俄亥俄。就像其他大多數領域一樣，這條鐵路的業務也不是很好。弗里克匆忙地奔波於每個合夥人之間，聽取他們的意見，最後，成功地將這條不是很長的鐵路，賣給了巴爾的摩和俄亥俄。這筆生意讓這名年輕的談判家，賺到了近5萬美元的利潤，這是他的第一筆大生意。

經濟秩序恢復後，弗里克成為焦炭公司唯一的股東，日產量超出了50噸，價格從每噸90美分漲到了2美元。後來，當經濟再度繁榮起來時（西元1897～1880年），焦炭的價格漲到了每噸5美元。每天他都能賣掉價值5萬美元的焦炭，淨利潤2萬美元。

當然，到了這個時候，弗里克便辭去記帳員的工作。剛開始時，他透過批發商來銷售焦炭，可是在1870年代初那段最黑暗的日子裡，他只能在匹茲堡設立一個小小的辦事處，親自去尋找客戶。他每天早晨6點鐘起床，安排好布拉德福德的工作，就去看一下他的焦化廠。在大多數早晨裡，他都會乘早晨7點鐘的火車，大約在10點鐘到達匹茲堡，在那裡工作到下午3點，然後在晚上6點鐘返回處理那些需要他親自出馬的事情。

隨著業務的增加，他不得不為焦化廠聘請經理，自己住在匹茲堡，這樣做有益於焦炭的銷售和公司財務狀況。每天晚上晚飯後，他要去郵局取信，然後再去辦公室，直到把所有信件看完後才回家。他每天的工作時間超過12個小時。

30歲之前，弗里克就成為百萬富翁了。西元1880年，他31歲，業務步入了軌道之時，他在另外3個年輕的美國人陪同下，去了一趟歐洲。

亨利・C・弗里克

7月4日那天,他們在愛爾蘭吉拉尼城堡升起星條旗,這一舉動幾乎讓不知所措的服務生嚇了一跳,後來她得知這一天是美國的國慶日時才鬆了口氣。弗里克先生盡量抽出時間來學習、大量讀書,最後終於能夠自如地以歐洲的方式行事了。巴黎的藝術畫廊留給他深刻的印象,並為他最終留給美國人民的那一筆財富播下了種子。

回國後不久,他遇到了匹茲堡的阿德萊德・霍華德・柴爾茲小姐,夏天與之訂婚,並於同年(西元1881年)的12月完婚。即便那個時候他已經相當富有了,但弗里克先生在妻子的贊同之下,決定不過那種鋪張浪費的生活。婚後的18個月來,他們一直住在莫農加希拉大樓的一間房間裡,後來他們在匹茲堡東區花2.5萬美元購買的房子,就是他們在匹茲堡的家。

在那個時候,安德魯・卡內基和他的合夥人的鋼鐵行業,正處於擴張階段,對焦炭的需求量十分巨大。西元1882年,弗里克賣給他們一半的工廠。當時是1,000多個焦化爐和3,000多英畝的產煤區。

隨後公司進行了重組,重組後的資產為200萬美元,接下來的幾年裡,在弗里克的經營之下,公司的資產總額隨著公司的快速發展,增加為300萬美元。時至當時,亨利・C・弗里克早已是知名人物了,也就是說,康乃爾斯維爾煤礦裡出產的焦炭品質,要優於其他任何地方加工的焦炭。

6年之後(西元1889年),H・C・弗里克焦炭公司擁有及控制著3.5萬英畝的產煤區,擁有整個康乃爾斯維爾礦區1.5萬個焦化爐的三分之二,擁有3間泵水量為500萬加侖的水廠,以及幾條短途鐵路。當時H・C・弗里克焦炭公司的雇員有1.1萬人,月產量穩定在100萬噸之上,這一數字實際上超過了後來幾年的數字。

他很少宣傳自己,但在工業界,這位沉默寡言、埋頭苦幹、富有遠見的弗里克先生,其所發揮的影響要比卡內基更重要。這位鋼鐵製造商曾幾

度試圖勸說這位年輕的天才加入卡內基鋼鐵公司,當他的合作者,可是都沒能成功。然而,在西元 1889 年的一個下午,當弗里克坐在自己的私人辦公室時,突然有人告訴他,卡內基先生和他所有的合夥人,正在外面的辦公室焦急地等著見他。他們為這位焦炭大王提供了卡內基兄弟有限公司優厚的待遇,看他是否願意接受董事長這一職位。弗里克先生同意了,他同時也擔當了卡內基船舶公司的總裁,並且恢復 H·C·弗里克焦炭公司總裁的職位,這個職位是他前一陣子和卡內基產生分歧時辭掉的。

當弗里克著手管理卡內基的公司時,他才發現這家公司的各項事務是多麼地缺乏組織和管理混亂。他立刻捲起袖子開始改進公司的無序管理,連續 6 年來,他一天都沒有休息過。當弗里克吃驚地知道,董事和行政主管居然沒有舉辦經常性的會議時,弗里克指導安排了每週董事會議,為了節省時間,會議為他們提供午餐。經理們也來參加會議,會上,他們要遞交報告,回答問題。同時,在每間工廠裡也都要舉行類似的會議。

弗里克的到來令公司重振旗鼓,之前那種人心渙散的氛圍,迅速地轉變成一種熱情,每個人都進入狀態。董事長是工作最努力的人,每位員工都因此而受到了鼓勵。西元 1890 年,他發行了 100 萬美元的債券,在未動用一美元的情況下,就建立了著名的杜肯鋼鐵廠,這個令卡內基都感到棘手的工廠,最終這間工廠創造出幾百萬美元的利潤,這些利潤又分幾次償還了這批債券。這件事之後,弗里克的名氣更大了。

不過,前方等待他的,卻是即將上演的悲劇。西元 1885 年時,卡內基做了他的第一次公開演說,從那以後,他又多次就工人的權利問題發表談話和文章。他那種「勝利的民主」論調,成為工人鬧事者的依據。卡內基確立了他的「互不侵犯」綱領,這種姿態已成為國內外工人聚會時的話題。然而正如其他一些人預見到的那樣,這種言論給勞工主管造成的影響越來越大,最後終於在西元 1891 年發生了一場大罷工,引起一場極大的

混亂和騷動。在此之前，工人問題連續不斷，但每一次都以卡內基妥協而告終。

後來，平息西元 1891 年大騷動的重擔，就落在弗里克先生的肩上。在那段暴動的日子裡，弗里克先生幾乎連和家人待上一兩個小時的時間都沒有。他的小女兒，一個 6 歲的漂亮小女孩被病魔奪走了生命。小女兒是他的最愛，她的死亡令弗里克先生陷入深深的自責，怪自己沒有在女兒病重時，守在她身旁照顧。

正如每個人都知道的那樣，第二年，也就是西元 1892 年，霍姆斯特德工廠工人們的不滿情緒漲到了高點。到了那個時候，過去的經驗讓卡內基明白，他根本就無法將自己宣揚的理想中的理念變成現實。他和弗里克以及其他人一起制定了一個計畫，讓工廠處於無工會的狀態，然後卡內基以計畫日程為藉口跑到蘇格蘭，一直待到這場暴亂差不多過去為止。只有一兩個夥人知道卡內基在蘇格蘭的藏身之地。弗里克則被留下來，獨自面對這一切。

那是一場美國歷史上最為血腥的罷工抗議，其間所發生的著名事件，在這裡就不再重複。罷工工人形成了一個半軍事武裝組織，他們將主管通通趕出工廠，藐視一切當地的權威部門，幾百名平克頓偵探事務所的警衛人員與他們殊死搏鬥，最後暴動持續到當地的軍隊出動才得以控制。而弗里克先生雖然遭到暗殺，卻也毫不妥協，拒絕像卡內基那樣接受任何無條件的投降。

即使是那些譴責弗里克「過於倔強」的人，也不得不承認他所具有的英雄氣概。一名俄國無政府主義者衝進他的辦公室，開槍擊穿他的耳朵和脖子後，又用一把匕首殘忍地在他的胯部和腿部扎了兩刀，醫生在看到他如此嚴重的槍傷和刀傷後，宣布他生命垂危。在經歷了這場可怕的殊死搏鬥之後，其他人衝了進來，打算開槍擊斃這名無政府歹徒。即便到了這個

時候，弗里克先生仍然強撐著說：「不要殺死他。」弗里克先生的這種寬容，不由得讓人想起了《耶穌受難記》中的最後一幕，祈禱聲響起：「父啊，原諒他們吧，他們是被無知蒙上了雙眼。」我不禁問他，在當時那種可怕的情形下，他的腦海中想的是什麼？

弗里克先生簡單地回答道：「那時候的我和現在一樣冷靜。我並不想看著他被殺死或遭受酷刑。」

當我更進一步問及他當時的體會時，他只說了這樣一些話，當無政府歹徒用槍指著他的頭並開槍時，他看到了自己去年死掉的小女兒就站在他旁邊，那種感覺是那麼清晰、那麼真實，就彷彿她真的在旁邊一樣——實際上，這種感覺就好像他真的伸出臂膀將她抱在懷裡一般。

弗里克先生的身體非常好，其復原速度之快令醫生為之驚異。當醫生要探查子彈的射入位置時，他竟然還能指導醫生使用器械。他最大的擔憂是他的妻子，那時她正處於病中。更為雪上加霜的是，他們在暴亂期間出生的另一個孩子也夭折了。種種巨大的壓力需要弗里克先生去承受，這些壓力一直在逼迫他向罷工者妥協。但是，他不顧這種令自己喘不過氣來的壓力，斷然宣布，除非哈里森總統（William Henry Harrison）和他的全體內閣再加上卡內基跪著求他妥協，否則，他不會做出一英寸的讓步。他的一些合夥人悲嘆道，事情最終解決之後，不會有人留在工廠裡工作了。

弗里克先生告訴我：「罷工的代表認輸，並將他的人員召回後的第二天早晨，你不能再讓聚集鬧事的工人來上班了。在這場罷工中獲勝的意義，並不是人們都能夠普遍意識到的。當時，工廠的經營已經到達不得不對工人們言聽計從的地步，沒有他們的允許，我們無法提拔任何人，我們安裝了昂貴的設備，他們卻不讓設備完全發揮功效，他們任意地、毫無道理地限制產量，我們有一個工廠日產量為 500 噸，然而他們卻只生產不到 250 噸。

「在這種情況下,打敗罷工代表是件最好的事情,不僅對鋼鐵行業是件好事,對工人們本身也是件好事。他們擔心,更多機器設備的引入會導致大批工人失業,當然這種擔憂是毫無根據的。我們採用一臺設備可以節約400個人的勞動,可是這種成本的節約,卻可以讓我們僱用比以前更多的人。機器也可以代替人去做那些力氣活。

「沒有人比我更同情窮人。我也曾經很窮,親身體驗過窮人的苦日子。當我進入焦炭行業後,我總覺得只要善待那些工人,就永遠不會出現勞資問題。但是霍姆斯特德大罷工讓我明白了一個道理,對於有些工人而言,你給他們的越多,他們就越發不可理喻。到最後,他們想要當老闆,想要操縱工廠,這當然不可能,一間工廠只能有一個老闆。」

讓查爾斯・邁克爾・施瓦布負責重新開張後的霍姆斯特德工廠真是一個好主意,他用無與倫比的幽默、具有感染力的熱情、堅定的民主贏得了工人們的忠誠和擁護。

過了很長一段時間後,人們才明白,弗里克先生並不是大家眼中那個愛報復的人。許多人發現,那些在罷工中因觸犯法律而坐牢的工人家庭,他都悄悄地為其提供幫助。

弗里克重新開始了計劃和建立美國最大的、自給自足的工業企業,下屬公司大概除了石油公司外,應有盡有。他的理念是做規模最大的生意,他要採用統一化、標準化和其他一些策略來管理企業,這種概念現在看來相當普遍,可那個時候卻是極為稀少。卡內基手裡的除焦炭以外的各種企業,都被合併成為一個系統化的整體,透過修建聯合鐵路,將一個個分散的工廠連成一個整體,他重新獲得了調車場的所有權,比其他競爭對手能更好地把它們用作運輸站點。

現在,在卡內基的所有利潤環節中,還缺少一環,那就是鐵礦必須要從別處購買。弗里克不顧安德魯・卡內基的反對,透過巧妙的計畫和安

排，最終獲得了奧利弗礦產公司一個重要的分公司，因此能夠以低價獲得充足的優質酸性轉爐礦石供應。然而他這一舉動的代價卻是卡內基的敵意，他錯誤地預言，弗里克這樣做會是一場災難。

弗里克是工業這一行業的亞歷山大大帝。對他來講，得到所有生產和銷售鋼鐵產品所必需的煤礦和焦炭、鐵礦、工廠、地方鐵路設備還不夠。為什麼不向鐵路運輸領域進軍呢？為什麼非得花上幾百萬美元，從伊利湖地區運輸大批大批的鐵礦呢？為什麼不自己修鐵路，囊括這筆利潤呢？最終的結果就是匹茲堡──貝塞麥──伊利湖鐵路的落成。這筆資金是透過發行債券籌集的，債券的利息是從開始營業獲得利潤後分幾次償還的。

即便是在那個時候，弗里克還是不滿足，他將視線投向了更遠處。每年為什麼要花去大把大把的錢，用汽船穿過格雷特湖將鐵礦送到鐵路站點呢？為什麼不自己造船呢？隨後，他組建了一支由6艘汽船組成的船隊。

弗里克透過自己的聰明才智，最終實現了夢想，從鐵礦被挖出來的那一刻起，直到它變成成千上萬的鋼鐵產品，每個環節上所有的利潤和礦藏使用費，全部無一遺漏地進入卡內基鋼鐵公司的帳戶。

從他西元1882年進入卡內基公司到西元1899年，公司的年利潤從不到200萬增加到了4,000萬。

弗里克的強大已經到了讓卡內基容不下的地步了。卡內基有能耐挑選和管理一個個新建的子公司，卻無法和自己能力相當的人和睦相處。卡內基是發號施令型的，而弗里克是倔強型的，從不畏懼任何戰鬥。商場上的遊戲常常是殘酷的，弱者趁早靠邊站，而弗里克，儘管不是一個思想情操多麼高尚的人，卻從沒有因不誠實、兩面三刀、膽小懦弱、行事不光明而遭到別人的指責。

西元1899年，衝突終於不可避免地爆發了，導火線是卡內基應付給弗里克的焦炭費用。卡內基想要將弗里克逐出公司，而弗里克則成功地將

卡內基推上法庭，最終得到的錢，比卡內基當初簽下的合約多出好幾百萬美元。

至於這場具有歷史意義的爭論，其前因後果，我無法也無需深入探究，當時各大報紙的專欄幾乎全是相關的報導，上面都記載著事件的整個過程。

連續幾年來，卡內基都迫切地想從自己的事業中退出來，他已經闡明了自己「在富有中死去，就是在不光彩中死去」的著名信條，他想要將資產兌現，然後用幾百萬去做自己想做的事情。西元1889年與英國投資人的談判泡湯，西元1899年醞釀已久的穆爾辛迪加計畫也失敗了。卡內基希望自己的合夥人也能夠參與這次的計畫，所以以「選擇權購買」的名義說服亨利·菲普斯和弗里克，讓他們每人先為這項共需100萬美元的穆爾辛迪加計畫出資8.5萬美元。

後來，著名的弗勞爾大恐慌的爆發，令這項計畫流產，卡內基卻遲遲不肯退還這兩位合作者用來購買選擇權的款項，而他們兩人則聲稱卡內基已經同意優先將這筆錢還給他們。這件事令他們和卡內基之間產生了很大的隔閡。

最後，關於成立美國鋼鐵公司的談判，終於在西元1901年拉開了序幕。在與洛克斐勒集團談判時，卡內基發現必須把弗里克請來，商量如何出售極其重要的鐵礦資源和格雷特湖上的船隻，這些都是為這個鋼鐵托拉斯創造利潤的重要來源。

對於卡內基鋼鐵公司的這樁買賣，弗里克先生只給出一句評價：「我是永遠不會以這麼低的價格賣出的。」

「那麼以後呢？」我問弗里克先生，「我們將會看到其他的大型聯合公司呢？還是就讓這個托拉斯隨他去吧？」

弗里克先生回答道：「如果沒有大型的、有實力的公司，美國就沒有希望在世界性的競爭中取勝。沒有實力強大的公司，我們如何能夠應對來自德國的聯合和合作？這些對我們未來的安全都是至關重要的。

「關於關稅，倘若我們的莊稼連年歉收，各行各業的人都在失業，在這種情況下，要是沒有足夠的手段來保護關稅，那就很難說會產生什麼樣的後果。

「至於說未來會怎樣，我覺得我這一代或者說你們這一代不會有什麼大問題，因為有這麼偉大的一個國家正等著我們去發展，每個人都會找到自己的位置。」

在這裡，我需要先回顧一件事情，然後才能為這篇不是很詳盡的亨利‧C‧弗里克的特寫畫上句號。這件事雖然是一件小事，卻足見弗里克的真實性格。兩三年前的一個聖誕節前夕，匹茲堡的一家銀行破產了，在這家銀行開戶的幾千名孩子，和其他一些人整年存放在這裡打算在聖誕前取出的錢，全部化為了烏有。一時間，孩子們的哭聲、大人們的嘆息聲四起。全國上下都為之觸動。然後，又有喜訊傳來，有一名捐助者願意將這筆錢全額付清。原來，這位捐助者正是弗里克先生，他實在無法拒絕來自這些小東西們的求助，他的心裡牽掛著孩子們。他做了這件事，但是除了他自己以外無人知曉。每一張派做這個用途的支票上，都印有他失去了的小女兒的照片。

弗里克先生的鉅額的財產，在建起範德大廈和完成阿斯特計畫之後，將不再做出處理。弗里克先生告訴我：「我不太同意那種將幾百萬財產留給子女的做法，當然，我會留給我的孩子富足的錢，但是，他絕對不會是美國最富有的繼承人之一。美國人喜歡也應當去歐洲觀賞那裡著名的油畫和其他藝術品，我已經盡量地帶回來一部分，我打算把全部的收藏連同收藏室，以及其他正在為藏品修建的建築，一起留給後人。」

弗里克先生告訴我這些的原因，是他想要為自己過著「如此豪華奢侈」的生活而表示歉意。他是最樸素的人之一。順便再提一下，西元1917年春天，以法國前總理維維安和喬夫里將軍為首的代表團在訪問美國期間，弗里克先生同意將其府邸用作此一行人在紐約期間的總部。

　　在美國最偉大的商人中，我認為弗里克先生的位置應該居於前6位。

艾爾伯特・亨利・加里

　　艾爾伯特・亨利・加里（Elbert Henry Gary），律師、法官出身，也是一位實業家，更是大企業家的召集人，美國鋼鐵公司聯合創辦人之一。他曾召集摩根、卡內基和施瓦布為合夥人。被譽為企業帝國的國王。

E. H. GARY

艾爾伯特・亨利・加里

在美國，總統是最偉大的職業，其次就是美國鋼鐵公司總裁。艾爾伯特・亨利・加里是這個在收入、資源、面積各方面，都大於普通歐洲國家的企業帝國的國王。

西元 1916 年，美國鋼鐵公司的總收入達到 12.3 億美元，超過了美國政府的正常稅收。它擁有一支 17.5 萬人的產業大軍，這一數字超過美國陸軍和海軍總人數，也超過了美國──西班牙戰爭中常規和志願軍的總人數，如果每隔一英里就安排一個人的話，這些工人能從地球排到月球，剩下來的還能繞地球一整圈。若是他們肩並肩排開，這條隊伍能夠延伸 100 英里。

今年，美國鋼鐵公司的薪資總額為 3.2 億美元，自從西元 1901 年成立以來，它已經支付了總額為 25 億美元的薪資。

它擁有一支由 100 艘船組成的船隊，這些船隻連在一起，會築起一道長 10 英里的、堅不可摧的鐵牆。陣型要大於任何一支二等海軍部隊。

它擁有自己的鐵路，這些鐵路延伸出去後，能夠從洛杉磯通到紐約，然後再向大西洋延伸幾百英里。然而，每一年裡，它每週仍要付給其他鐵路的運費 300 萬美元，16 年裡的總運費已增加到了 18 億美元。

它所開採的煤礦，相當於美國最大的煤礦公司的開採量，每個月要生產 100 萬桶膠合劑。

它有 12.2 萬名股東，這些股東在西元 1917 年會得到約 7,000 萬美元的分紅。雖然公司已經支付了 4.337 億美元優先股的分紅，不過，普通股的分紅也達到 3.05 億美元，也就是說全部分紅的一半。

雇員有特權申購 35.7 萬股優先股和 26.8 萬股普通股，這些股權都將獲得特別紅利。

公司 14 億美元的原始總資本，相當於當時美國貨幣流通量的三分之

二。假使這些貨幣全部兌換成黃金，其重量將達到 2,330 噸，若是 1 美元的票面，則可以環繞地球 6 圈，剩下的還可以從阿拉斯加的最北部一直鋪到合恩角。

它的資產已超過 20 億美元。

每年都有 700 多萬美元花費在職工福利方面，這些福利待遇可以讓員工更健康、更幸福、更具安全感，因而令他們的工作效率更高。

假如一個人養著家裡的 5 人，那麼這間公司就養活著 140 萬人，相當於波士頓人口的 2 倍。

它在 60 個國家設有特派代表和行業顧問。

它有 60 間子公司，20 位公司副總裁來輔助行政總裁的工作。

然而，負責管理這個舉世無雙的大企業之人，卻從來沒有飄飄然，沒有興奮，也沒有手忙腳亂。這份工作他得心應手，實際上，他的許多同事都一致認為，他是最適合這項工作的人，他退休後，便很難再找到比他更合適的人，來接替他的工作。

在加里法官的性格中，沒有獨斷專行的一面，他是一位通情達理的、甚至可以說是仁慈的人。他總是面帶微笑──他的微笑是著名的，他很少皺眉頭，臉上也沒有橫肉，他那雙藍色的眼睛總是閃著和善的光。在他百老匯 71 號 17 層的辦公室裡，懸掛著為美國的發展做出過重大貢獻的傑出人物照片，為他的辦公室營造一種友好的氛圍。

讓我來講述一件頗具代表性的事情。

J・P・摩根那個時候正在歐洲。

時值西元 1909 年，經濟不是很景氣，商品價格在下跌，訂單在減少，全國上下到處都在減薪。鋼鐵公司的董事會總結道，他們也必須跟隨形勢，實行減薪。在公司財政會議上，這一減薪方案被提出，許多人贊

同，而加里法官則堅決反對。

「我提議，我們將這一方案推後一週實施。」加里法官看到討論進行得不是很順暢，就提出建議，大家都同意了他的建議。

摩根在他臨行前告訴過加里法官：「我不在時，若你需要我做什麼決定，就發電報給我。」

加里法官極不喜歡打擾摩根先生，可他的心裡卻牽掛著工人們的福利。他發去一封請求電報給摩根先生，希望他能夠去見一下正在歐洲度假的兩名重要的董事會成員，然後，回覆一封電報，就雇員薪資保持原狀問題，分別給出他們三方的意見。

摩根先生按照他一貫果斷和高效率的方式採取了行動。他召集了那兩名正在歐洲度假的董事，用他超級的、無人能夠抵擋的說服能力，得到他們二人支持性的投票。

回覆的電報正是法官想要的內容，當該提議又一次被提出時，隨即遭到否決。那天的勝利是為工人們贏得的，鋼鐵公司所持有的、富有鼓勵性的立場，產生了鼓舞士氣的效用，整個工業行業很快就恢復了生機。

這件迄今為止仍沒有公開的小事，要比我所知道的任何一件事，都更能說明加里法官的品性，他是工人們真正的朋友，一個富有人道主義的人。

加里法官為公司如何對待公眾的態度方面，帶來了全新的理念，他的影響比其他任何一間大企業的負責人都要大。10年前，他公開發表演說，譴責工業領導人的那種高壓態度，那種財務方面的不公開和不透明。他說：「富人階層應該自覺停止這種做法，否則公眾就會迫使他們停下來。只要沒有什麼必然的理由，公眾永遠不會加深或擴展對資本家的怨恨。」

加里法官毫無顧忌地說出這一切。

他是美國有史以來最強而有力的公司管理公開化道路的先驅者。他的

年度報表寫得明晰而詳盡，堪稱典範，甚至被德國的大學採納並作為標準教材。

他對每個最底層勞工的公平態度極具革命性。在這一點上，他遇到來自董事會的強烈反對。

一位很有影響力的董事，在早期的董事會議上稱：「對付勞工問題的唯一辦法就是，任何時候只要一出現苗頭，就馬上打掉它。」

「那你還得安排其他人去做這件事。」這是加里法官用來反駁他的最後結論。

在如何對待競爭對手方面，他所制定的那一套烏托邦式的原則，也受到了守舊派資本家的指責。

即使是在經濟快速發展而導致鋼鐵短缺的那段時間裡，加里法官也從來沒有擠兌過客戶，因此，那些思想守舊的資本家一致認為，他們選了一個理想主義者而不是一個注重實際的人來管理公司。一些人甚至大發感慨，覺得他這種新的、頭腦發熱的理念，將會令公司蒙受幾百萬的損失。

然而，艾爾伯特·亨利·加里仍然堅持固守自己的方式，他反覆地告誡董事會成員：「像我們這麼大的公司，必須採取公平的方式來對待公眾，對待競爭對手，對待消費者，否則遲早都會碰到麻煩。」

那麼最終的結果又是怎樣的呢？

當美國政府對這個「惡性」托拉斯提起司法訴訟，要求解散公司時，他們尋遍了整個美國來蒐集不利於美國鋼鐵公司的證詞，卻沒有一個對手，沒有一個客戶，沒有一個雇員，沒有一個公眾說過一句不利於它的話。相反，倒是那些律師和其他一些人員，抱怨政府給他們的薪資太少。

施瓦布先生曾經當過美國鋼鐵公司訴訟案的證人，當他被問到鋼鐵基金問題時，他清晰地做出如下陳述：

「據我個人全部所知,加里法官沒有對這些基金做過任何手腳,而且他極力反對這種做法。在我擔任鋼鐵公司總裁時期,我不得不面對這樣一件事:加里先生總是在反對那些我早已習以為常的事情。」

現在,所有那些反對加里先生管理公司公開化的聲音早已平息,事實證明了這個理想主義者烏托邦式的政策是值得的!

加里先生堅持認為,公司的成功應該歸功於財務部和董事會的卓越能力,但是那些更了解情況的同事們卻說,總裁的政策和付出的勞動,才是最主要的原因。

加里法官的辦公室裡沒有股票行情收錄機,他不贊同投機,也從不參與這種事情。在很早以前,鋼鐵公司的董事會議總是在中午召開,當時身居董事會的一些成員熱衷參與股市,並且利用他們的內部消息來矇蔽公眾,不過,這一切早已成為過去式。

現在,財務部的會議都在下午兩點舉行,然後首次公布季度報表顯示收益,提交給董事會後不久,就會向公眾公開。這樣一來,和其他股東相比,董事會成員也就沒什麼有利之處了。

我問加里法官:「回首往事,在您一生的工作中,什麼能夠給帶您最大的滿足感?」

他沉默了一會,顯然是在回想這幾年來的事情。

然後他十分慎重地回答道:「如果單指某一件事的話,那就是我獲得了整個工人大家庭中絕大部分人的友誼和信任。」他若有所思地點點頭,說道:「是的,這才是最有價值的成就,在我的一生中,沒有什麼比這件事更能帶給我真正的滿足感。」

我又問道:「接下來,你決定怎麼做?」

「繼續將友好合作的精神帶給鋼鐵界的同行們,因為它能夠根除舊有

的那種不合理的、破壞力大的競爭方式，這種競爭方式不僅在蕭條時期對鋼鐵企業具有破壞性，導致許多相關企業破產，而且還會對整個國家的各行各業，產生短期的災難性後果。帶給工人們的艱難和失業就更不用說了。」

前耶魯大學政治科學系教授、塔虎脫總統（William Howard Taft）執政時期的美國關稅協會主席亨利・C・埃默里，在分析加里法官對美國做出的貢獻時這樣說：

「關於此事，我主要考慮的是他對待股東的方式，我把他看作是『開門政策』的創始人。沒有什麼人意識到，第一次將公司業務的季報公布是一件戲劇性的事，公司裡權高位重的人說公眾無權知道，而加里法官則堅持認為，10萬名股東對自己的財產有知情權，並提議告訴他們。

「有人認為這件事是他在虛張聲勢，萬一季報出來後，表明收益微薄，加里法官恐怕也不敢將事情如實公布。說這種話的人並不了解他，也不了解他對那些徘徊在股票收錄機前之人的那份不在乎。不管利潤豐厚還是微薄，不管股價跌到了10塊還是漲到了100塊，每隔3個月，他都會將公司的有關事宜公布於眾。採取這種『無情公開』的方式，和工業史上兼併的產生，具有同等重要的里程碑意義，實際上，它的意義更為重要。最近我們聽說了許多關於有必要在戰後改變『祕密手段』的言論，加里法官對股東和公眾採取的這種方式，無疑是給公司一直奉行『祕密手段』的財務政策，投下了一顆重磅炸彈。」

一位風趣的年代史編者曾說過：「艾爾伯特・亨利・加里生下來就是個赤腳的孩子。」這種說法可以說對，也可以說不對。在他於西元1848年出生的農場上，小加里有時候的確不穿鞋和襪子光著腳在地上跑，但這是他自己不要穿，而不是沒得穿。他父親的農場位於芝加哥以西25英里的杜佩奇縣，他的父親是一個正直誠實、要求嚴格的新英格蘭人，透過努力

工作、細心仔細和勤儉節約，讓全家人都能夠吃飽穿暖。他是一位實際的人，他讓日漸長大的孩子們在工作和讀書之間，自己做出選擇。艾爾伯特更喜歡去上學而不是去工作。

有趣的是，一次黑板數學演算競賽，居然確定了他日後的職業方向。有一天，一位叔叔來拜訪加里一家，他叫 H·F·瓦萊蒂，是當地一位著名的律師。加里的爸爸很為兒子的數學能力驕傲，就在他們倆之間安排了一場比賽，結果艾爾伯特獲勝。作為獎勵，這位叔叔在自己位於內珀維爾的辦公室，為他安排了一個位置，讓他學習法律。父親的結論是：「有朝一日，艾爾伯特可能會有自己的一份財產，懂得一些法律會幫助他保護自己的財產。」

他進入惠頓學院就讀，又在鄉村學校裡教了兩個冬天的書，然後在叔叔的辦公室工作了 18 個月後，便去了芝加哥讀書，20 歲時畢業於芝加哥大學法律系。身為當年畢業生中最傑出的學生，他被法學院院長推薦到庫克郡法院當職員，薪資為每週 12 美元。在那裡他充分展示自己的能力，逐漸升到辦公室最高的職位。接著，叔叔把他帶到了自己在芝加哥的辦公室。

西元 1871 年，芝加哥大火過後的第二天，他在一棟木質建築裡租下一間辦公室，掛起了律師事務所的牌子。

第一年，他賺了 2,800 美元。

他的理想是成為一名法官。透過參加競選，他擴大了影響力，最終成為惠頓市的市長。沒過多久，他就實現了自己的理想，被正式選為郡法官。

在這之後的一段時間裡，他對鋼鐵產生興趣，因為他預料到整個世界將會進入一個鋼鐵時代。他辭去法官職位後，分別出任幾間公司的顧問律師，同時還保留著他的日常工作。在很早的時候（西元 1891 年），他就養成這種身兼數職的習慣。在他的協助之下，有幾間工廠被合併到伊利諾州

聯合鋼鐵線材公司，這是一家資產為 400 萬美元的公司，在當時可以算作是一個龐然大物了。7 年後，他們併購了更多的公司，隨著規模不斷擴大，這間企業後來改名為美國鋼鐵線材公司，擁有 1,200 萬美元的資本。

加里十分清楚，聯合就意味著力量。他形成了一套理論，如果能夠將每一個鋼鐵生產商和運輸商，集合在統一的管理之下，那就會產生巨大的經濟效益，生產效率可以得到空前的提高，也就必然會賺得可觀的利潤。

在成為伊利諾州鋼鐵公司舉足輕重之人，並且是董事會成員後，他開始致力於組建一個統一的鋼鐵公司，這家公司將由伊利諾州鋼鐵公司、自有鐵礦的明尼蘇達鋼鐵公司、在俄亥俄伊利湖擁有工廠的洛蘭鋼鐵公司、可以提供航運服務的明尼蘇達汽船公司、可以將鐵礦運輸到湖邊的達魯斯鐵路、埃爾金——喬列特——伊斯頓鐵路、芒特普林森煤礦和賓夕法尼亞焦炭公司組成。

加里法官和羅伯特‧培根一起創建這個著名的聯邦鋼鐵公司，培根當時為 J‧P‧摩根公司成員。這個資產為 2 億的公司，讓美國和歐洲都不由得刮目相看。摩根先生總喜歡說，比起後來組建的美國鋼鐵公司，這間公司在工業和金融方面是一個更大的奇蹟。

摩根先生找到了加里法官，告訴他能夠勝任公司合併工作的人非他莫屬。

然而加里法官的答覆卻是：他對這個提議不是很在意。

「為什麼？」摩根先生需要一個理由。

法官解釋說，他在芝加哥的律師事務所，每年的收入超過 7.5 萬美元，而且這個收入正在穩步成長，所以他並不急著離開芝加哥。

「我們其實是打算高薪聘請你來。」銀行家坦率地回答，「你可以提出自己的期望薪水，隨便多少都行，你也可以自己確定合約的年限。」

最後，加里法官同意以每年 10 萬美元的年薪，簽訂 3 年的合約。到最後，他的年薪漲到了當時的最高紀錄。

不久前，加里法官說道：「我本來打算 3 年後再回到芝加哥，不過現在我還在這裡。」

下面要講的是鋼鐵公司的形成過程：

有一天，卡內基門下最聰明的門生查爾斯・邁克爾・施瓦布來到培根先生這裡，暗示他卡內基有可能要把他的公司賣掉。培根立刻就去找聯邦鋼鐵公司的中心人物加里法官。

加里法官第一次對摩根先生提起這件事時，摩根先生沒什麼反應。後來沒過多久，新上任的第四國民銀行行長 J・愛德華・西蒙斯，以施瓦布的名義舉行了一次晚宴，正是在那次具有歷史意義的晚宴上，施瓦布用他無可抵擋的口才和樂觀，為鋼鐵行業繪製出一幅宏偉的藍圖。當時摩根也在場，此番描繪也讓摩根動心了。

於是第二天早晨，摩根先生就去找加里法官，他表示自己很感興趣，但是在確認卡內基要出售鋼鐵公司前，他不會有任何行動。然而他卻和加里法官又花了幾小時，共同討論這項計畫的可能性。人們期待中的卡內基要轉讓公司這項消息的及時到來，終於促成了有史以來最大的聯合公司的啟動工作。

關於「加里晚宴」人們眾說紛紜，同時也有不少這方面的報導。「加里晚宴」開始於西元 1907 年的大恐慌時期，當時金融系統崩潰，工業疲軟，就在同年的 12 月那段最為黑暗的日子裡，加里舉行了他的第一次晚宴活動。

這次大恐慌中，並沒有出現公司之間那種殊死鬥爭、一蹶不振的士氣和大量遣散工人，相反，在此次蕭條中各公司聯起手來，決定採取統一的行動，共同遏制恐慌的蔓延。他們在鋼鐵行業的每個分支機構裡都設有委

員會，簡而言之，當時的價格穩定，有破產傾向的要經過嚴格審查。因此，在一片混亂與毀滅的威脅中，正孕育著一種悄然而生的新秩序。

從技術上來講，不管它是合法的還是不合法的，我都不想做出評判。我所知道的只有一個事實，那就是這種做法所產生的結果，對企業、對工人乃至對整個國家，都有無可估量的價值。不過，在西元1911年政府宣布反對這種合併後，他們的活動就被迫停止了。

西元1916年鋼鐵行業協會的晚宴上，當時的聯邦貿易部副部長E·N·赫爾利，強烈疾呼聯合的必要性，並且自豪地宣布，為了加強對外貿易，貿易部已向國會提出了要求，要取消所有限制生產商之間合併、聯合的法律。他在講話結束時，再一次呼籲了這種聯合。

當震耳欲聾的掌聲漸漸平息下去後，身為總裁的加里法官站起來說：「我是在做夢嗎？我們是在幻想嗎？我可以閉上眼睛想像一下，我是在參加一個很久以前的加里晚宴，如果聯合對於出口企業是明智之舉的話，那麼對於國內企業來講，又何嘗不是一個很好的遵循原則呢？」

還有比這更為簡潔的反駁嗎？

加里法官在鋼鐵行業所受到的尊重，在西元1909年美國和加拿大鋼鐵公司單獨為加里先生舉行的晚宴中，得到了充分地展現。在這次晚宴中，競爭對手和客戶都給予他極高的評價。

這次晚宴在鋼鐵史上的重大意義，並不在於人們藉此機會向加里法官表達了深切愛戴，它的真正意義在於：在這樣一個行業菁英齊聚一堂的場合裡，人們發表講話時所採用的思路。對於眼前這位最大的「敵人」，出席這次聚會的大多數同行業競爭對手，給出的卻是獨一無二的讚譽。他們嘴裡的加里法官不是敵手，甚至不是朋友，而是一位父親，一位高瞻遠矚、能帶來好處的父親，而且還是他們每個人的顧問。也就是在這一次聚會中，公司的第一總裁施瓦布先生大方地承認，在他和加里法官的一些分

歧中，最後事實總是證明後者是對的，而他（施瓦布）是錯的。

施瓦布說：「我十分感謝有這樣的機會讓我說一件事，法官。你我二人在同一家公司裡共事多年，一直以來我們之間都有一些分歧，我很高興有這麼一次機會，能讓我帶著熱情與樂觀，公開地承認，大多數，不，是所有情況下，您是對的，我是錯的。您帶給這個企業更寬廣的準則，對於我們這些有著不同理念的人來說，是全新的……美國和加拿大所有大公司的領導人齊聚一堂，專程來向您表示我們的敬意，因為您將一套全新的準則，成功地引入我們偉大的行業，這在工業史上還是第一次，所以加里法官，今晚您應該感到非常幸福。」

在這次聚會上，摩根先生做了他一生中為數不多的一次發言。摩根先生情緒激動、心情緊張，為了能夠站起來，他一隻手緊緊抓著椅子的靠背，將身子倚在旁邊一位就餐者的肩膀上，若是不靠著他，自己根本無法用雙足站立。落座之前，兩行淚水順著臉頰流淌下來，摩根先生對他的朋友們耳語了幾句話。摩根先生的這番話裡，有那麼幾句令人感動，也許值得將全文都寫出來：

「在這次聚會中，我真希望自己能親口大聲說出這些話。我今天要說的話，放在其他場合可能會毫無意義，不過今晚，我聽到的每一句話都是如此令人激動。我和加里法官合作已經 10 年了，我們的合作方式可能是在座的各位所不敢苟同的，這種方式對我的重要性，各位也是無法理解的。我感覺我們是一個整體。我不可能說得太多，我能感覺到今晚你對我的感情是多麼深刻，所以你一定要接受我誠摯的謝意。先生們，請原諒我只能講這麼多。」

加里法官被人們公認為是美國最具影響力的公開演說家之一。他的演說從不使用過多華麗的辭藻，他所說的每一句話都有其內在價值、分量與智慧，因而贏得了來自各個階層之人的尊重，不管他們是窮人也好，富人

也罷；資本家也好，工人也罷。

西元 1916 年，加里夫婦在訪問亞洲期間所受到的接待，相當於是皇室禮儀。那個時候，他就為美國和亞洲之間的友誼打下了基礎。這種影響力究竟有多大？我們很難估算。他友好的態度、坦率的言談、對那些判斷有誤的人持有的理解，驅散了人們心中錯誤的概念，為將來更融洽的國際交流開啟了通道。可以說，他在「非正式外交訪問」之後發表的一系列雜誌文章，為拉近美國和亞洲各國之間的關係，產生了更大的效果。

加里法官已經結婚，但是還沒有孩子。

我很難說服加里法官親口講述，他在建立人類歷史上最大的工業企業中所做出的貢獻，所以，這裡列舉出的一些事實，多數是取自一些文獻紀錄，還有一些是來自他的熟人，一些則是來自於整個公司幾乎人人都知道的事實。

艾爾伯特・亨利・加里

威廉·A·加斯頓

威廉·A·加斯頓（William Alexander Gaston），律師出身，臨危受命的銀行家，被譽為審時度勢、勇敢作為的實幹家。

WILLIAM A. GASTON

美國有相當一部分人靠自己的努力而功成名就，在他們身上都有一種自強不息的精神，他們每個人都有自己的故事，會講述在剛開始時有多麼貧窮，工作有多麼努力，今天，幾乎是白手起家的他們，都獲得了非常大的成功。但有一個人卻是例外。

一位家境富裕的人，正禮貌地聽著別人說話，然後，他脫口而出說了這樣一句：「你們這些人工作，是因為你們不得不工作，你們不工作就得挨餓。而我則是除非自己願意，否則我不需要做任何一點事。正如你們都知道的那樣，我家裡很有錢，不過我和你們一樣地努力工作，不是出於必要，而是出於自願。你們別無選擇，而我有選擇餘地。」

說這番話的人，並不是紐約東部最大的金融機構負責人，威廉·A·加斯頓，但這個人完全可以是他。他並沒有選擇一條安穩之道，而是選擇了接受挑戰，並由此獲得名譽。他不滿足於當一名旁觀者，而是決定成為實幹家。

他成功了，加斯頓上校贏得了人們的認可和高度評價。他不僅在一個方面，而是在三方面都獲得了成功，當然，他日後可能還會有其他方面的成功。首先他是一位優秀的律師，然後是商人和公司行政人員，最後是銀行家和金融家。他還為民眾和政界做出巨大的貢獻，了解他的人都說，他注定要成為傑出的政治家。

在「拳王」加斯頓的身上，絲毫沒有波士頓人那種明顯的傲慢。他不僅在政治上主張民主，他本人也是極為民主的人。他和約翰·L·沙利文（John Lawrence Sullivan）、西奧多·羅斯福（Theodore Roosevelt）一樣，都是人們真正的朋友。約翰·L·沙利文在哈佛大學的拳擊賽中獲得了第二名，當時年輕的加斯頓在一場經典的比賽中，則贏得大學拳擊賽的中量級冠軍。他上大學的那個時候，拳擊比賽就意味著殘酷的搏鬥。

幾乎所有成功的商人，都具備善於搏鬥的特質。康芒多·範德比爾特

是一名搏擊手，哈里曼、希爾和摩根等人都是搏擊手。一個有志於成大事的人必須要有膽量、勇氣和自信，他們必須準備好承擔風險，當他人膽怯退縮之時，他們必須表現出自己的膽識。

離開大學後，加斯頓的勇敢依然伴隨著他的商業生活。新英格蘭有理由對他所做的一切表示感謝。西元1907年大恐慌時期，工業基礎如流沙，連最有實力的企業，也開始顯得惴惴不安，而此時的威廉·A·加斯頓卻一腳踏入了這個地雷區，與這場突然發生的災難奮戰。回顧那個時候，全國上下幾百家銀行開始瘋狂搶購黃金，商人們都被催促著償還銀行貸款。一些有影響力的城市金融機構做出一些恐慌性舉措，他們像守財奴一樣囤積貨幣，不惜任何代價催促借款立刻還款。

當這一切發生之時，加斯頓涉足金融業還不到幾個月。不過他在大學裡以及後來在律師界和商業界中展現出來的勇氣，又一次令他的行為與眾不同。他並沒有像大多數人那樣驚慌失措，而是採取了英格蘭銀行所提倡的、富有歷史意義的策略，在那段處於嚴重危機的日子裡，他充分利用自己的應變能力，鼓勵其他人用自信來戰勝恐慌。

當時新英格蘭的許多金融機構，都在觀望新英格蘭最大的銀行肖馬特國民銀行的動靜，看看有什麼訊號，接下來的路該怎麼走。一些銀行的董事提出，自保是金融規則和生存規則中最重要的一條，金融機構是頭號應當保持謹慎的機構。然而對於銀行和他應該負起的責任，加斯頓總裁有更長遠、更大膽的想法。11月15號，當人們的信心降到最低點的時候，他發信件給美國每一間和肖馬特銀行有關係的銀行，向大家提出了要鎮靜、要有勇氣和金融膽量的建議。全文如下：

「各位同仁：眼下，我們的貨幣市場正處在銀根緊縮的階段，因此當務之急的事情是，銀行必須在自己最大的許可權內，對已有貸款准予延期返還，對於那些貸款期限將至的商人、生產商和其他合格貸款人，則要延

長還款期限。

「在許多情況下，對於那些完全有償還能力的企業來講，繼續貸款或收回自己的應得款項（通常能收回），再或者是賣掉自己的店鋪，都有一定的困難，這時候，如果銀行非常不必要地強迫這些企業還款，那麼緊接著就會出現破產或進入破產管理。

「為了將商業事物恢復到正常階段，必須要有一次公司債務總清算。我們相信，每一個商家都會盡最大努力做到這一點。而身為銀行和信託機構，我們必須盡一點力，對貸款歸還期限做出部分或全部延展。原本有能力還清貸款，卻在艱難時期迫於銀行的壓力而破產的企業數量越少，那麼無支付能力的企業就越少，因此，我們的貨幣市場就能更早一天恢復信心，回到正常狀況。

「所以在這裡，我們提議要盡最大的努力，來幫助緩解這場商業危機。」

我強調這件事，是因為在那段黑暗的日子裡，這樣的做法實屬罕見。我提起這件事是因為，這件事情可以讓加斯頓的品性表露無遺。我詳細講述這件事，是因為他那時對新英格蘭在工業和金融方面的貢獻，無法用金錢來衡量。而在如今的日子裡，我們正學著如何欣賞個人的勇敢行為。

有人說，血統決定一切。如果真是這樣的話，加斯頓的道德和身體上的力量，足以證明這一點。他的父母都是出身良好的人，從他母親那裡，他繼承了比徹家族的優良傳統，比徹家族的人連續100年來，在宗教、高度道德原則、慈善等方面，皆為共和黨做出了貢獻。加斯頓上校的母親是著名的牧師亨利・沃德・比徹（Henry Ward Beecher）的表妹。他的父親則是休格諾特家族的嫡傳，這個家族的人因為宗教問題而離開法國，來到蘇格蘭，然後又到了愛爾蘭。

他的曾祖父出生在愛爾蘭，後來移民到美國的康乃狄克州，他的父親就出生在那裡。加斯頓受到的家庭影響是最好的，他的父親曾是洛克斯

波里的市長，在西元 1872 年波士頓大火期間任波士頓市長，還當過州代表、州議員，最後於西元 1875 年成為麻薩諸塞州的州長，也就是內戰後麻省的第一任民主黨州長。加斯頓州長直至西元 1984 年去世時，一直是對麻省各種事物都有影響力的人物。他的言論沒有絲毫種族或宗教的偏執，他對新來到這個國家的人都十分友好，給予他們幫助和指導，他身為政治家和律師的一言一行，使他成為上一代人中最了不起的人之一。

講述加斯頓上校父輩的故事，只是為了說明他的成長背景，讓大家知道他從小所受到的教育，是傳統的原則、榮耀的生活、規矩的行為和為公眾服務的意識。西元 1859 年 5 月 1 日，他出生於洛克斯波里，分別在洛克斯波里公立學校、拉丁語學校和哈佛大學讀書。西元 1880 年他畢業於哈佛大學，並獲得了文科學士學位。

他雖然沒得過獎學金，卻在道德、身心健康方面受過嘉獎，他對體育方面的興趣，要遠遠大於對學術榮譽方面的興趣。他在哈佛讀書時的班級，後來成為名人班級，從這個班裡出來的名人包括西奧多·羅斯福、羅伯特·培根（Robert Bacon）、羅伯特·溫莎、喬賽亞·昆西和理查·L·索頓斯托爾。羅伯特·培根後來成為 J．P．摩根公司的合夥人和駐法國大使；羅伯特·溫莎成為皮博迪公司基德爾銀行的行長；喬賽亞·昆西和理查·L·索頓斯托爾後來成為加斯頓的合夥人。這些人在念大學的時候就經常聚在一起，直到今天仍是這樣。

加斯頓畢業於哈佛法學院，24 歲時進入律師界。在歐洲考察學習了一段時間後，他為自己的教育畫上圓滿的句號。回來後，他在父親的事務所從事法律工作，第一年賺了 400 美元，這成為他當年的生活經濟來源。

後來，他對商業問題的透澈理解，令他聲名鵲起，許多大公司都把案件交給他來處理。西元 1893 年那場嚴重的大蕭條，令許多企業陷入困境，連續幾年來，法院都忙得不可開交。年輕的加斯頓有很強的商業感，

一眼就能看出紛繁複雜的經濟案件中關鍵問題所在，他有能力幫助重建和恢復受損企業。J·奧格登·阿木爾最近對我說，如今做生意一定要有律師和化學家，對大多數企業來說，律師是非常必要的助手。

1890年代後期，波士頓道路運輸行業生意十分不景氣。當時西區的城市鐵道公司由幾個分散的公司組成，公司決定把這幾家小公司合併成一個大公司，因為這是唯一可行的、避免破產的方法。然而這一提議卻有違某些法律，事情變得毫無希望。有一天晚上，威廉·A·加斯頓上校已經睡下了，卻被西區城市鐵路委員會的一名股東叫了出來，他請求加斯頓，身為一名有公眾意識的公民，暫時犧牲一下手中收入豐厚的案子，在日益逼近的悲劇發生之前，想辦法改變這一切。

剛開始他有些遲疑，後來可能是因為這項提議中冒險性的一面吸引了他，他擔負起當地運輸公司的執行經理和重新組織者的責任，把它們重新組合成為一間大公司，就是現在人人都知道的波士頓高架公路公司。之後，他又繼續管理這間公司5年。

在這段時間裡，他修建道路，提升服務品質，只需多花幾毛錢，就能為波士頓人提供當時比美國其他社區裡更長的路程。同時，合理有效的經營方法，也完善了公司的財務狀況，最後，公司成為一個具有吸引力的投資目標。員工的薪資提高到了當時美國的最高水準，公司引進最先進的工人補償方式，比美國政府正式通過這項法規要早10年。企業的健康發展令公司增加了許多福利專案，他們建立保險系統，成功地安排一些旨在提高市民服務品質的活動。

西元1896年，隨著麥金利總統（William McKinley）的當選，美國很快就進入了托拉斯時代。在加斯頓先生重新整合波士頓街道和高架公路系統時期，托拉斯正處於鼎盛時期。這項任務涉及了幾百萬美元的花費，包括大量合約的簽訂以及大量設備的購置。在1890年代後期和20世紀初

期，在當時的情形之下，公司的董事或領導人完全可以組建一些小公司，這些小公司可以和大公司做生意從而賺到豐厚的利潤，而控制這些大公司的人往往正是那些小公司的擁有者。

加斯頓直截了當地拒絕這種欺詐行為，所有的合約都被公開，回報也是公開的。他不僅自己拒絕這種非法的、偷竊波士頓高架公路公司利潤的行為，而且還要確保其他任何人都不得私自利用職權。在那個時候，採取這樣的立場得不到任何讚響，而在15年前，他堅持採用這種方法，需要有很好的獨立性和維護自己權利的能力。他在這項工作中整整忙碌了5年（從西元1897～1901年）之後，便將公司的管理權轉交給了別人。

美國最偉大的一名時事評論員說過，在過去20年來，倘若所有的鐵路行政管理人員，都能像「拳王」加斯頓那樣對待自己的職責，那麼我們的鐵路就不會出現15年前的問題。

加斯頓先生從孩提時代就有一種自然而然的渴望，他希望能繼父親之後，也成為麻薩諸塞州的州長。西元1901年，民主黨在投票和影響力方面的條件放寬了許多，他接受了州長的候選提名。他將當初建立波士頓高架公路公司，以及讓其他企業起死回生的魄力和方法，用在了民主黨的改革上，並且在西元1902年和西元1903年連續兩年，發起了讓共和黨坐立不安的競選活動。然而，當時他在政治上似乎不那麼順風順水。但這次重組為麻薩諸塞州的民主黨，提供了一個有效的競爭基礎，因而成功地選出三位民主黨州長，儘管加斯頓先生的選票數是其他人的兩倍，無須再次爭奪就可以當選，可是，在第二輪競選活動過後，他卻拒絕再次成為候選人。

民主黨曾多次授予他各種榮譽，例如：拉塞爾州長參謀部上校，這成為他最有名的一個頭銜；民主黨全國代表大會的總代表；民主黨全國委員會委員。他在任麻薩諸塞州總統選舉團主席時，推選出了伍德羅・威爾遜

總統，他是自西元 1820 年後出自麻省並當選的第一個民主黨總統。

大家也許還記得，在西元 1907 年春天時，金融界就已經發出一些不妙的訊號。股票的市值在悄悄縮水，這是一個警示，許多有遠見的金融家看到了這個訊號後撤離了。由於銀行信用機制的作用，工商業一直以來都在持續成長，然而，這種情況卻有它醜陋的另一面。西元 1904 年，加斯頓重返律師行業，他的公司也成為新英格蘭最好的公司之一。但是，還有更重要的擔子正等著他去挑呢！肖馬特國民銀行的董事們並非對這股危險的金融暗流視而不見，他們急切地想要找出一位具有一流能力的人，來負責這個機構的工作。

西元 1907 年 5 月，加斯頓上校被任命為肖馬特國民銀行的行長。還沒等他的工作完全上手，這場風暴就爆發了。全國幾百家銀行和信託公司，其中也包括新英格蘭的一些銀行，都在爭著搶著囤積黃金。加斯頓先生意識到，嚴峻的時刻到來了。要是商人們被勒令歸還銀行貸款；具有影響力的金融機構帶頭製造恐慌氣氛，像守財奴一樣拚命囤積貨幣，催促借款立刻還款，那麼，最後就會出現西元 1893 年大恐慌時所導致的災難性後果。

因此，加斯頓先生採取了一種特徵鮮明的態度。他召開董事大會，向他們展示銀行的具體情況，並讓他們明白，銀行和信託公司如果不幫助企業共渡難關，還拚命囤積貨幣的做法，最後只能導致一些有償還能力的公司破產。後來人們承認，這一舉措對緩解新英格蘭的金融危機，有著至關重要的效果。他的勇敢與無私，甚至對整個美國都產生了影響。下面的例子將說明這一點。

可以說明加斯頓先生遠見卓識的另外一件事，發生在他擔任行長不久，他資助了波士頓商業高中畢業生的南美之旅。他這樣做的主要目的，是為了讓他們了解南美洲的可能性，但更重要的是，為了讓新英格蘭人知道，他未來的業務要朝這個方向發展。身為肖馬特國民銀行的行長，他一

直都在默默地為拓展銀行業務而努力，堅持把銀行業務向南美國家延伸。如今，肖馬特銀行是南美最有實力的幾家金融機構的代理，同時，也是美國方面的代理。

西元1912年，加斯頓先生出任財經委員會的主席，負責為威爾遜的選舉活動籌款。當時，威廉·G·麥卡杜被任命為財務部部長，激怒了一些金融集團，再加上一開始他們就反對新貨幣法案的通過，所以波士頓許多銀行家的態度是：情況越糟糕，民主黨採取的方法就越好，事情將不攻自破。而加斯頓先生的看法則不然。

在《聯邦儲備法》這項金融法規討論並確立的過程中，他多次代表銀行和參議院前往華盛頓，與委員會成員進行討論，並且和格拉斯代表、歐文議員，當然還有財政部部長這些領導人進行商榷。或許他的觀點比新英格蘭任何一個人，都有利於這項法案的通過，這項法案對於許多注重實際的金融集團來說，是一個巨大的成功。

隨著事態發展，主要由波士頓各大國民銀行所組成的清算協會，任命了一個清算委員會，並舉行一場初步會議，會議建議召開清算銀行大會來通過一項決議，譴責國會懸而未決的立法。在這件事情上，加斯頓先生持有的態度是：如果這樣的會議召開了，他不僅會去參加，而且還要持不同意見，盡最大努力去對其他金融機構發起的類似行動，實施他的影響力。因而這項提議後來還是被廢棄了。

大約也就在那個時候，美國銀行家協會要在波士頓舉行年會，有人企圖組織一次運動，好讓貨幣法案在國會名譽掃地。他們原本打算在這次會議上，提出那項譴責國會的決議，然而加斯頓先生和他的同事們採取了果斷的行動，及時地阻止這場可能會發生在會議上的爭論。

加斯頓先生這種幫助政府的行為，完全是出於非個人的、愛國主義的動機。

還有一次，歐洲戰爭開始後，黃金處於緊缺狀態，情況十分緊急，有必要建立一個黃金基金。然而有人卻強力反對這一提議，理由是這裡比英格蘭更需要黃金。新英格蘭的肖馬特國民銀行對於黃金基金的建立，做出了巨大的貢獻，因為該基金為兩國之間的匯率提供了一個適當的基準點。如今，當初反對這一提議的那些人終於看到並且承認，加斯頓當初的態度是多麼地充滿勇氣和智慧。

同樣，第一次世界大戰開戰後，棉花基金的建立是另外一個例子，它可以證明加斯頓先生有足夠的勇氣和智慧反對周圍的人，毫不在乎別人認為他是在妨害他們眼前的利益。英國對棉花出口的態度，導致了棉花價格的崩盤一觸即發，令南方的棉花種植商、棉花收購商和棉花經營商，籠罩在破產與毀滅的陰影下。在這場危機中，政府要求北方和東部的銀行集團提供資金，這樣的話，聯邦儲備委員會就能夠買下大量的棉花，令其價格保持在合理的範圍內。

波士頓銀行清算委員會奉命接待來自新英格蘭的棉花加工商代表，他們的態度是：由於連年來，他們不得不用過高的價格收購棉花，所以加工棉產品的利潤就變得非常低，甚至沒有利潤。現在既然棉花價格下來了，波士頓銀行就無權使用什麼棉花基金之類的人為辦法，來抬高棉花的價格，尤其是投入這個基金的錢，竟然還是來自於那些對廉價棉花感興趣的機構。當時，肖馬特銀行的董事會中，就有6～8個人擔任紡紗廠的財務主管，另外，還有一些董事對棉花加工行業抱有濃厚的興趣。在加斯頓先生的帶領下，雖然董事會成員裡還有個別人持反對態度，但肖馬特銀行投出了贊成票，核准成立這個本來沒希望的棉花基金。

儘管當時波士頓有許多銀行拒絕加入棉花基金，可是當初那些持有強烈反對意見的人，也已經意識到，這是一件意義重大的、具有愛國主義性質的事情，加斯頓先生的堅持贏得了他們的愛戴。從此他們再不懷疑他的

觀點，以往的經驗讓他們明白，他的判斷沒有任何偏執，沒有任何自私的想法。

加斯頓上校的這種力挽狂瀾的能力，總是不停地把他推到公眾面前，不過從他內心來講，他通常不是十分願意頻頻出現在聚光燈下。當青年基督教協會需要 50 萬美元來建一座會館時，加斯頓上校禁不住勸誘，成為籌款活動的負責人，並且獲得了成功。

接下來，他又舉辦了一次 30 萬美元的籌款活動，在麻薩諸塞的查爾斯頓，為入伍的海軍建立一座青年基督教會館。

當青年基督教協會祕書長約翰·L·莫特，需要有人幫他籌到一筆錢，用來維護關押戰犯的新英格蘭集中營時，他向加斯頓上校求助。

當自由貸款委員會處於極度危險的情況時，他們請求加斯頓上校出面。他在一個小時內發出緊急通知，聚集了外匯交易俱樂部 200 名新英格蘭最大的金融家。從那時起，人們就不再懷疑，還有什麼事是新英格蘭做不到的。

身為紅十字委員會的執行官員之一，在籌集一億美元的任務中，他所做的要遠遠多於自己分內的事。在每一件以愛國主義為目的的事情上，人們都能發現他總是在默默地激勵著身邊的每一個人，並親自挑起最重的擔子。

加斯頓上校的領導才能，甚至在自己的鄉村生活中都能充分展現出來。大約 10 年前，他在麻薩諸塞的巴雷買下一座農場，他投入了大量的精力在農場上。他喜愛動物，便把農場當成餵養各種珍貴家畜的地方，他自己對農村社區的各種事物也十分感興趣，甚至被選為美國歷史最為悠久的農業協會之一——巴雷農業協會的會長。

46 歲時，他的母校授予他一項令人羨慕的榮譽，他被推選為哈佛大學理事會成員。

他和妻子以及四個孩子過著幸福的家庭生活。他的長子繼承了他的家族名字威廉，同時也繼承了這個名字所代表的美德。現在，他是一名受訓空軍，等到這本書面世之時，他可能會去法國服兵役。

新英格蘭需要像威廉·A·加斯頓這樣的人。自美國革命後的100年來，新英格蘭在工業和農業方面，都占據著領先與主導地位。內戰過後，美國政府加強了對金融業的控制，而且這種控制正在逐年增加，由此對新英格蘭產生了深遠的影響。更為嚴重的後果是，一直到幾年前，新英格蘭控制著商業和金融的保守派們，都不願面對和接受一些事實。

新英格蘭用自己的資金建起並發展了西部的農場、礦場和鐵路，這些投資的回報是令人滿意的，這種由擁有所造成的強盛感，促成了新英格蘭的地方性驕傲，因此他們閉口不談貨幣市場的財政控制權，已轉交給美國政府這件事，或者從沒公開承認過。美國政府不單控制了西部地區，還控制了新英格蘭的鐵路，他們甚至有許可權制和拒絕為新英格蘭提供更好的運輸系統。

新英格蘭每年都生產出比上一年更多的鞋、棉花和羊毛製品，這已成為人們公認的進步證明。

僅僅在前10年，新英格蘭人才開始逐漸意識到，相對而言，他們已經落後了。儘管在生產標準大宗產品上，他們仍然占主導地位，但是，密蘇里州在製鞋方面取得的進步，以及卡羅萊納的棉花纖維產品，所有這一切讓麻薩諸塞州很難保持其原有的領先地位。

人們一直以來都相信，即使沒有競爭，在工業方面，新英格蘭也注定能夠在各州當中保持領先地位，這種想法不僅導致了一種虛假的安全感，而且大多數麻薩諸塞人都相當自然地，甚至是自鳴得意地接受這種觀念。人們還相信，這個州能夠為全州人民制定合理的工作時間，保護女工和童工，並因此而感到驕傲，因此，它是檢驗各種半成品社會主義理論的天然

實驗室。西部幾個省照搬了早在 25 年前麻薩諸塞州就確立的鐵路和銀行法規，這成為幾個激進主義的州，用來證明自己的最佳理由。然而事實卻是，麻薩諸塞州在經過長時間強制執行這些法規後，早已忘記這些法規制定的初衷。

孤立的運輸系統和社會主義法規的決定地位，其導致的結果是：生產商不願意將工廠建立在這樣一個稅率過高的州，在這種制度下做生意的困難程度，甚至超過那些競爭更激烈的州。在這些州裡，各種優惠政策對企業極具吸引力，來到這裡的企業還可以享受到補貼。誠然，麻薩諸塞州擁有技能高超的工人，擁有稱職的雇主，但這些還遠遠不夠。

麻薩諸塞州的銀行家們，一直以來都非常滿意自己的業務量，因為它們正在逐年遞增。然而，最近他們才意識到一個事實，這種成長速度僅僅是全國成長速度的一半而已。也是到最近，麻薩諸塞的生產商才意識到，他們的運輸系統是多麼偏狹，這種偏狹不光讓當地產品在國內競爭中處於不利地位，還導致了新英格蘭主要資產發展滯後，因為商船根本就不可能從新英格蘭港口出口貨物。

也是在最近幾年裡，新英格蘭的生產商和人們才逐漸意識到一個事實，僅僅美國國內對新英格蘭產品的需求量，已經遠遠無法維持工廠全天候開工。新英格蘭擁有便利的水電設施、燃料、原材料以及更好的運輸設備，要是在別的州，在加工生產方面，毫無疑問是在國內市場上占領先地位。戰後，能夠保持就業率穩定的唯一希望，就是對外貿易的發展，可是運輸系統的不健全，又一次成為一個重要問題擺在新英格蘭面前。

新英格蘭現在需要的是有才能的人。幸運的是，這方面的需求正在得到滿足。在這個人才濟濟的團體中，最有機會、最有優先權帶領新英格蘭為未來奮鬥的人，就是威廉·A·加斯頓。

威廉·A·加斯顿

喬治·W·戈瑟爾斯

　　喬治·W·戈瑟爾斯（George Washington Goethals），美國海軍將軍，土木工程師。因任巴拿馬運河工程建設工程總監，並成功建成而聞名於世。被譽為西點軍校畢業的高材生，開鑿巴拿馬運河的總指揮。

GEO. W. GOETHALS

「當有消息傳來,說要挑選一名陸軍工程師來開鑿巴拿馬運河時,我們都立刻想到了戈瑟爾斯。」美國陸軍工兵部隊首長麥肯齊將軍說。

為什麼麥肯齊將軍和其他優秀的陸軍工程師們馬上就知道,這個僅為上校的人是最理想的人選呢?為什麼西奧多‧羅斯福會任命他呢?為什麼戰爭祕書長塔夫特認定,這位默默無聞的陸軍軍官,正是這項全國最大工程的最佳人選呢?

戈瑟爾斯生來就那麼幸運嗎?不。正所謂機會是留給有準備的人,這一切是因為戈瑟爾斯本身就具備了一定的條件,機會才能夠找上他。所以說並不是因為他幸運,而是因為他已有的業績;並不是因為他有影響力,而是因為事實證明了他的能力;並不是因為機會,而是因為他的品格;並不是因為他有「門路」,而是因為他的美德。

當機會女神要尋找合適的對象時,便直接走到了戈瑟爾斯門前。當她敲門時,他早已做好充分的準備,他要出馬將大西洋和太平洋連接起來;他要鑿穿兩個大陸之間的那道脊梁;他要戰勝別人為之卻步的困難,創造歷史上最偉大的工程建築奇蹟。

那麼在此之前,他都做過些什麼呢?

他是荷蘭人的後裔,西元 1858 年 6 月 29 日出生在紐約布魯克林,11 歲時就流浪在紐約街頭尋找工作。14 歲時開始在放學後和星期天時,為一名產品銷售人員記帳,他的薪資從每週 5 美元一直增加到每週 15 美元,然後設法讀完了紐約大學。後來,他被哥倫比亞大學醫學院錄取,雖然醫生是他最喜愛的職業,但是,日日夜夜的工作和學習,已經影響到他的健康,所以,他決定去考西點軍校。雖然格蘭特總統 (Ulysses S. Grant) 沒有看到他的信,不過年輕的戈瑟爾斯並不氣餒,他說服了當時紐約著名的政壇人物考克斯當他的推薦人。考克斯相信,他和前面幾個推薦過的、神氣活現的年輕人不一樣,一定會有所作為。

這名身材消瘦、金髮碧眼的年輕人，最終於西元1876年4月21日進入西點軍校。在這裡，他又一次地展現了自己打工完成大學學業時的那股毅力，並造就了那些令他日後名揚四海的特質。在這個54人的班級中，他是二等獎學金的畢業生，畢業生中，僅有兩名學生有資格被選為令人羨慕的陸軍工程師，他是其中一個，有四名畢業生被選為陸軍軍官上尉，他也是其中之一，他還是班級的班長。他獲得了軍事技巧中的最高級別獎學金，他還是那一屆學員中的領導人，因此他是一個稀有的「三位一體」的人才。

他的第一任長官知道，這些年輕的軍隊工程師們容易產生驕傲情緒，就派戈瑟爾斯去扛一根桿子。他沒有服從命令，只告訴這位長官：「我是來這裡學習的。」他的確學到了不少東西。兩年後，他由二等中尉變成一等中尉，並於9年後的西元1891年獲得了上尉軍銜。

並不是他的軍銜，讓他和其他的陸軍工程師有所不同，而是因為他的能力和成就。他的一名長官這樣說：「無論我安排他做什麼，我都不會有什麼疑慮，因為我知道他一定能做好。」未滿30歲時，他就被美國軍事學院選為民用和軍事工程學的講師，後來他又被派去負責田納西河貽貝淺灘運河的建造工程。

身為總參謀部的成員，他有幸受到來自華盛頓的召見，他還被任命為防禦工事（海岸港口防禦）委員會的委員。不管什麼職位，不論任務是什麼性質，不管要和誰打交道，戈瑟爾斯皆表現出技術上的高度條理性，而且在人員管理上，也十分具有雄才偉略。無論走到哪裡，不管和誰一起工作，他總能激起人們對工作的忠誠和熱情，從而產生百分百的理想結果。

戈瑟爾斯上校曾對西點軍校的一個畢業班講過：「要想成功地完成一項任務，你不只要發揮最大的能力去完成它，還要確保自己所管理和指導的每一個人，也可以發揮他們最大的能力。要做到這一點，你得在整個過

程中充滿自信,還必須相信自己能夠激勵別人,讓他和你有同樣的信心。你不單要對他們的能力有準確地了解,還要完全了解和承認他們身為一個人的需求和權利。也就是說,一定要關心他們,在所有的事情上都要公正合理地對待他們,把他們看成是人類大家庭中的兄弟姊妹。」

戈瑟爾斯在開鑿巴拿馬運河時,沒有使用蒸汽挖掘機,而是使用人工勞力。正因為從頭到尾每件事都要靠人來完成,戈瑟爾斯的首要任務才是在人力方面的管理。只要挑好合適的人選,只要公正對待他們,那麼人的力量就是無窮無盡、無所不能的。將兩大洋相連,是幾個世紀以來偉人們的夢想,有的人只是在夢想,也有的人做了卻沒成功,但是戈瑟爾斯一口氣取得了勝利的成果。

他說:「我認為,身為一名士兵,完成工作是一項最基本的職責。在運河的開鑿過程中,我分析了每個人的具體職責,發現受過軍事訓練的人,比較懂得如何服從命令。從廣義上來講,服務的含義就是服從。你不去做就是在逃避職責。強烈的責任感不需要嚴酷的命令來責成。生活哲學最本質的部分,就是知道自己的職責所在。」

他又說:「有多少商人對自己的雇員做過個人品德鑑定?他們對人類綜合能力的關注,會多於對機械總體效能的關注嗎?」

戈瑟爾斯是美國的基秦拿(Horatio Herbert Kitchener)。兩人都是軍隊工程師,兩人都具備傑出的管理能力,兩人都擁有一個積極熱情的團隊,兩人都是同一類型的領導者——嚴格堅持服從原則,拒絕給失敗以任何藉口,不容許有任何耽擱,在某些方面獨斷專行,然而卻公正而體諒人。基秦拿的目光與戈瑟爾斯的目光類似——銳利、敏感、有穿透力。戈瑟爾斯研究過基秦拿的職業生涯,可以肯定,基秦拿同樣也研究過戈瑟爾斯的成就。

戈瑟爾斯有一次評價道:「這個世界需要的是結果。據說,南非戰爭

時期，基秦拿閣下的一個部下沒有服從命令，當他開始解釋原因時，基秦拿對他說：『這是我聽過最高明的藉口，現在，按我的命令去做！』這正是今天這個世界需要的。」

基秦拿和戈瑟爾斯都被人們稱呼為「暴君」。當然，在巴拿馬運河的開鑿期間，沒有一定權利的人，絕不可能像戈瑟爾斯那樣發揮自己獨裁的權威。他自如地使用著舊時阿拉伯蘇丹和俄國沙皇的統治方式，不過他的統治是建立在絕對公正之上的。戈瑟爾斯接受並按照人類之間兄弟姊妹之情的準則來辦事。他的無畏和公正，永遠是緊緊結合在一起的。他認為，權力僅僅要用來做正確的事情。

每個星期天上午，他都會在自己的辦公室舉行一次「臨朝聽政」，聽取每位到來者的意見，這些人中有黑人、白人，也有混血。此時的他比美國最高法院還具有權威，可是，他扮演的角色是一個慈祥寬厚的建議者，而不是一個冷冰冰的法律機器。各種膚色的妻子來到他面前，抱怨自己總是犯錯的丈夫；那些對工頭懷恨在心的工人們，受到了禮貌的接待；那些被解僱的人，可以在他面前把整個事情都說出來。這些週末清晨會議，實現了對運河區管理的可能性，獨特結合了理論上的專制和實際應用上的民主，它們是巴拿馬運河工程的「安全閥」。做錯事的人知道，上校可以大筆一揮就將他們逐出巴拿馬地峽，但是他們也知道，只要他們做了正確的事，就一定會獲得公平的待遇。

公眾想知道的是，戈瑟爾斯是如何實現了誰都認為不可能的事，他是如何合理利用時間，解決了無數個工程方面的問題，成功地修建巴拿馬運河，而且身為一名軍官，又是如何同時成為一名成功的管理者，他如何使這片從來不曾有過法律的土地保持和平，讓這裡的人們都成為守法的人。簡言之，就是他如何能夠同時管理好機械和人力，最後取得這樣輝煌的結果。

當戈瑟爾斯被派遣到巴拿馬時，擺在他面前的困難是令人震驚的。而蘇伊士運河的建造者德・雷賽布（Ferdinand de Lesseps），在著手解決南北美洲被分割開來的問題時，曾自信地宣布：「巴拿馬運河肯定能建成。」不過，在花費了 2.6 億美元，犧牲了千萬條性命，浪費了 10 年功夫後，這位法國人不得不承認，他失敗了。

西元 1899 年，麥金利總統曾指定一個委員會，調查美洲中部的運河河道，最後卻一直等到羅斯福總統執政才開始行動。用他自己的話來講：「我決定修建巴拿馬運河，讓國會日後再去爭論吧！」這有點類似於 E・H・哈里曼後來著名的「先命令董事會投票，再來討論」的做法。西元 1904 年 5 月 4 日，美國政府分別付給法國 5,000 萬美元，付給巴拿馬 1,000 萬美元的利息，並且同意每年支付 25 萬美元作為轉讓費，接管了從大西洋的科隆到太平洋的巴拿馬這一段，總共 10 英里長的運河區域。哥倫比亞曾經大為不滿，並試圖阻止過這項轉讓。

由於沒有用來管理這個新領地的法律，因此在這個地區，50 年來幾乎發生過 50 次革命，到處都充斥著犯罪、暴力、邪惡、疾病。

國會後來指派了一個七人領導委員會，來管理運河地區的事物並負責開鑿河道。對於這七人小組來講，這項工作實在是太大、太複了、太困難、太令人洩氣了。這條運河恐怕得從華盛頓挖起。在蚊帳到來之前，還得忍受叮咬之苦，對機器的要求也是一樣的結果。總工程師約翰・F・華萊士和各種讓人垂頭喪氣的倒楣事情，英勇奮鬥了 12 個月後，最終放棄不幹了。

約翰・F・史蒂文斯挺身相助，奮力和蚊蟲、傳染病、難以溝通的勞工、各種困難鬥爭。但最讓人無法忍受的是，這位總工程師的行為，遭到了委員會主席公開的反對。而這位主席先生卻常常在華盛頓舒舒服服地修身養性，根本就不在運河地區的庫萊布拉。最後，史蒂文斯也不幹了。

羅斯福總統十分生氣。他把整顆心都放在修建巴拿馬運河之上，結果

得到的除了一次次的失望，一次次的延誤工期，一次次的辭職外，一無所獲。這次，他決定要任命一位不會辭職的人，一位不怕困難的人，一位能從一團亂麻中理出頭緒、擺平一切麻煩的人。他向軍隊求助，並在那裡找到了戈瑟爾斯。

剛開始他只是總工程師，6週後戈瑟爾斯又被任命為運河委員會主席，並被賦予了無限的控制權。戈瑟爾斯可以不必理會委員會的指手畫腳，開始自己的工作。他對委員會之類的東西，給出了歷史性的定義：「所有的委員會都是一條又長又窄的木板。」

羅斯福總統終於找到一個合他心意的人。還沒等這位戰士管理者於西元1907年初抵達巴拿馬地峽，他就已經廢止所有的市政當局，撤銷那些多餘的辦公室，把運河區劃分成若干個行政區，建立起一種全新的秩序。在沒有專門的法律行政管理機構後，羅斯福便將這裡的一切全權交給了戈瑟爾斯。新的法律沒有繁文縟節，整套管理條例得到承認，對待勞工的新方法也得到鞏固。所有的這一切，都是在「仁慈的專政」下進行的。戈瑟爾斯上校後來這樣描述這個過程：

「當時人們都說，主席的行為已經超越了自己的許可權，篡奪了委員會的特權。雖然這種說法可能是真實的，可是最後的結果不僅證明了這種方式的正確性，還證明了除此之外，沒有任何方法可以達到這個最終目的。」

這名士兵政治家被派到巴拿馬，去開鑿那條他志在必得的運河後，其他所有人都成了他的部下。縱然華盛頓某些紳士的敏感性，不幸受到了不可避免的傷害；縱然在沒有發電報或寫信請求的情況下，事情就已經做了；縱然工人們的健康、幸福和娛樂生活，需要得到純粹家長式的關注，而且必要的步驟已經被採取了，那麼美國總統是否有權在沒有國會贊成的情形下擅自採取行動，也不關這位工程師的事。他只不過是在執行總統的命

令,同時又讓別人執行他的命令而已。

國會必然會對此進行一番調查。調查期間,美國國會建設專案撥款委員會主席問道:

「戈瑟爾斯上校,在修建賓館這件事情上,它是否符合紐約州的法律,你是否得到過巴拿馬鐵路公司的許可?」

「沒有,先生。我從美國總統那裡得到命令修建該賓館,於是我就執行了。」這裡的賓館是指科隆的華盛頓賓館。

剛開始的時候,巴拿馬人也像其他人一樣,嘲笑美國政府居然指派一位軍隊工程師,來管理整個巴拿馬地峽,完成這項人們期待已久的、最為宏大的工程。這些工人們認為,他們最好是學會如何用敬禮來表示服從,否則很可能會被解僱。他們想像中的軍隊工程師,是一名滑稽的上校,身穿鮮豔華麗、布滿飾物的制服,胸前掛著六七個勳章,手上時時戴著手套,不管乘著轎車或駕著馬車走到哪裡,身邊總有那麼一大堆吹捧奉承、出身好的軍官們伺候著。

後來,戈瑟爾斯悄然來臨,並沒有禮炮或任何歡迎儀式等著他。他是一個性情溫和的人,這導致了一些誤會,不過他用自己的方法解決了。工會的頭目告訴他,如果他不去做某些事,他們就會在那天晚上全體辭職,讓工程停擺。戈瑟爾斯禮貌地聽著,在他們離開時向他們揮了揮手,沒有做任何表態。到了晚上,他還沒有做出任何決定,他們打電話詢問戈瑟爾斯時,他回答道:「我還以為你們都辭職了呢!」他們繼續試探:「那你一定不願意耽擱工期吧?」「耽擱工期的不是我,是你們。別忘了,這不是私人企業,是一項政府工程!」他們有點迷惑不解,接著又問道:「好吧,你打算怎麼做?」

「明天早晨任何缺勤人員將永久解僱,晚安!」第二天,工人全都到齊了,戈瑟爾斯面臨的運河勞工問題最終告一段落。

工人們很快就知道，戈瑟爾斯將他們視為一項偉大工程中的同事，他準備好為政府工作。戈瑟爾斯走遍工地的每個角落，親自檢視每一件事；不論官職高低，他不允許任何官員對工人吹鬍子瞪眼，或有什麼不公正行為；每個星期天上午，他的辦公室大門都是敞開的，他受理工人們的投訴，公平地實施獎懲。他們逐漸意識到，上校是最能勝任這項工作的人，只有他才能讓工作全面開展。而且，他對工人們的健康，考慮得比自己的健康還要多。他並沒有住在巴拿馬或科隆，他的辦公室總部設在庫克拉恰山丘上，俯瞰著對抗的、反叛的庫萊布拉。

在戈瑟爾斯的大力支持下，戈加斯醫生在運河地區開展如火如荼的驅除瘧疾蚊子和根除熱病的行動，沒有他的努力，美國政府著手的巴拿馬運河開鑿工作，恐怕最終也要落得和法國一樣的悲慘結局。所以說，人類真的欠了戈加斯醫生很多。

早在拿破崙還是一個微不足道的中尉之時，就已經在像研究策略手冊一樣，煞費苦心地研究政府工作手冊了。戈瑟爾斯在治國治民的問題上，似乎沒有提前做出太多的思考，然而這樣的工作，現在就恰恰落在他的肩上。他用完美無缺的技巧，管理著不怎麼受控制的巴拿馬人。他管理著分別來自70個國家的5萬名雇員。似乎他生命中唯一的任務和涉足的領域，就是這項巨大任務的勞資與行政管理，他將運河分成了3段：大西洋部分、中部、太平洋部分，並讓這3個組在挖掘工作中彼此競爭。這樣一來，他就能將工人們的競爭精神提高到最佳狀態。這些是修建運河必備的素養，這些素養不光是工程技術方面的知識。戈瑟爾斯上校謙虛地說，在技術上沒有什麼要解決的新問題，倒是政府方面的新奇問題層出不窮。

他在自己的責任範圍內對待人類的態度，不難從下面一段話中看出來。這段話出自國會發起的另一次調查，主要針對一個需要投資5.2萬美元的工人俱樂部建設專案。

主席：「你要建一間 5.2 萬美元的工人俱樂部？」

戈瑟爾斯上校：「是的，先生。我們需要一個很好的工人俱樂部，因為我們需要給工人們一些娛樂活動，讓他們不要總待在巴拿馬。我認為有這樣一個俱樂部非常重要。」

主席：「沒錯。但是你一定要蓋一間精良的俱樂部嗎？」

戈瑟爾斯上校：「是的，我希望最終能在那裡建起一座城市，來為美國政府增添光彩。」

巴拿馬人終於發現戈瑟爾斯上校，不是一位嚴格執行軍紀的軍官，而是一個十足的人，一個能夠理解人類，並以人道對待別人的人。他所做的每件事都是公開的、擺在桌面上的，這裡沒有電報，沒有祕密審訊室裡的陰謀，沒有政治家背後的操控。實際上，戈瑟爾斯上校在所有跟自己手中權力相關的問題上，總是奉行公開化的原則，正如他在大學時那樣，早把自己劃在了反對祕密社會的陣營裡。每個人都知道把工作交給他是最安全的，戈瑟爾斯對「職責」二字是這樣定義的：

「我們傾向於接受讚美或回報，只因為我們做了自己的職責。實際上，這兩樣東西我們都沒有資格去領受，畢竟我們只做了必須要做的事。周圍的掌聲可能會滿足我們的虛榮心，但是掌聲不會持續下去，過一段時間後，它們也有可能會變成責罵聲。」

整個世界都密切地關注著戈瑟爾斯上校，如何將美洲大陸一分為二。他們看著他不只在工程、建造和其他科學方面，指揮著這個劃時代的任務，還履行著民政管理方面五花八門的責任，因此，整個世界把他看成是地球上負擔最重的人。

「負擔？」他有些詫異地反問最近採訪他的人。「對我而言，從來沒有什麼負擔，負擔這一切是我分內的事。」

他的確負擔了很多，而且他必須確保，手下的每一個人也要正確地負擔。有這樣一件事：一名自負的軍官，不滿戈瑟爾斯下達給他的一些命令。一天早晨，他怒氣沖沖走進他的辦公室，突然來了一句：「我收到你的信了，上校。」

「什麼？你一定是弄錯了，我從未寫信給你。」上校回答道。

「哦，你寫過的上校，是那封有關在利馬工作的信。」

「哦，我明白了。」上校冷靜地回答，「你有一點沒說清楚。你收到的是我的命令，而不是一封信。既然你已經收到命令了，那麼問題就解決了，你還有什麼要說的嗎？」這次會面就這樣結束了。

戈瑟爾斯上校從來都沒有動搖過，要讓別人服從命令的立場，既要服從書面命令又要服從時間命令。在回顧自己在巴拿馬的工作時，他說：「我的第一本教科書是日曆。很少人意識到確定日期的重要性，當人們被給定明確的任務、專門的命令以及時間的限定後，就會獲得令人吃驚的成果。行政人員對自己的下屬抱怨這個、抱怨那個，其實造成這種情況的原因，是他本身就沒有準備好，也沒有給出過明確的指示。今天這件事要麼就做，要麼就不做。在建造巴拿馬運河的過程中，我的第一個研究目標就是日程表。」

當基秦拿閣下在南非任參謀長時，有一次派人請來一位鐵路管理人，問他火車從總部約翰尼斯堡出發，開往向南的某個城市最短的時間是幾小時。這個官員計算了一下，然後回答：「36小時。」

基秦拿命令道：「為我準備明天早晨6點的火車，後天早晨6點前，我要到達那裡。」這件事發生後不久，一位參謀部的成員告訴我：「我們果真在6點前就到達那裡。」戈瑟爾斯有點類似於此。他知道在某個特定的時間內完成某件事，完全是有可能的，然後立刻下命令讓別人去執行。

芸芸眾生之中，能夠擁有像沙皇那樣的帝王之威者，在沒有引發暴動的情緒、沒有任何醜聞、無須扭曲自己個性的情況下，能夠擔當得起巨大的、綜合的任務，能夠同時管理四個國家，並且成功地從磨難中崛起的人寥寥無幾。換成能力稍小一點的人，就可能會濫用自己的權力，誤用自己的特權，形成一種讓人痛苦、無法忍受的暴政。戈瑟爾斯看待自己百世流芳的榮譽，就像看待修運河的負擔一樣輕。當來自軍隊和地方上的讚許如雨點般灑向他時，他的沉穩就像庫萊布拉山不停下滑的山體，總要將已經挖好的河道填滿時一樣。

他的觀點是，自己只是接受了某項命令，並完成了它。事實證明，分權控制和分散管理無法令政府滿意，所以他認為有必要實行集權。他說：「原則上來講，既然是同一個提議，那麼代表 50 個人的合法權益，或代表 100 個人的權益，再或者只代表一個人的權益，是沒有區別的。」

讓人感到好奇的是，美國政府又一次委派戈瑟爾斯將軍承擔一項任務。這項任務中，對公眾利益的影響僅次於巴拿馬運河的修建。這項工作涉及的有設計和製造許多水陸兩用新機器、新工具和新設備。雖然這次也是一項建造任務，但不是為船隻修建通道，而是去造船。

戈瑟爾斯上校很快就發現，此時華盛頓方面的情形，和他修建巴拿馬運河時完全不一樣。這個只承認信心不認事實的政府團隊向世界宣布，18 個月之內，他們就能造出 1,000 艘 3,000 噸的木船來。當諾言兌現的時刻馬上要來臨時，他們找來了這位運河建造者。更令他目瞪口呆的是，此時，還有鳥在那些將要用來造木船的樹上面築巢呢！他馬上就明白這項任務根本不可能完成，而且資金也還沒有到位。

戈瑟爾斯上校對紐約的幾位鋼鐵生產商說：「所有的委員會都是一條又長又窄的木板。因為我相信人的影響力，所以錢和權我都想要。」他知道，將仍然長著葉子的樹木變成船隻是不可能的，所以，上校開始考慮建

造鐵船的可能性。他機敏地詢問美國鋼鐵行業的重量級人物們，看他們是否願意在他的帶動下，在一年半的時間內造好一艘300萬噸的鋼鐵巨輪。這個問題立刻就得到了肯定的回答和贊同，美國鋼鐵公司董事長加里先生馬上就將這個問題安排給了生產商。

當我坐下來聽這位上校講話時，我的第一感覺是，他對華盛頓的情況給出的批評太缺乏策略了。但是當他這種直截了當的作風，漸漸讓人們明白他一個人就可以讓他的計畫行得通時，人們才意識到他的行動效率。因此一旦戈瑟爾斯上校獲得了忠實支持的保證，在需要制定一些不可變動的條例時，他就獲得了主動權。

戈瑟爾斯上校比任何人都了解這項新任務的艱鉅性，不過他還有一個座右銘，「事情要先做起來，只要成功了，所有的難題就不攻自破了。」

當戈瑟爾斯被任命造船時，一些人建議：「戈瑟爾斯上校長久以來習慣於和部下打交道，總是將自己的意志當作法律讓別人來執行，那麼當他跟那些和他平等的、不習慣於受壓制、不願意服從軍隊命令的人打交道時，可能會出現麻煩。」然而，這並不能完全解釋他沒有完成這項工作的原因。後來，在經歷了長期的、令人遺憾的拖延之後，他發現自己無法再讓工作產生預期的效果，便讓總統知道，他打算放棄了。畢竟能取得最終成果，比留任或辭職更為重要，所以，他沒有一句怨言地離開了。

西元1884年，戈瑟爾斯將軍和羅德曼小姐結婚，她來自於德高望重的奎克爾家族。他的兒子和他一樣，也是一名軍隊工程師，同時還是一名醫生，繼承了戈瑟爾斯家庭的品格和傳統。

我應該補充一點，在本次「誰是締造美國的五十大商人」的調查過程中，戈瑟爾斯上校的排名很靠前，這足以說明全國人民對他是多麼的尊敬。

喬治・W・戈瑟爾斯

丹尼爾・古根海姆

丹尼爾・古根海姆（Daniel Guggenheim），美國礦業大王，古根海姆家族代表人物，慈善家。被譽為美國最大礦業企業的哲人。

DANIEL GUGGENHEIM

邁爾‧古根海姆（Meyer Guggenheim）曾有一次傾其所有幫助過一個朋友，這個朋友在科羅拉多經營著一座礦山，當時，礦山正處於破產的邊緣，他正在和厄運做著殊死搏鬥。

40多年前的這一善行，正是古根海姆家族今天能在冶金採礦行業取得巨大成就的基礎。從位於科羅拉多一個偏遠小鎮（普韋布洛）的小小冶煉廠開始，著名的古根海姆家族透過勤勞、頑強和犧牲精神，建起了世界上最大的採礦冶金企業。

如今，古根海姆家族每年經營和控制著10億磅，也就是50萬噸的紫銅，這一數字幾乎相當於全世界年均銅產量（22.5億磅）的一半。他們還控制著全世界最大的3個銅礦，即智利銅礦、猶他州銅礦和肯尼科特銅礦。

僅僅是古根海姆的兩個公司——美國冶煉精煉公司和美國冶煉證券公司，每年就有超過3億美元的業務，這還不包括他們的採礦業務在內。古根海姆家族對全世界的銀礦也有著舉足輕重的影響，而且在黃金、鉛和鋅等各種附帶產品領域中也是佼佼者。他們是全世界擁有工人數量最多的企業之一，也是到目前為止我所聽說過的，第一個肯付給雇員連同薪水和業績獎金共幾十萬美元的企業，人們傳言，最高的薪資達到了每年100萬美元。

這個為古根海姆公司輝煌的成功立下汗馬功勞的人，就是丹尼爾‧古根海姆。他的判斷力，對未來的信心，激勵人的能力，吃苦耐勞的精神，勇於在艱難的情況下，第一個前往遙遠的、未開化的礦區，以及後來勇於涉足金融領域的勇氣，讓他成了為美國的發展有著重大貢獻的人之一。

他的許多方面，公眾多少還是知道一些的，比如說他的慈善活動、給雇員的各種福利待遇、對美國畫家經濟上的支持、對音樂文化的促進推動、對文學的熱愛、對純種馬的興趣、對花卉的喜愛、對不同種族和國家

的詳盡了解，以及他幾乎遍布全球的足跡。

不過，在所有這一切中，我想要加上一條，那就是古根海姆先生絕不是一名哲學家。

再怎麼說，我也是個採訪經驗豐富的人，可是，這次我卻費盡心機，使出了渾身解數才了解到他的個性。我對他說，人們認為像他這樣的人，並不是靠超出常人的努力而取得榮譽和財富的，只不過是幸運罷了。古根海姆先生的緘默，讓我不得不出此下策。

「是的。」古根海姆先生說道，「有時候人們來我的辦公室，環視一周，然後對我說：『我羨慕你的豪華辦公室和你享受生活的機會。』我告訴他們，我花了40年的時間才賺到這間既有精美的畫，又有鮮豔的花，還有一套真皮坐墊沙發的辦公室。年復一年，我忍受著極為艱苦的日子，我去墨西哥、去國外其他地方、甚至去美國偏僻的山區。

「你們更喜歡城市那種奢華和上等的生活，有汽車，有裝修一新的房子。你們不太在意用必要的犧牲換取成功後的富貴。」

我問道：「那些所謂的『獲得成功必要的東西』是什麼呢？」

「犧牲、犧牲、再犧牲。」古根海姆先生用非常熱誠的語氣，重複著這幾個字，他的思緒彷彿還停留在過去所經歷的一切中。

他繼續說道：「你首先必須是一個頑強的人，頑強是一個人最偉大的品格。沒有了它，任何人都不可能成功。不管是在大學裡，還是在職場上，或是在生意場上，要是一個人不能咬牙堅持到掌握某件事為止，他獲得成功的機率幾乎為零。

「一次失敗可能會導致一敗塗地，一次成功也可能會讓人一鼓作氣。所以，在成功前千萬不要輕言放棄。

「如果讓我在兩個人之間做出選擇，其中一個聰明有能力卻沒有毅力，

另外一個能力一般卻十分執著,那麼我任何時候都會選擇那個堅持不懈的人。

「辦事方法也很重要。我寧願僱一個能力不是特別出眾,辦事卻十分得體的人,也不會去僱一個經綸滿腹、聰明絕頂卻不會辦事的人。

「判斷力、創造力和精力,這些都是最令人滿意和最有價值的特質,但是最重要的還是要頑強和得體。」

古根海姆先生突然問道:「你是怎麼採訪到我的?你第一次失敗了,第二次也沒成功,可是你卻表現出了堅持和得體。你一直在堅持,直到你發現了一條可能會達到目的的渠道。是你的堅持讓你能夠在這裡,是你適當的方式誘使我這樣一個不喜歡和公眾多說的人和你談話。」

古根海姆先生最喜愛的一句格言是:「自己怎麼做是自己的事,與其他人無關。」因此他一定要確保管理好和自己公司業務有關的一切事務。

我問和古根海姆先生關係最為密切的一位同事,他的過人之處在哪裡?是什麼能夠讓他成為冶金和礦產行業的領袖,他又是如何在競爭中勝出的?認真思索了一番後,他回答道:

「首先是因為他有傑出的判斷能力,他能夠正確地估計情況。其次是因為他從未泯滅的樂觀精神,他相信未來,相信自己的國家,相信金屬行業和冶金科學將得到發展與進步。第三,他有優秀的管理才能,他能夠影響到每一個人,讓他們和自己一樣,看待問題能夠從大方面著眼,他能夠激起周圍每一個人的勇氣和決心。第四,因為他對待自己人的政策都是慷慨的、經過反覆思考的。我這裡所說的包括工人、行政管理人員、工程師以及其他高階人員。

「例如,最近美國冶煉公司為所有的員工,不論是拿年薪的還是拿日薪的,都保了人壽保險,這筆錢全由公司支付。第五,因為他不怕冒風險,他敢用 100 萬美元去換取一個能賺 1,000 萬美元或 1,500 萬美元的機會。

就比如說智利銅礦，在那個全世界最難到達的地方，他竟然敢在沒有快速收益的情形下大量地投資。」

西元1847年，一艘小船離開了歐洲海岸，在與大西洋上的風暴苦苦奮鬥了4個月之後，終於來到這片土地。西蒙・古根海姆是古根海姆家族中，第一個從瑞士來到美國的人。他還帶來了一個小傢伙，他叫邁耶・古根海姆，是西蒙的兒子、古根海姆家族企業的創辦人，也是現任家族首領丹尼爾的父親。邁耶逐漸建立起一個具有相當規模和業務範圍的加工企業。他的妻子是瑞士女孩芭芭拉・邁爾斯，他們一共生育了7個孩子。他們的長子進入了瑞士蕾絲行業，而且發展得很好。然而，對於這些日益成熟強大的男孩子們來說，這個行業的發展前景十分有限。

因為曾經幫助過一位朋友管理採礦公司，所以邁耶・古根海姆的注意力被引到了這個領域，而且他還發現，這個領域才是能讓他的兒子們施展拳腳的行業。

他把孩子們都集中在自己費城的家裡，給出生在這裡的7個兒子好好地上了一課。他講了《伊索寓言》(Aesop's Fables) 裡7根筷子的故事給孩子們聽。當7根筷子分開來時很容易被折斷，可一旦綁在一起，就很難將它們折斷了。他告訴他們這些的目的，就是要讓他們明白，倘若他們能夠齊心協力，共同努力，就能獲得比單獨行動大得多的成就。他要讓孩子們時刻牢記「團結就是力量」。

然後，他又向孩子們描述了冶金採礦行業的潛在前景，並願意為他們提供一個基礎起始點，而且還徵求了他們每個人的妻子的意見。

還沒有誰家的兒子們能夠像這樣尊敬父親，也沒有哪位父親能得到這麼多兒子的尊敬，邁耶・古根海姆是一個頂天立地的男人。孩子們意識到了父親的提議是多麼明智後，立刻就投入了行動。

他還對孩子們強調，儘管在開始時，他會在經濟上或者策略上有所幫

助,但是,「你們必須要堅持做自己的事,建立起自己的企業來。」

正如前面講過的,他們的第一項投資是科羅拉多的一間冶煉廠,很快地,他們就有了其他的廠。他們是7個人,而且個個都是那麼積極、那麼有雄心壯志、那麼樂觀,個個都準備好過艱苦的生活,準備好去任何地方、做任何事情、受任何罪,去為他們新的事業獲得成功而貢獻力量。沒有哪個登山運動員或礦藏勘探人員,曾經體會過古根海姆兄弟自願經歷的艱難,為了達到理想的目標,那些深山老林,那些人跡罕至的山谷,那些荒蕪的不毛之地,都沒能讓年輕的古根海姆兄弟望而卻步。

他們很快就發現,造物主總是把礦藏財富存放在遠離人類文明的地帶,而且四周還環繞著只有先驅者和勇敢的人才能夠跨越的障礙。要想得到大自然的寶藏,就要為她付出代價。

丹尼爾·古根海姆和他的兄弟們一起,毫無怨言地付著應付的代價。遙遠對他或他們來說已經變得毫無意義,不管哪裡有機會能獲得些什麼,不論路途有多險惡,他都毅然前往。他有一半的夜晚是在荒野中的帳篷裡或馬車裡度過的,他的食物恐怕連黑奴都會不屑一顧。

他的行業決定了他要前往那些剛看到人類文明曙光的地方,但他從來沒有因害怕苦難而退縮過。

然而,僅僅是丹尼爾·古根海姆和他的兄弟們願意吃苦,並不是他們取得成功的唯一原因。他們有足夠的勇氣和智慧,聘請到當時身價最高的工程師和礦業人才,不只是因為他們願意支付當時最高的薪水,還因為他們肯將成果與那些創造出成果的人分享。從丹尼爾·古根海姆剛成為雇主之時,他就採納了現在很平常,在當時卻具有革命性的一套經營方式。透過這種方式,古根海姆企業能夠挑選到當時世界上礦業、工程和冶金方面的一流人才。

這還不是全部。他們想盡辦法盡可能地為工人們營造一個舒適的環

境，可能古根海姆家族為雇員建起的學校、醫院、教堂和娛樂中心的數量是最多的。由於演員們不去那些交通不方便的地方，古根海姆企業就自己組織自娛自樂的文藝隊伍，和其他一些消遣活動。

　　古根海姆家族給冶金行業帶來了一場革命。在他們之前，冶金行業的僱傭合約一成不變，總是一年。如果簽連續幾年的合約，冶金企業業主可能就得替雇員漲薪資或增加其他方面的開銷，他們不願冒這個險。丹尼爾‧古根海姆開始採用 5 年合約、10 年合約甚至 25 年合約，合約上的薪資在當時看起來簡直是在自尋死路。可他是一個通曉歷史、科學、工程、化學、運輸和經濟發展的人，淵博的知識讓他有足夠的信心，確信生產過程的改良，能夠有效地降低冶煉和採礦的成本，從而在將來能夠產生出利潤。

　　「如果我們在合約到期之前，找不到降低成本的科學方法，我們就理應失去這個企業。」這是對這套即將採用的合約，有同事對其可行性提出質疑時，他給出的回答。

　　西元 1905 年，當古根海姆公司著手猶他州銅礦時，誰都不相信這家企業的投資能回本，因為礦的等級非常低。然而丹尼爾‧古根海姆卻提出了要投資建一間 600 萬美元的冶煉廠，和一間 200 萬美元的紫銅精煉工廠，去處理那些以前從來都沒有賺過錢的東西。現在，開採、冶煉、精煉、運輸、銷售等一系列成本，僅僅折合 20～30 磅的銅，他這次大膽的 800 萬美元投資，成為古根海姆企業有史以來最有利潤的一次投資，這座銅礦今天已位列世界上第二大的銅礦，每年都會給股東豐厚的分紅。

　　接下來再看一下古根海姆家族在智利的作為。智利銅礦公司位於海拔 9,500 英尺、荒無人煙的一座山脊上。這一區域從來沒下過雨，也沒有任何植物，礦區的用水必須從 40 英里以外運到山上，電力必須要靠 85 英里外的一間電力公司輸送，那裡也沒有路。總而言之，那裡沒有一點吸引

丹尼爾・古根海姆

力，壓根就不適合人類生存。古根海姆企業踏入了這一禁區，決定花上幾百萬美元，讓這個地方變成人類能夠居住的地方。他們立刻就將一系列複雜的機械設備運上山。現在，智利銅礦公司是世界上最大的銅礦企業。

我聽他的同行們說，古根海姆先生頂著所有人的懷疑和反對，堅持要在阿拉斯加投資幾百萬美元。現在屬於肯尼科特銅礦公司的博納德銅礦，是一個巨大的天然銅塊，受到冰川侵蝕後，剩餘的部分藏在高聳的峭壁之上。儘管它的含銅量高達65%～85%，但是，從西元1901年被發現到西元1911年的10年間，並沒有一磅銅被開採出來，因為任何交通都無法到達那裡。古根海姆先生買下了這座銅礦的一半，並同意修路，在兩年之內讓這座礦產出銅。

當有人問到他時，古根海姆先生說道：「假使我們認定這是一樁好買賣，那麼不管它是在阿拉斯加、智利、墨西哥，還是在南美洲、非洲或亞洲，我們都會前往。即便是在北極發現了一座礦，我們也照樣會去。因為我們知道，在這一行裡，沒有距離也沒有國界。」40歲之前，古根海姆先生就已經越過大西洋70次了。

「烤乳鴿是不會自動來到你嘴邊的。」古根海姆先生繼續解釋道：「你必須去尋找鴿子，並且想辦法將牠射下來，然後清理乾淨，烤熟後才能吃。做生意也是一樣的道理。

「上帝將礦藏放到遠離人們的地方，這也正是為什麼從事採礦行業的人這麼少。普通紐約人都願意待在紐約，置身於奢華中。他們不願意去國外或人煙稀少的地方，忍受著各種不便利去發現寶藏、開發寶藏。在10年、20年、30年甚至40年的艱苦生活面前，他們膽怯了。

「在紐約你是不會找到銅礦、鉛礦、銀礦和金礦的，你得去那些交通不便的、有時候是荒無人煙的地方，這些地方的一切都是原始的、粗獷的，讓你感到不適和不滿。唯一能讓你感到愉快的事情，就是發展事業的

那種愉快。你聽不到音樂，坐不上有靠墊的椅子，欣賞不到精美的畫作。你整天必須要像奴隸一般工作，到了晚上，才能在油燈下稍微讀點什麼。

「若是一個人打算做出必要的犧牲，那麼，今天的機會和過去是同樣多的。如果不做出犧牲的話，不管他是做什麼的，都不會獲得真正的成功。無論在哪裡，不付出永遠不會有收穫。毫不費力得來的東西，無法讓人覺得愉快，只有那些透過努力、辛勞和犧牲得來的東西，才會真正讓人覺得愉快。你付出的越多，這種愉快就越強烈。工作、勞動、學習、犧牲，是一個人取得令人滿意的成功的四大要素。

「當我們剛開始進入冶金行業時，我記得很清楚，父親曾告訴過我們：『孩子們，你們要自己想辦法努力工作，不怕犧牲來達到自己的目的。但我要告訴你們，要達成目標，付出再多的努力也不為多，要是你願意動腦筋，願意做出犧牲，並一直堅持達到目標，你便會得到豐厚的回報。』

「因此，當你要求我為年輕人提一點建議時，我會重複父親給過我們的建議，我還會再加上一句前面已經講過的：『烤乳鴿不會自動來到你嘴邊。』」

20多年來，古根海姆七兄弟——艾薩克、丹尼爾、默里、所羅門、西蒙、班傑明和威廉帶著熱情和士氣並肩作戰，他們在這個領域的分支機構蠶食了所有的對手。在丹尼爾的帶領下，他們兼併了一家又一家廠礦，接管了美國冶金精煉公司。他父親的那句至理名言「團結就是力量」，在他們身上得到了充分的展現。

當美國政府由於戰爭的原因，第一次需要大量的銅時，丹尼爾·古根海姆帶頭以低於市價一半的價格，迅速為政府提供充足的來源。

儘管丹尼爾·古根海姆現在仍然是美國冶金精煉公司和美國冶金證券公司的老闆，但他不再像以往那樣拚命了，現在，有一些比賺錢更為重要的事情吸引著他。在礦山的管理上，他的兒子亨利·F·古根海姆也能夠

幫他挑起一些擔子。亨利・F・古根海姆畢業於英國劍橋大學，是一名優秀的學者和運動員，他身上繼承了這個家族的勤奮和犧牲精神，他在正式進入巨大的礦產公司管理行列之前，在墨西哥的採礦冶煉公司做了幾年最基本的工作。

雖然古根海姆先生信奉努力工作的原則，卻也不失為一個度假倡導者。他告訴我：「我認為，一個全年工作12個月的人，他的工作效率並不會比工作6個月的人高，工作10～11個月之間，休息一兩個月，做點其他事的人工作得最好。所以我主張每一位雇員和年輕人都要休年假。

「我們的另外一項原則是，整個公司中，年輕人必須受到和其他人同樣的重視。如果一個有一定工作經驗的年輕人來到這裡，我們絕不會讓他沒有發揮的機會，因為時間對年輕人來講，就像礦藏對我來講一樣的珍貴。」

除了洛克斐勒家族，古根海姆家族可能是全美國最富有的家庭，不過古根海姆夫婦卻是一對著名的慈善家，他們的捐助對象不限種族、教義和宗教。在創業初期，古根海姆太太毫不猶豫地和丈夫一道分擔著第一線上的種種艱難。

春播秋收，生活的歷程也是如此。現在正是古根海姆先生的金秋時節，他將收穫纍纍碩果……

約翰・海斯・哈蒙

　　約翰・海斯・哈蒙（John Hays Hammond），礦藏工程師、外交家、慈善家。被譽為金銀帝國的建立人。

JOHN HAYS HAMMOND

美國可以稱他是想盡辦法從地球母親那裡，得到她珍藏已久的金屬數量最多的人。歷史上從來沒有人為人類提供過這麼多的黃金和白銀。在他的努力之下，美國、非洲、墨西哥、南美、中美和俄羅斯的礦井，為人類增添了幾億美元的財富。

近年來，他除了在地球內部尋求寶藏以外，還大規模地灌溉地球表面，目的就是要種出更多的糧食來，養活地球上的眾多人口。他是在南非和墨西哥建造有軌電車的先驅者，也是在世界上不同的地方，率先蓋水力發電站的人。

「天將降大任於斯人也，必先苦其心志，勞其筋骨。」世界著名礦藏工程師約翰‧海斯‧哈蒙在經歷了空前絕後的歷險、危難和艱辛之後，終於獲得這樣的成就。他曾經被野蠻人圍攻射擊；經歷過驚心動魄的食人族之旅；曾迷失在遠離人類文明的荒野裡，三天沒有吃一點東西；也曾被關入牢獄並被宣判死刑，絞刑架已經準備就緒，馬上就要執行了。這些都是構成他生命歷程的真實片段。

我問哈蒙先生：「被宣判死刑是什麼感覺呢？」（我曾經在非洲生活過，所以很熟悉著名的詹姆森‧雷德的所作所為，當時是川斯瓦共和國的總統保羅‧克魯格（Paul Kruger）逮捕了他，並進行了審訊。）

「我只是感到憤怒，但我並不害怕。」哈蒙先生點起了火，回答道。我們一直在回憶那些過去的日子。「你是知道的，當時我們已經達成協議，只承認某項叛國罪，並在此罪名下被投入監獄，可是我們卻被那個詹姆森給耍了，他定了另一條要判死刑的罪名，將我們關押起來。我感覺到瘋狂、屈辱和憤慨。」當我問他時，他又補充了一句。「我經歷過比在非洲的那段日子更為刺激危險的事情，只是這些事少了些戲劇性罷了。」

約翰‧海斯‧哈蒙幾乎是在剛會走路時，就對事物產生了濃厚的興趣，他總想深入鑽研，刨根問底。他的父親畢業於西點軍校，在墨西哥戰爭中

是一名砲兵軍官。父親鼓勵他的好奇心和探索精神。母親則是後來舊金山首位司法長官約翰・科菲・海斯的妹妹。他的母親也十分贊同他對戶外活動的喜愛，因此他在很小的時候，就學會了騎馬、射擊、游泳、森林探險、露營、捕獵等活動。

西元 1855 年 3 月 31 日，他出生於舊金山，在舊金山公立學校讀小學，後來又去了紐黑文文法學校，為進入耶魯大學的謝菲爾德理科學院做準備。他注定會成為一名工程師，更確切地說是礦藏工程師，因為早在那個時候，他就能夠將埋在地下的東西挖掘出來，其中就可能包括金子。暑假時，他在加利福尼亞礦區度過，曾見過不少金子。他的父親是一個思想保守的人，除必修的理科科目外，還為他開設了完整的古典課程。他希望自己的孩子既懂拉丁語和希臘語，又懂礦物和化學物質。西元 1876 年，他畢業於耶魯大學，並獲得了物理學學士學位。緊接著又在薩克森弗賴貝格皇家礦產學院當研究生，一直到西元 1879 年畢業。

這個年輕人對大西洋彼岸的世界充滿了好奇和渴望。約翰・海斯是哈蒙四兄弟中年齡最大的一個，他們幾個因為去加利福尼亞探險和旅行而出名。實際上，他們常常互相比賽，看誰去過的國家最多。

有一次，年僅 15 歲的約翰・海斯，在阿姨臨時照看期間，和他的一個弟弟跑出去探險約塞米蒂山谷。他們深深地沉醉在自己的探索中，不禁繼續走啊走，在一個礦區裡待一兩個晚上，又在勘探者的簡陋小屋裡待了一宿，然後又露天過了一晚。有時他們騎著馬一天要走 15 英里，一直走到了 500 英里以外的內華達州，而此時，村子裡的人已經整整找了他們三週！

哈蒙先生一邊回顧一邊說：「那次旅行教會了我們依靠自己。我們必須學會如何照料馬、照顧自己，如何與各式各樣的人交往，如何讓自己習慣於將繁星點綴的蒼穹當成臥室的天花板。」

年輕的哈蒙從弗賴貝格回到美國後，拒絕了一間鐵路公司提供的職位。赫斯特議員是威廉·倫道夫·赫斯特的父親，也是當時西部最大的礦產業主，哈蒙找上他，希望能有一份工作。議員是個固執的人，他很注重實際，完全有理由不喜歡那種衣冠楚楚、滿腦子理論的礦藏工程師。

「我拒絕你唯一的理由就是，你從弗賴貝格畢業，這個地方讓你滿腦子都是那些愚蠢可笑的理論。我不想要那種沒有魄力工程師。」這位粗暴的議員告訴他。

「如果你保證不告訴我爸爸，我就告訴你一些事情。」哈蒙繼續說。

議員同意了。

「我在德國什麼也沒學到！」

「那你來吧！明天就來上班。」議員最後終於做出了決定。

年輕的哈蒙第二天 7 點來上班，每天要工作 12 個小時。那個時候，赫斯特議員正在購置談判幾處礦藏，哈蒙則負責測試礦藏，測試的結果關係到他的雇主幾百萬美元的投資。

一年後，另一扇更寬的大門向他敞開了，哈蒙以金礦檢測員的身分加入了美國地質部。他一向都留心地觀察著不同礦物的不同構成，帶著極大的熱情研究著地質學，漸漸形成了對礦藏靈敏的嗅覺。第二年，也就是西元 1881 年，他參加了做一名礦工、一名工頭、一名工廠技術人員的實際訓練。他還設法回訪那些自己先前測試過的礦廠，從而能夠將礦產的開發過程記錄下來。他的這些知識令他能夠辨別、分析和評估礦體，這一切都不是礦工用的鐵鎬所能做到的。

整個採礦業深深地吸引著他，並不僅僅因為它是謀生和度過一生的手段，還因為它能為這個世界增加財富，它能將資源發掘出來，而且它還能為幾千名工人提供收入不菲的就業機會。他喜歡去礦山上轉一轉，而不是

去電影院或戲院看看，現在仍然是這樣。

哈蒙職業生涯中的首次異域之旅，便是一次危險之旅。西元1882年，他被委任前往墨西哥距離瓜伊馬斯250英里以外的一個地方進行探測。他們乘坐一艘負責運輸採礦機械的船。剛抵達墨西哥西海岸時，哈蒙就發現，阿帕切印第安人正處在戰爭中，導致進入墨西哥中部的一段長途跋涉得在夜間進行。第一天晚上出發後，由於司機酒後駕車，所以他們乘坐的巴士翻車了。坐在哈蒙對面的人當場死亡，另一個人由於傷勢過重，也於第二天早晨不幸身亡。

最後他們總算是到達了礦區，哈蒙卻發現，當地人正在有組織地偷竊最好的礦石。他不得不任命一位具有一定權力能夠逮捕這些人的官員，雖然小偷們很快就被威懾住了，但他們既不願意住監獄，也不願意根據另外一個法令被充軍。

等到情形有所好轉時，哈蒙太太也加入了丈夫的團隊。當他帶著自己的兒子到達瓜伊馬斯的第二天，一場革命就爆發了。哈蒙迅速占領了一間房屋，並在周圍設下防禦工事，準備堅守這個被土匪包圍的要塞。早在加利福尼亞時，他就學會了如何使用槍，而且槍法很好，圍攻的土匪們意識到了這一點，幾天後就離開了。

在哈蒙一行人前往內地的路上，碰巧發現了一座被印第安人洗劫一空的小村莊。從海岸一路走來，他們唯一看到的生物，就是在這個村莊裡的那麼幾隻雞。印第安人離他們有多近，多久之後他們會出現在這裡，沒有人知道。倘若印第安人發現了這一小隊美國人，那麼一切就全完了。周圍50英里全部是恐怖勢力，全副武裝的哈蒙騎著馬在前面一兩英里處帶路，隨時替這一隊人馬發訊號。哈蒙太太手裡拿著手槍，她寧願選擇自殺也不願被活捉。最終，他們安全抵達了目的地——南索諾拉的阿拉莫斯。

哈蒙太太一直待到差勁的食物影響了孩子的健康為止，哈蒙先生則是

待到礦場開始見到利潤，所有的事情都安排妥當為止。在他打算離開之前，革命暴徒攻占了阿拉莫斯鑄幣廠，這也是西海岸唯一的一間鑄幣廠，並開始恬不知恥地巧取豪奪這間公司，用少量的錢換取公司裡用來加工硬幣的貴重金屬。哈蒙計劃蒐集到大量銀子後帶著它們溜之大吉，再把它們交給美國駐瓜伊馬斯領事館。

他訓練了 10 名雅基族印第安人，教他們如何射擊，他們的鼎力相助能夠在關鍵時刻抵禦十倍墨西哥人的攻擊。他讓每一匹挑選好的騾子都馱載 150 磅銀子，並賦予這些雅基族印第安人百分百的信任，在一個風雨交加、四周沒有任何墨西哥人的夜晚，開始了他的大逃亡。

用來替換的騾子早已等在前面 70 英里處。經過一整晚和第二天一整天後，哈蒙比那些追擊者領先了不少，這些人肯定會在發現情況後馬上就出發。在距阿拉莫斯 100 英里的地方，哈蒙聽說附近的雅基族印第安人正在和墨西哥人開戰，而武裝的阿帕切印第安人軍隊正在與美國人交火。這個時候，他的左邊是雅基族印第安人，右邊是阿帕切印第安人，後邊還有墨西哥人，這些人全都暴跳如雷，虎視眈眈地盯著這名南美入侵者、公司裡唯一的白人，還有他手裡的銀子。

著名的「輕騎兵旅」也不會比這個被人搜捕的哈蒙小隊強到哪裡去。雖然這 10 名忠實的雅基族印第安人，隨時都可能背叛自己的主人，把他當成戰利品來換取一大筆賞錢。但是他們卻站在他這邊，帶領他穿越敵人盤踞的地區，將他安全護送到瓜伊馬斯。

順便再說一件事，墨西哥革命過後，馬德羅（Francisco I. Madero）執政。哈蒙主動提出要隻身前往雅基族人的村寨，把他們帶到由哈蒙和他的同事控制的公司裡，付給他們足夠的薪資讓他們能建得起房子，養得起家人。當然，這一切的前提是墨西哥政府能夠赦免他們，哈蒙發誓會修復雅基族人前面所做的破壞。然而，還沒等他有機會做這樣的安排，馬德羅就

被謀殺了。如果當初哈蒙執行了他的計畫，就不會再有雅基族人後來的暴亂，因此而產生的破壞性也就避免了。

「雅基族部落是我見過最正直、最誠實的部落，如果公平對待他們的話，他們要比白人誠實得多。」哈蒙聲稱。

更加刺激的是，哈蒙先生在安第斯山脈無人區的經歷。僅在兩個當地人的陪同下，他跨越了位於的奧里諾科河和亞馬遜河源頭之間的安第斯第三山脈。當時有很多當地人從那個地區弄到了黃金，所以哈蒙前去調查一下。他的兩個導遊計畫失敗了，最後三個人在叢林裡迷路了。他們連續三天沒有吃東西，後來，這兩名當地人從地下挖出一些像咖啡豆似的東西，就這樣他們一直堅持到脫險。

到了旅程的最後一個階段，就連馬之類的交通工具都無法使用了，因為根本就沒有路，他們三個人只好順著溪流涉水而過。

在這個偏遠的、不為人知的地方，哈蒙發現了一間小小的淘金作坊，有一些黑人婦女在那裡挖金子。負責這裡並把金子拿給來訪者測試的婦女，突然消失了兩天，她回來後，第三天她丈夫又不見了。種種跡象表明，她生下了一個孩子。當時，「擬娩」這種風俗在當地仍然十分盛行，也就是說，父親要在床上代替母親來享受各種美食的款待，來接受周圍鄰居的探望和賀喜，這種待遇相當於更先進地區的婦女受到的待遇。

哈蒙先生在非洲逗留期間還碰到了食人族，不過他們並沒有打算對他下手。

即使是在國內，這位礦產工程師及經理，也是過著開礦先驅者那種艱難和動盪的生活。位於愛達荷州科達倫地區的邦克山金礦和沙利文金礦，發生了嚴重的勞工暴動事件，罷工工人的領導者是海伍德和莫耶。哈蒙被派去負責讓礦區恢復正常運作。他挑選了幾名受過訓練的人，準備好發動機，出發前往危險地區，冒著風險將被炸毀的橋修好，並且遭到了那些

失去理智的罷工者的射擊。後來有一部分人在隨後發生的一場暴亂中喪生了。

在這段血腥的日子裡，哈蒙，這位與眾不同的人聽說暴亂的人都罵他是不敢出門的縮頭烏龜，於是就在一天晚上宣布，他第二天中午要到街上去走走。哈蒙只帶了兩把左輪手槍就獨自出發了，而讓人捏一把冷汗的故事也就此開始。一群暴亂分子跟在他後面，有那麼一兩個乾脆走在他前面，而哈蒙手上一個細微卻極其重要的動作，成為他繼續前行的通行證。走到街道的盡頭，他穿過馬路，又走了回來。從此以後，這位加利福尼亞的年輕人得到了礦工們應該給予他的尊重。

早在 1890 年代初，哈蒙就是一位赫赫有名的生意探子。在他之前，那些礦產專家幾乎都是國產的，靠著鐵鎬鐵鏟和幾本參考書到處找礦藏，他們不懂地質、冶金學和其他一些科學方法的幫助作用。許多礦產工程師在大學裡學到的，都是些一知半解的東西，而且他們還怕吃苦，不願意去偏遠的地方過那種一線勘探者的艱苦生活，這多少給這個新興行業帶來一些負面影響。然而哈蒙卻證明了自己有走遍天下的能力，只要提前一小時通知他，不論這個地方具有文明還是未開化，他都會動身前往。

世界上最大的產金地區在川斯瓦。西元 1893 年，南非的一個大亨巴尼‧巴納多聘請哈蒙這位偉大的美國工程師，他立刻便動身去調查約翰尼斯堡的地質結構和金礦的礦脈。透過研究，他確信儘管人們只開採到露出地表的礦脈，但深層一定蘊藏著豐富的金礦。哈蒙認為自己的計畫是合理有價值的，可巴納多拒絕為這個花費巨大卻把握不大的專案投資，於是哈蒙辭職了。

這條消息釋出後的幾小時內，哈蒙就收到了一封電報，發來這封電報的人，是英國殖民史上赫赫有名的人物塞西爾‧羅茲（Cecil John Rhodes），他也是 19 世紀最著名的人。當哈蒙抵達格魯特斯庫爾後，他們

在位於開普敦附近的帝國大廈、羅茲先生精緻典雅的家裡進行了交涉：

「我認為非洲對你的健康不太有利。」

「是的，加利福尼亞的氣候更好一些。」哈蒙先生應和著。

「說說你的期望薪水，不要擔心什麼。」羅茲先生吩咐道。

哈蒙按他說的做了。在他的合約裡，每年 10 萬美元是底薪，他還規定了利潤分成。而且，他可以不受其他董事會成員的管理，羅茲是他唯一的老闆。

羅茲對哈蒙的能力深信不疑，當哈蒙敦促這位大亨賣掉自己價值幾百萬美元的地表礦脈股份，把賭注全部壓在當時成本還不是很高的深層開採上時，計畫立刻就得到了執行。哈蒙成為南非大金礦蘭德的深層採礦之父，每年光在川斯瓦就能為世界市場提供幾百萬美元的黃金，更不用說他建立的開取模範，還為全世界的採礦業帶來重大意義。

另外一件激發這位羅德西亞奠基者的想像力的事情，就是人們關於「所羅門國王金礦」的傳說。據《聖經》記載，所羅門國王的金礦就在馬紹納蘭，也就是現在的羅德西亞。他提議去那裡考察。他和詹姆森博士以及一支小隊，經過了一個幾百英里都是熱病的國家。最後一段行程是由這位工程師和幾個身強力壯的當地人完成的，他們發現了一座有 3000 年歷史的艾爾多拉多金礦。哈蒙認為，這座金礦非常值得去重新開發，現在它每年創造的利潤為 2,000 萬美元。

哈蒙先生說：「羅茲是我所見過最了不起的人。他目光長遠，感知力極強，具有無限的勇氣。他的每筆交易都要徵求來自不同方面的觀點和意見，而且對利用別人這種事總是嗤之以鼻。英國如若聽取他的建議，也就不會發生波耳戰爭了。他從不計較金錢，只把它當作是一種達到偉大的、有價值的目標的手段而已。如果賺錢是他的目的，那麼他的遺產可能會是 2 億或 3 億，而不是 2,000 萬。」

關於詹姆森·雷德為哈蒙和另外三個人執行死刑的計畫是如何失敗的，詳細情況我也不是很清楚，不過根據當時在場的人所提供的第一手資料，我能大概講述一下改革委員會中美國領導人所產生的作用。當時住在川斯瓦的非波耳族居民都被稱為「艾特蘭德爾」，他們上繳的國稅占整個南非共和國稅收的90%，然而，他們不僅沒有代表權，而且還被剝奪了許多公民的基本自由權。

克魯格雖然答應改革卻從未履行。到後來他意識到人們正在計劃一場起義，於是就提出來，若是改革委員會讓所有的猶太人和天主教徒離開這一地區，他就同意他們所有的要求，哈蒙和他的同事們不贊同這樣的背叛行為，因為改革並不是要讓大英帝國吞併波耳共和國，當有人提議在改革委員會的會議地點降下波耳國旗，升起英國國旗時，波耳人宣布，誰敢降下國旗，就開槍打死誰。

詹姆森博士是當時羅德西亞政府的特派員，他是一個野心過大的人，養著一支部隊，但之前從未出過川斯瓦國界。這次約翰尼斯堡改革委員會叫他來的目的，是萬一波耳人要抵抗，他就出來支援。然而，詹姆森卻在改革委員會的人起床前就入侵川斯瓦共和國，哈蒙被包圍了，他被迫投降。開普敦的英國高級政府專員說服改革委員會的人放下武器，並答應他們與克魯格溝通後實行安全合理的改革方案。

愛特蘭德爾人剛放下武器，60～70名改革委員會成員就被捕了。這引起了人們極大的憤慨，但最後被英國政府平息了，愛特蘭德爾人毫無辦法。

人們普遍不知道的是，約翰·海斯·哈蒙在等待宣判期間去了一趟開普敦，當時他病得很重，所以他可以去看病。在英國港口時，他有無數次機會能逃離這個國家，但是他不屑於逃跑，寧願選擇乘坐三天返程的火車，無助地躺在那裡，遭受著充滿敵意的波耳人夾擊，他們明目張膽地計

劃伏擊火車殺死他。然而，他的勇敢卻讓波耳人折服。哈蒙太太在整個約翰尼斯堡和比勒陀利亞暴亂中，寸步不離自己的丈夫，這種勇敢和奉獻精神也贏得了欽佩。同樣，克魯格也相信了哈蒙的動機是出於一片赤誠，他終於明白，這個美國人只不過是想要建立一個和美國模式相同的、人人平等的共和國。

實際上，當愛特蘭德爾人感到憤憤不平時，克魯格曾對他們說過，他要和這位「共和派哈蒙」做一筆交易。就這樣，哈蒙和其他 3 個同事在每人付了 12.5 萬美元贖金後，就被釋放了。後來在克魯格的要求下，哈蒙成為西元 1900 年波耳戰爭談判的調停者。

戰後，在倫敦舉行的一次著名宴會上，約翰·海斯·哈蒙請求英國的最高權力機構，寬大處理波耳人。他敦促對南非實行調解政策，實現在南非建立聯邦共和國的可能性。他指出，由於人數上的優勢，荷蘭人勢必在投票中占優勢，所以，不管願不願意，這種政策遲早會被採納，因此，自願地、全心全意地採取這種政策方為上策。哈蒙的這番敦促，核心意思就是：「速度就是效率。」

歷史已經充分證明了這一政策的成功，尤其是現在這場戰爭（第一次世界大戰）中，波耳人所發揮的作用，便是最好的證明。

哈蒙太太後來寫了一本書，名為《婦女在革命中的地位》，約翰·海斯·哈蒙職業生涯中最吸引人的部分就包括在裡面。

西元 1900 年的波耳戰爭爆發後，哈蒙先生回到了美國。他為英國的公司做調查，並將大量的投資吸引到美國。在他的慫恿之下，一座城市幾乎可以在一夜之間就建立起來。當然，那個時候哈蒙的判斷，不可能在任何時候都是正確無誤的，他有的時候也會犯錯。不過，他的成就確實十分突出，西元 1903 年，古根海姆企業以全世界最高的薪水僱用了他。

他經手確定的專案包括：古根海姆勘探公司、猶他銅礦公司、內華達

聯合公司、託洛帕礦業公司、密蘇里鉛礦、伊斯普蘭納金礦，還有墨西哥大大小小的銀礦。總之，全世界都有他參與建起的採礦企業。

俄國政府曾兩次僱用他勘探該國的礦藏和工業資源，並和他探討了灌溉的可能性。

離開古根海姆企業後，哈蒙先生對農業灌溉產生了濃厚的興趣。現在，他和他的同事們正在開發位於墨西哥索諾拉州亞基河河口的灌溉專案，這是美洲大陸最大的灌溉專案，可灌溉面積為 1,000 平方英里。現在，已經有 3 萬平方英畝的土地種上了莊稼。另外一個具有前景的灌溉專案，是開墾一座幾千英畝的果園。這項工作正由加利福尼亞的芒廷·惠特尼公司來完成。在這裡，灌溉要透過哈蒙發明的一套泵水系統來進行。他在墨西哥的一系列活動中，還包括組建重要的瓜納華託電力公司。

現在，哈蒙先生將大量的時間都花在公益事業上。他尤其關注教育事業，在學校裡和其他一些機構裡發表許多演說。他曾在耶魯大學擔任過一段時間的礦產工程學教授，他為這所大學捐贈了一間採礦和冶金實驗室。他被授予好幾個榮譽學位，還是美國民權聯合會經濟部的主席，在促進大企業勞資雙方相互理解方面，不遺餘力地努力著。他積極參與並慷慨支持醫療工作，大力倡導透過國際的合作來促進世界和平。

在政治界，他是共和黨俱樂部全國同盟會的會長，塔夫特總統任命他為駐華大使，這一職位被塔夫特總統視為是所有外交職位中最重要的職位之一。身為巴拿馬博覽會的特派委員會主席，哈蒙先生去過歐洲大部分國家的首都，並會晤過這些國家的元首和外交部大臣，對巴拿馬博覽會的成功舉行做出了巨大的貢獻。哈蒙先生還作為美國代表，參加了喬治五世國王（George V）的加冕儀式。

不論是在生意上還是政治上，哈蒙先生都主張公開。他的觀點之一是：受到關稅保護的企業，應該將它們的利潤狀況全部公開化。

在全世界各個階層都享有盛譽的美國人並不多見，他所陳列出來的名人親筆簽名照，是美國數量最多的，這些人都是他本人認識的，從歐洲的主要統治者再到工人首領無所不有。其中一位叫塞繆爾·康珀斯的工人領袖，在他的照片上附上了這樣一段話：「送給約翰·海斯·哈蒙——我所見過的最有建設性、實踐性、徹頭徹尾民主的百萬富翁。」

美國需要像哈蒙這樣有能力、有經驗的企業政治家，這樣的時代也許馬上就會到來。他從第一手資料中，獲得了大量有關其他國家資源、工業和商業方面，具有技術性的、實用的知識，所以，在接下來重建和平的過程中，他應該成為重大決策中的一個重要的、有價值的人物。到那時，美國所需要的將不會是一名目光狹隘、足不出戶的政治家，而是需要一位熟悉全世界經濟情況的、執著的、富有哲學思想的企業界巨人。

哈蒙先生常說：「「性格決定成功的大小。」用他的好朋友，另一個偉大的礦產工程師基普林的話來說就是：「不管接下來的路怎麼走，我總是感謝上帝讓我生活過，讓我和別人一起奮戰過。」

後記

哈蒙先生成功的背後是哈蒙太太的支持，這個堅韌不拔的女人總是勇敢地分擔著丈夫的艱難與艱險。

這本到現在已經寫了十年的《富比士富豪傳》系列文章，很有可能將另一個約翰·海斯·哈蒙包括進去。他的兒子在無線遙控指揮海底魚雷方面小有名氣，小哈蒙的這一發明到底能為美國的軍事帶來什麼樣的影響，現在還很難說。據稱，這只是他許多重要發明中的一項。像這樣的父子名人幾乎是鳳毛麟角。

約翰・海斯・哈蒙

奥古斯特・赫克舍

　　奥古斯特・赫克舍（August Heckscher），德裔美籍資本家、慈善家，理查・赫克舍聯合公司的創始人、合夥人，赫克舍藝術博物館的創辦人。被譽為龐大商業帝國的統帥。

AUGUST HECKSCHER

一個不會說英語的年輕人來到美國後，竟然能夠在數個領域中取得顯著的成就，那麼，土生土長的美國人，還有什麼理由抱怨機會太少呢？

本書中的奧古斯特·赫克舍的職業生涯，最能夠說明一件事，那就是在這個國家中，有許多可以讓你發揮聰明才智、進入高利潤行業的渠道。經歷了30年的嚴格和艱苦的磨鍊之後，赫克舍先生賺取了令人滿意的財富。他起先是在煤礦業，後來轉攻鋅礦，這段時間內他面臨著異乎尋常的壓力，再到後來，他開始對房地產發展產生了興趣，並成為房地產行業中舉足輕重人物。

但他仍然不滿足於這些成就，又開始向採銅、鋼鐵生產、礦產資源領域邁進，並取得了巨大的成功。他的多樣化投資還包括古巴的葡萄栽培、火力發動機生產、造紙廠、大型鑄造廠、銀礦以及金融機構。

我問赫克舍先生，他在這麼多領域中取得成功，主要靠的是什麼？有幾種特質是他認為是尤其重要的？在他看來，那些沒能實現理想的美國本土年輕人，在性格上、所受的教育中普遍存在的薄弱點是什麼？

赫克舍先生用他超過43年的法定投票年齡，和半個世紀的居住時間（超過了多數美國人）來證明，他有足夠的資格在這裡，和大家一起探討這方面的話題。

「透澈和堅持不懈是最基本的要求。」赫克舍先生回答道，「大多數沒有獲得成功的美國人，最大的問題並非他們不優秀，而是他們沒有打下堅實的基礎。他們不夠澈底，對於一門學科沒有從基礎開始澈底掌握。他們不喜歡打基礎時的那種乏味、那種鑽研，和必然要付出的勞動，他們不喜歡從開始做起，他們似乎忘記了林肯和華盛頓並不是從總統開始做起，拿破崙在剛開始時，也只是個不起眼的砲兵軍官。」

「要先學會服從，才有可能成為長官。」

「在這個國家裡，機會是無限的。你提到我在許多事情上都獲得了成功，若真是這樣的話，那也是因為我在每個領域中，都投入了大量的心血和精力去學習，堅持不懈地去實踐，直到我澈底掌握它們為止。」

「我是怎麼做的？我是一個什麼都喜歡讀的人，我的記憶力有點像羅斯福先生有一次對我說的那樣。我曾問過他怎樣才可以記住這麼多事情，羅斯福先生回答說：『因為我不可以忘掉。』我非常有耐心，而且不管發生什麼事，我都能夠堅持下來，從不讓步。」

美國一些最有實力的金融集團從經驗中獲知，奧古斯特·赫克舍就像鬥牛犬一樣頑強。為了紐澤西大鋅礦的所有權，他與他們整整打了 10 年的官司，最後勝訴了。這個著名案件的判決紀錄，足以形成一座小小的圖書館。經過了一個又一個法院的審理後，紐澤西上訴法庭做出了不利於他的判決。即便到了這個時候，赫克舍先生仍然不放棄。他不但沒有放棄，反而加倍努力，專門前往歐洲去拜訪礦藏方面的專家，來證明他的權益。

有 10 名律師忙著為他打這場官司。最後，他擺出了一系列事實、實物和證據，迫使上訴法庭改變原判，承認先前的判決缺乏足夠的證據。在這場戰爭進行到最激烈的時候，赫克舍先生因金融機構的經營失誤，已經到了傾家蕩產的地步。晚上睡覺時還是個體面的富人，一覺醒來後卻發現自己已一文不值。一位忠實的朋友借給他 5 萬美元，讓他先緩解一下債務的壓力，一切都得從頭再來。那一年正好是西元 1890 年，也就是霸菱銀行陷入嚴重財務危機的那一年，這件事不僅震動了倫敦，也給其他許多金融中心帶來了影響。

他頑強，絕不動搖，有勇氣，並且在面對巨大困難時，有強大的適應能力，這些正是他的優勢所在。雖然赫克舍先生失去了錢，卻沒有失去信心。紐約和紐澤西有影響力的金融、鐵路和工業集團，聯起手來對付他時，也無法擊敗他，或令他垂頭喪氣。假使他只是一個信心一般、能力平

平、意志不那麼堅強的人，他就不可能在長達 10 年的壓力下堅持住。

也許赫克舍先生生來就具備戰鬥的能力。早在西元 1813 年，他的父親年僅 16 歲的時候，就在萊比錫戰役中與拿破崙一世（Napoleon）戰鬥過。後來他的父親成為德國總理。赫克舍於西元 1848 年 8 月 26 日出生於德國漢堡，在德國和瑞士完成了自己的學業。

19 歲時，他決定去美國闖蕩。家人給了他價值 500 美元的金子，他把這些錢揣在腰間，向他母親保證，以後無論發生什麼，都不會再向她要一分錢。這件事充分說明了他的信心，而他也確實做到了。西元 1867 年，他踏上了美國的土地，然後在親戚的幫助下，在賓夕法尼亞的無煙煤礦區找到一份工作。他對煤炭唯一的了解就是：它是黑色的。後來經理生病了，年輕的赫克舍就這樣接替了經理的管理工作。

「在 1870 年代，經營煤礦並不是最理想的職業，那時候的莫里馬奎爾匪徒正處於暴力衝突狀態。」赫克舍先生回憶道，「煤礦工會找上你，讓你立下法規，規定經營者必須怎樣、不許怎樣。那段時期煤礦礦區的暴亂和流血事件，形成了美國工業發展史上最為黑暗的一章。然而，我認為那段經歷讓我形成了依靠自己的習慣。對於像我這樣的年輕人來說，煤礦區雖然有些棘手，卻是一所很好的學校。我能夠透過各種辦法衝出一條路來。」

一座建立在煤礦上的城市，最終敵不過日益增加的危險勢力，西元 1881 年，整個企業被賣掉。到了這個時候，鐵路企業已經控制了整個無煙煤行業，因為他們控制著整個運輸業，所以一些私人煤炭企業很難立足。費城——雷丁煤礦鐵礦公司讓赫克舍看到了自己感興趣的礦藏。

正當他四處尋找新的機會之際，赫克舍和他的一位表哥，合股買下了費城伯利恆的一座鋅礦，現在它是伯利恆鋼鐵廠的一部分。儘管這家公司已經破產，不過赫克舍兄弟買下後，積極地經營鋅礦。在他們富有成果

的勞動下，沒過幾年，就開始以 2% 的月息開始分紅。赫克舍先生堅信，鋅業是一個有著巨大發展空間的行業，他決定朝著這方面去發展自己的業務。

因此，他帶頭組建了紐澤西鋅業公司。某些已經進入這個行業的集團，並不喜歡這位外來者的到來，於是他們聯合起來向赫克舍集團發起進攻。正如前面講到的，西元 1890 年，赫克舍賠光了所有的錢，同時法庭還判決他對鋅礦的所有權無效，然而他堅持了整整 10 年，一直到他獲得最終的勝利。此後他繼續擔任鋅業公司的經理，並於西元 1905 年辭職。

雖然他現在所擁有的財富，足以滿足他今後的一切需求，但是，他覺得自己不能只做一個死氣沉沉的投資人。法庭任命他管理幾條鐵路，他就組建了現在的堪薩斯北城鐵路。他還負責接管過一間大型鋼鐵廠，每一次他都會將暫管的行業，當成自己的事情一樣研究，所以時間久了，他對各個行業都有了澈底的了解。

然後，他打算進入一個自己還沒有搞懂的行業。他在紐約第五大道七十五大街買下了惠特尼莊園，不過他很快就發現這根本賺不了錢。然而既然已經涉足房地產，赫克舍先生就不喜歡半途而廢。他開始全面分析整座城市的情況，並決定進一步投資。那個時候的惠特尼莊園距離市中心太遠，所以不可能有利潤可賺，換句話說，赫克舍先生發現自己做了一項不成熟的投資，他買得過早了。因此，他決定在那裡只建造享受稅務補貼的房屋，然後把注意力放在四十二街區上，在那裡的投資增值得更快一些。

現在，他對房地產行業已經具備全面的了解，因此，他的投資活動也有了明顯的收益。赫克舍先生現在擁有和控制的建築有：四十二大街東 50 號的一座 2 層辦公樓、曼哈頓賓館、蒂法尼演播室大樓、哈夫邁耶以前在三十八大街和麥迪遜大道的住宅、第五大道 104 號街的一個臨街小區、四十五大街和範德比爾特大道的另外一片地基、第五大道 622 號的一棟商

務大樓，以及赫克舍先生以前的住宅。

上述名單很有可能還會繼續增加，因為他仍然像 30 年前一樣活躍。

他的商業活動範圍和種類，可以從下列部分行政職位和頭銜中看出來：

沃爾蒙特銅業公司業主，紐澤西銅業公司總裁，東方鋼鐵公司副總裁、董事長，中心鑄造公司的董事會成員，聯合包裝造紙公司董事長，中部鐵礦──煤礦公司董事，本森礦業公司董事長兼總裁，加拿大銅業公司總裁，尼皮辛採礦公司總裁，美法火力發動機公司主席，雷‧赫爾克里士銅業公司總裁，帝國信託公司董事會成員，律師資格和義務公司總裁，古巴葡萄栽培公司總裁。

即便赫克舍先生的公務繁忙，但他仍然不忘享受生活。對他的朋友而言，他是遊艇總會會長，也擔任西旺哈卡──科林西恩遊艇俱樂部會長，遊艇是他最喜愛的休閒活動。在他的辦公室和位於長島亨廷頓的家裡，牆上掛滿了一幅幅可圈可點的油畫，這種裝飾風格足以表明他酷愛上好的畫作。

他也會花時間去履行身為一個公民的義務。他知道公路的重要性，連續兩年來他都是以決定性多數被選為亨廷頓高速公路處處長。當然，這其中不免也有一些來自工人的反對，反對的理由是：他是個資本家，他無權取消一些工人一天 3 美元的薪資。然而，赫克舍先生將這 3 美元給了他的助手，輕而易舉地解決了這個問題。此外，他還自己出資聘請一名工程師來執行一些改進專案。

赫克舍先生甚至親自出力出錢，為亨廷頓建造一座美麗的公園，公園環境優美、設備齊全，專供鎮上的人們特別是兒童使用，他打心眼裡喜歡孩子。公園的維護費全部是他捐贈的，所以不會增加納稅公民任何一分錢的負擔。

当我問到他這個問題時，他幾乎是用抱歉的口氣回答道：「這只是一件微不足道的小事，不值得一提。不過你知道嗎？我從計劃和布置這座公園中，得到無限的樂趣，公園裡有帶著鄉土氣息的小屋，專供照看公園的人使用，還有噴泉和其他景物。這是孩子們和小鳥的好去處。」

赫克舍先生在賓夕法尼亞與阿特金斯小姐結婚，他們有一個女兒，女兒現在也結婚了，住在英格蘭。他們的兒子 G·莫里斯·赫克舍是一位全國聞名的馬球運動員，現在是米德伍布魯克馬球隊的主力隊員，這支球隊能夠擊敗英格蘭最好的球隊。

當我們看過赫克舍先生所取得的傲人戰績後，我們就不會再為他的想法感到詫異。他認為，對於已經做好充分準備的人來說，這是一片到處充滿機會的土地。他堅信，機會總是會落在那些足夠堅實的肩膀上，懶惰與無知的人往往會一無所獲。知識就是力量，努力工作是能夠產生成功唯一的發動機。

他的職業生涯向人們證明，對於一個目光敏銳、思維敏捷、願意動手的人來說，一生中的機會有很多次。正如詩人借「機會」之口所吟唱的那樣：

我是人類命運的主宰

我將帶來財富、名譽和愛

穿過沙漠、越過大海

城市和田野到處都有我的足跡，我無處不在

無論你住在茅屋、集市或宮殿

我都會不請自來，依次敲響每一個大門

這是決定命運的時刻

沉睡的，快醒來；用餐的，快停下

很快，我就會轉身離去

來吧

跟著我，你就能夢想成真

讓世人羨慕，讓敵人臣服

在我面前猶豫的、懷疑的人們哪

注定要遭受失敗、貧窮和噩運

沒有誰能找到我，祈求也徒勞

我不會回答 也絕不再來

　　機會不可能時時來敲你的門，必要時，你還得主動出去努力地尋找，但總是那些一直向前看、向前走、眼疾手快的人最先抓住她。

A・巴頓・赫伯恩

A・巴頓・赫伯恩（A. Barton Hepburn），不僅是銀行家，更是教育家、作家、律師和捕獵能手。

A. BARTON HEPBURN

「我一直都相當幸運。」Ａ・巴頓・赫伯恩坦率地承認。人們普遍都視他為銀行家，但他卻是個多面手。他還是優秀的教育家、律師、立法人、政府官員、作家以及捕獵能手，不過最令他感到驕傲的，還是這最後一項。

18年前，當赫伯恩先生剛剛接任總裁時，大通國民銀行的儲蓄金額為2,700萬美元，資本盈餘和未分紅股息僅為250萬美元，而現在，它的儲蓄金額是3億美元，資本盈餘和未分紅股息為2,200萬。同時他還有一個叫大通證券公司的姊妹公司，雖然剛成立不久，業績卻非常好。

下面我要講的，聽起來似乎是出自想像力過於豐富的新奇小說家筆下的故事。

37年前，赫伯恩先生成為紐約州奧爾巴尼的議員，當時他是民主黨參議院的一名共和黨議員，身居一個微乎其微的職位。有一天，他正在為支持他的人寫感謝信，突然感覺到有人坐在他的身邊。他扭頭一看，發現旁邊的椅子上坐著一名身材高大的人。

「能有幸和赫伯恩先生談談嗎？」這位身材高大的人操著濃重的蘇格蘭口音問道。

「不錯，我就是赫伯恩，可是我從沒見過你，要是見過的話，我肯定會記得。」赫伯恩回答道。

「赫伯恩先生，我今天來找你，是因為你姓赫伯恩，我希望以後來找你是因為你本人。我叫約翰・Ｆ・斯邁思，是州共和黨委員會主席，奧爾巴尼的郵政局局長。下面我來說明一下來意。

「許多年前，我在蘇格蘭一所大學讀書。有一次，我們戲弄大一的新生過了頭，毫無疑問已經觸犯了法律。我們幾個被逮捕了，並且被指控。儘管有許多家長和朋友從中調解，但我們仍然遭到了控告，得要接受審

訊。很顯然，這將會成為我們人生中十分不光彩的一筆。

「審訊的那天可真熱鬧。法庭上擠滿了父母、親戚、朋友和同學，還有當地人。法官宣布開庭後，社區裡一位很有元老派頭的長者安德魯‧赫伯恩先生請求講幾句話。於是他開口說道：『你們這樣做是在犯下一個嚴重的錯誤。你們用所謂的犯罪來指控這幾個有著良好家庭背景的年輕人，並打算要以終身恥辱的形式來懲罰他們。他們的確是做錯了事，不過他們所做的事情，在他們之前的許多人就已經做過，這個歷史可能要一直追溯到在座的你我，以及檢察官先生您上大學的那個時候。我們都做過同樣的事情，如果我們也被指控的話，我們早就進監獄了。』

「這位長者的呼籲讓人留下了深刻的印象，審訊最終被撤銷了。

「後來，我來到美國並下定決心，雖然自己無法為赫伯恩先生做些什麼，但是如果我有機會能為姓赫伯恩的人做一點事的話，一定不會錯過機會。所以我才會出現在這裡，如果你有什麼需求，就來找我吧！」

當時的斯邁思先生可能是整個奧爾巴尼政界最有權力的人，他要確保他年輕的朋友赫伯恩被安排在重要的委員會中，所以就在議會中替他安排了一個重要席位，而普通人在正常情況下，沒有幾年的時間是不可能爬到這個位置的。後來，蒂爾登州長前去拜訪他，誇讚他獨特的思想，並希望他能夠在自己發起的改革倡議活動中合作。議會中民主黨只需要 5 票就可獲得多數，所以，每一票都舉足輕重。赫伯恩也是位熱情的改革者，所以他保證一定會大力支持。

可惜的是，政府提交的下一項法案，要求成立一個由四名成員組成的委員會，其改革程序將祕密進行。5 分鐘之內，這項法案就草率地三讀通過了。

赫伯恩一下子站了起來，情緒激動。他大聲對委員會採用祕密改革的方式提出抗議。儘管前不久他還保證要全心全意支持州長，但是此時他卻

大聲疾呼，反對立法機構這種普遍存在的祕密做法。

第二天早晨，赫伯恩和其他另外6個人的名字，出現在紐約《論壇報》和《先驅報》上，名字四周都圍上了黑色的、表示哀悼的花邊，這群「腐敗官員」的走狗，竟然在編輯社論中給了他們一頓斥責。

赫伯恩簡直快被氣瘋了。他提出了「特權」存在的問題，並發表一些演說，在隨後發表的一片經典之作裡，他引用了布萊克斯通的觀點來反對這種祕密做法。眾議院議長傑里·麥圭爾激動地從椅子上站起來，穿過中間的過道來到他面前，坐在赫伯恩的身旁。他一邊和赫伯恩握手，一邊大聲地說：「我喜歡你，你是對的，我們可以共同合作。」一時間，整個紐約州掀起了一股反對祕密操作的熱潮。

不久，蒂爾登再次找上他，赫伯恩等著挨罵。然而這位州長卻禮貌地和他打招呼：「關於這項法案，我已看過了你講的那些東西，你是對的。我們應該公開進行這一切，我們將按你的觀點來修改這項法案，我相信你一定會支持的。」

後來，州長為威廉·卡倫·布萊恩特（William Cullen Bryant）舉行晚宴時，共和黨議員赫伯恩也有幸應邀參加。只消一個回合，赫伯恩就躍上了名人行列。在隨後的幾年裡，赫伯恩擔任一個法律調查小組的負責人，這個小組在紐約商會的贊助下，揭露了鐵路部門的不公正行為，其透過對費城、波士頓以及其他沿海城市，還有一些個人收取特殊票價，從而給紐約帶來不利因素。調查結束後，赫伯恩起草了一份有關建立州鐵路委員會的法案，這一法案遭到了影響力巨大的鐵路集團的抵制，最終他還是成功地讓該法案得以通過。這項委員會法案一直沿用至今。此外，還有四項重要的相關措施是也由他提出來的。

「你是怎麼做到的？」我問赫伯恩先生。

「我發現委員會裡多數成員都不知道該怎麼做，或者說不懂如何仔細

研究一個專案，其實事實往往才是最強勁有力的武器。」他回答道，「當事實擺在他們面前時，縱使有再大的爭議，也會讓他們啞口無言。人們一旦對你形成了『你總是正確的』這樣的印象，那麼以後不管碰到什麼爭論，它都會發揮重要作用。當然，我本身也必須付出很多努力才行。」

鑒於在議會工作中連續五年的出色表現，他被任命為州銀行部門的總監。

下面我要從頭講起整個故事。阿朗索・巴頓・赫伯恩的三個叔叔都是受過良好教育的人，他們中一個是克里夫蘭《儒商》雜誌的創立者，另一個是俄亥俄州成功的鐵路工頭，還有一個是口才出眾的文學界名家。然而他的父親卻是紐約科爾頓的一位農夫，父親不願意讓他上大學，理由是這樣一來，他就無法適應做農活了！

內戰期間，除了當時年紀太小的巴頓外，他的三個哥哥都以報效祖國的理由離開了家裡。巴頓出生於西元 1846 年 7 月 24 日。在此之前，科爾頓還沒出過一個大學生，一名紐約人想改變這一不光彩的傳統，他願意借給巴頓 1,000 美元，但條件是他必須保證加入共濟會。巴頓同意了。為了彌補生活來源的不足，寒暑假期間他要到社區學校去教學，另外還在科爾頓商店裡打雜。

正是這段工作經歷，讓他漸漸明白許多事情。商店就像個中轉站，將社區裡生產的東西買入，再把它們賣給社區的每個消費者。鎮上有一間皮革廠，每年都需要一萬車鐵杉木樹皮，還有兩間鋸木廠、兩間磨坊、一間浴缸廠等。當地的自耕農個個精明滑頭，他們的妻子們也精通世故。

因為赫伯恩受過教育，所以為每一車樹皮、木材、乾草過秤和算錢的工作，就交給了他。通常他在店裡秤量和計算出來的數字，總是無法和廠裡過秤時的數字相吻合，最後當貨物卸下來後，才發現裡面竟夾著石頭鐵塊之類的東西。科爾頓是個依山傍水的小鎮，它坐落於阿迪朗達克山的

山腳下，拉克特河的河畔，地處木柴加工的中心地區，有 1,800 名常住人口，還有許多流動人口，是當時聖勞倫斯郡經濟最繁榮的地方。這位年輕的職員學會了管理和評估當地農民送來的各種貨物，同時也估算出山上伐木營地的需求量。

從明德學院畢業並獲得文科學士學位後，他成為聖勞倫斯學院的一名數學講師，後來又以 1,200 元的年薪當上了奧格登斯堡學院的校長，這樣一來，他就還清了自己所有的債務。接下來他又學習法律，並得到律師界的認可，之後他返回科爾頓休息了一陣子。

此間大批的人蜂擁而至，都來向他尋求法律諮詢，所以他決定先留在那裡執業一段時間。由他經手的每一件案子，他幾乎都能找出有利點，因此生意越來越興隆。他的客戶包括波士頓的房地產大王，以及其他一些擁有大批土地和房產的商人。緊接著，紐約州安排他負責管理過期未付稅款等工作。當時，有大片的林場只需要支付稅款即可買到。

赫伯恩瞄準這個機會，以每英畝 50 美分的價格買下了 3 萬畝林子，賣掉一些原木後，他和其他人合夥開了一間鋸木廠，每年砍伐量為 2,500 萬英尺。為了讓河道便於運輸木材，他用賺來的錢在河流上建造側壩。然而，他岸上的那些業務卻很讓他手頭相當吃緊。

克里夫蘭的州長主動提出來，要繼續任命他為州銀行主管，可是當時他的木材廠正令他焦頭爛額，所以他辭掉了。除了家裡日常的開銷外，他還得支付林場的利息和稅款，再建一個新廠，以及應付其他一些支出，銀行部門那點收入，對於眼前這一切所需要的資金來說，簡直就是杯水車薪。連續幾年來，他努力經營著，漸漸掃清了腳下的每一個障礙，然後，在獲利 20 萬元的基礎上賣掉了整個產業。那一年，他 40 歲。

赫伯恩從政後並沒有與法律界脫節，但是他在銀行界取得的成就，卻足以令他在法律領域中取得的成就黯然失色。他在紐約的第一個銀行職位

是美國銀行審查員，他在那裡的表現引起人們的注意，便被調到華盛頓當貨幣審計員，這為他鋪平了通往紐約第三國民銀行行長的道路。紐約銀行行長，那可是每一位銀行家的夢想！當第三國民銀行被國民城市銀行合併時，赫伯恩先生順理成章地成為國民城市銀行的副行長。

兩年前，他收到了大通國民銀行給他的一封信，信中主要內容是：「來幫我們一下吧！否則我們就完了。」

他曾經是聯邦銀行的貨幣審計員，對銀行這個行業的情況有一個整體的了解。這個行業領域相當廣闊，充滿著誘人的機會，所以他接受了。最終成為美國銀行史上最輝煌的一章。

「我是怎麼取得成功的？」赫伯恩先生又將問題重複了一遍，然後回答說：「我的成功依靠的是有系統的、經過周密規劃之後的努力工作。對我而言，成功就是『95% 的聰明才智，再加 5% 的堅持和靈感』。」

緊接著他給出了取得成功的幾點提示：

「不論何時，不論研究任何專案、發掘任何資訊，一定要仔細將它們編纂成最方便獲取的形式。我已將自己所獲得的全部事實，寫成了一本備忘錄。」

「因此，我在《世界人工航道線路》一書中給出了許多數字，這些數字都是我在議會工作時，以及擔任商會運輸委員會主席時獲得的。我的《貨幣的歷史》中涵蓋了許多資訊數據，這些都是我在擔任穩固貨幣聯盟祕書和財務主管時得到的。在布萊恩（William Jennings Bryan）競選期間，貨幣聯盟一直都反對銀的自由流通，我從始至終都在負責這項工作。」

「透過正確記錄事實和數字，你可以在任何需要的情況下求助它們、利用它們。」

赫伯恩先生沒有虛度今生。他在行業內外均取得了巨大的成就，置身於榮譽的海洋裡。他所獲得的大學榮譽學位數量，可以和他的好友安德

魯·卡內基所獲得的相媲美，其中包括明德、哥倫比亞、威廉姆斯、佛蒙特學院的法學博士學位；聖勞倫斯大學的民權律師博士學位等等。在商業方面，他被授予最高榮譽——商會的會長。在金融方面，早在10年前組建之時，美國銀行家協會就任命他為貨幣委員會主席，直至今日。

與此同時，他還是美國清算銀行的行長、貨幣委員會主任，此外，還擔任兩個州的銀行法案修訂委員會主席。他還是聖安德魯斯協會、新英格蘭協會、銀行家俱樂部，以及其他一些社會組織的會長。法國任命他為榮譽軍團官員。這些成就恐怕很難被後人超越。

他的慈善行為也十分引人注目。西元1915年，他為自己的母校明德學院捐獻了一座以自己名字命名的大樓，大樓包括兩棟精美建築，一棟5層樓的學生宿舍，可為100名學生提供住宿，還有一棟3層樓的普通建築。西元1916年，他宣布要在奧格登斯堡投入13萬美元用於醫療事業，並在聖勞倫斯郡，他早期奮鬥取得成就的見證之地，建一座名為A·巴頓·赫伯恩的醫院供當地人使用。他還積極參與洛克斐勒基金會的活動，他是該基金會的理事。

他編寫的書籍引起了有識之士的關注，這些書包括：《鑄幣與貨幣史》 (*History of coinage and currency in the United States and the perennial contest for sound money*)、《美國貨幣史》(*A History of Currency in the United States*)、《人工航道與商業的發展》(*Artificial waterways and commercial development*)、《世界人工航道》(*Artificial Waterways of the World*)、《戶外生活的故事》(*The story of an outing*)。他還是政治科學的學術奠基者之一。

許多企業都聘請他來當管理者，他在幾個大型的金融、工業、商業企業的董事會中，都占有席位，比如：沃爾沃斯零售商店、紐約人壽保險公司、斯圖特貝克汽車公司、美國農業化學肥料公司，以及德克薩斯汽油公司。

赫伯恩不僅在商業上是個捕獵能手，在實際生活中也不例外。為了慶祝自己的七十歲生日，赫伯恩先生到5,000英里外的阿拉斯加科迪亞克島，去獵殺著名的棕熊。據說，那裡偶爾才會有棕熊出沒。經過一番激烈的捕殺後，他捕獲了兩頭熊，按規定，每人最多只能殺死兩頭熊。幾年前，他不遠萬里前往非洲英國殖民地去搜尋並捕獵大型動物，順便參加一場會議，最後在野外成功捕獲了那個國家最好的獵物——獅子，結果十分令人滿意。

他揮動手中的高爾夫球桿和使用他的獵槍一樣應用自如，釣魚是他的另一項愛好，他還喜愛游泳。

獨立是赫伯恩先生最突出的個性之一。不論是在政界還是在金融界，他都不會屈從於任何與自己意見相悖的人，他堅持自己的想法，走自己的路。從學生到老師再到律師，博學讓他能夠為自己做出決定，而且，他一直保留著這樣做的權利。

旺盛的精力是他的另一個特徵。他常常挑燈夜讀汲取知識，有時是為了知識本身，但更多的時候，是因為他需要更有效地解決一些實際問題，這些問題包括社會方面、政治方面、金融方面和工業方面的。

他喜歡有條有理，並嚴格遵守。他討厭混亂不堪，並盡量避免這樣的事——他的辦公桌就是最好的證明。

赫伯恩先生有一個兒子叫查爾斯·費舍爾。費舍爾的母親於西元1881年去世，西元1887年，赫伯恩和來自佛蒙特州蒙彼利埃的艾米麗·L·伊頓結婚，婚後有兩個女兒，一個叫比拉·伊頓，後來嫁給美國海軍上尉羅伯特R·M·艾米特；另一個叫科迪莉亞·蘇珊。

因為赫伯恩熱愛鄉村，所以，除了在紐約第五十七大街的府邸外，他還在康乃狄克州的里奇菲爾德保留著一處住宅。

A・巴頓・赫伯恩

儘管巴頓・赫伯恩已年逾古稀，可是無論在身體上還是思想上，他仍然和 25 年前一樣有活力。由於對大自然充滿了熱愛，他最近寫下：戶外時光是生活中最美好的時光，它淨化人類的思想，陶冶人類的情操。它讓人類遠離各種刻意營造的事物，重新投入造物主賜予我們的美好中，還原生命之本。當歲月漸漸沉澱，你會驚奇地發現：

外表的蒼老無法遮擋內在的生命力

因為我將青春時的火熱與激情

一直保留至今

從不輕易向誰求愛

草率與衝動帶來的　只是虛弱與傷害

塞繆爾・英薩爾

　　塞繆爾・英薩爾（Samuel Insull），這位英裔富豪於19世紀末～20世紀初，在美國芝加哥創辦投資當時新興的電力公用事業，為美國的電力基礎設施建設和發展做出極大貢獻。

SAMUEL INSULL

那是一個秋風瑟瑟的 11 月。一天傍晚，在倫敦國王十字車站骯髒幽暗的地下月臺上，一位年輕人正在等候自己的火車。他是倫敦一名普普通通的小職員，每週的薪資只有 2 美元，然而他卻是一個有志向的年輕人，正在利用業餘時間學習速記法。每天的日常工作結束後，他還要前往《名利場》雜誌的業主兼編輯湯瑪斯・吉布森・鮑爾斯家裡，去做一些速記工作，賺取幾個先令來補貼自己捉襟見肘的生活。

為了打發火車上乏味無聊的時間，這名年輕人決定買點什麼東西隨便看看。他的目光落在一本名叫《記者手記》的美國雜誌上，也就是現在的《世紀雜誌》。雜誌中正好有一篇文章是關於湯瑪斯・愛迪生的電學實驗，當時的愛迪生在歐洲還沒什麼名氣。這篇文章的作者是愛迪生的助手之一弗朗西斯・R・厄普頓，文章裡所講的東西引人遐想。

沒過多久，這位職員的雇主，一名房地產代理商兼審計決定要削減開支。他僱用了一個學徒，也就是不拿錢白為他工作的人，那麼這位需要付薪資的職員，就只好去回應倫敦《泰晤士》報上刊登的一則應徵廣告。

原來，登這個廣告的人，正是愛迪生的駐英代表、公平壽險公司紐約商業信託公司的倫敦辦事處負責人喬治・E・古爾沃德上校。這名年輕人的敬業精神和經歷，給古爾沃德上校留下一個很好的印象，因為他除了自己的本職工作，以及為著名的鮑爾斯做些速記工作外，還抽時間為當時的議會著名人物喬治・坎貝爾做些文祕工作。

古爾沃德上校安排他當自己的祕書。從那時起，他就下定決心要成為那本雜誌中神奇故事的主角——愛迪生本人的私人祕書。

在古爾德上校為他安排了新職位後，他不僅白天全天投入工作，而且為了實現自己的目標，他還盡可能在晚上為愛迪生在英國的技術代表 E・H・約翰遜提供幫助。當時的約翰遜正忙於協助籌建愛迪生電報公司的倫敦分公司，但是面對約翰遜先生，他卻隱瞞了自己的目的。

這位年輕祕書的能力、熱情以及旺盛的精力，很快引起了前來參觀愛迪生總部的一些美國人注意，沒過多久，美國一家知名國際銀行邀請他去紐約，並為他提供一個令人怦然心動的職位。接受就意味著他要改變自己最初的計畫，所以他拒絕了。

終於有一天，他等來了一封自己夢寐以求，並為之努力已久的電報：湯瑪斯·阿爾瓦·愛迪生希望他成為自己的私人祕書。

這個年輕人就是塞繆爾·英薩爾，愛迪生早年的祕書、同事、密友、財務經理和知己。現在，他是世界上最大的電力公司——聯邦芝加哥愛迪生公司的創始人和負責人。這間蒸汽發電廠所提供的電能和服務的客戶數量，超過了紐約、倫敦、柏林或巴黎的任何一家電力公司。英薩爾先生也是芝加哥高架鐵路、城市天然氣公司的最高管理者，此外，他還建立並管理著許多家企業，這些企業為350個社區提供天然氣和照明用電，為大型工廠供電，為城市和近郊鐵路提供源源不斷的電流。

故事要再重新回到塞繆爾·英薩爾21歲時，那個年輕人正為愛迪生的邀請而喜出望外。他具備從事這項工作的能力，有關電學方面的知識，他已經學了不少，並有幸在歐洲第一個實驗性電話交換機中，擔任前半個小時的電話接線員。他的工作做得非常出色，至少在同等的條件下，比另外一個同事強多了。

那是在皮卡迪利廣場柏林頓大廈舉行的一次皇家社交慶典上，會場裡安裝了一部電話，一來是為了增添樂趣，二來是為了讓客人們了解一下這個新鮮事物，好讓電話能夠引起公眾的注意。格拉德斯通夫婦走了過來，對這個新奇東西表現出極大的好奇心。格拉德斯通太太要求在這一端負責的塞繆爾·英薩爾讓她試一下。然後，這位政界名人的夫人拿起電話，問另一端的愛迪生雇員：「你能聽出說話的人是男是女嗎？」結果聽筒裡傳來響亮的回答：「是男人！」

西元 1881 年 2 月 28 日，愛迪生這位新的私人祕書滿懷著希望和憧憬，踏上了美國的土地。

儘管已經是下午五、六點鐘了，約翰遜先生卻仍然帶著他直接來到位於第五大道 65 號的愛迪生辦公室。

愛迪生和英薩爾在第一眼看到對方時，兩個人幾乎同時都感到失望。愛迪生壓根沒想到，他未來的祕書竟然這麼稚嫩，而英薩爾眼前的愛迪生和他想像中的英雄，似乎也相差甚遠。

英薩爾先生講述道：「在我印象裡，像愛迪生這樣的人著裝應該是一流的，然而他的穿戴卻極為普通。他穿著一件黑色阿爾伯特親王斜紋舊外套，裡面還有一個馬甲，褲子是黑色的，脖子上繫著的那條白色絲巾隨便打了個結，然後垂在他的胸前，絲巾後面那件白色舊襯衫隱約可見。他戴著一頂墨西哥式的低頂寬邊帽，當時許多美國人都戴這種帽子。他的頭髮留得很長，隨意地蓋過寬闊的額頭。

「不過，除了這一切，留給我印象最深刻的，是他的才智和他談吐中的那種強大吸引力，還有他特別有神的雙眼。他的謙虛遠遠超出了我的想像，我還以為會看到一個與眾不同的人呢！總之，他的外表雖不能用『不修邊幅』來形容，但『隨意』二字可以說是恰如其分。」

這位新來的祕書，很快就領教了愛迪生沒有時間約束的工作理念。晚飯後，愛迪生讓他做職責報告，他第一天的工作居然到清晨四五點鐘才算結束！

英薩爾先生立刻就被這位神奇的人物吸引住，對他而言，愛迪生身上有一種魔力。他忘掉了愛迪生沒有衣領，襯衫是破舊的，頭髮亂糟糟的，褲子沒有筆挺的打褶線。一個晚上的交流，足以讓他對眼前這位英雄思想裡的財富，產生無限的崇拜。

英薩爾先生回憶道：「第二天晚上，我被愛迪生先生帶到門羅公園，我至今仍然清楚地記得，當我看到他的實驗室、他的家和他助手的家附近，被這種新型白熾燈照亮時是多麼的吃驚。這種燈絲是一種碳，比先前我在倫敦見到的紙質燈絲又改進了不少。我記得那天晚上，我迫不及待地去了距實驗室半英里的火車站，發電報給倫敦的幾個朋友，告訴他們我看到了愛迪生發電系統的整個過程。大約過了十一二天左右，我收到一封回覆電報，電報中這位朋友終於承認，我在美國待的時間已經足以證明，我和其他那些跟我打交道的美國佬一樣，能夠很好地勝任這項工作。」

這位祕書不久就發現，他必須做一些職責範圍以外的事情。除了工作上的事，他還得為愛迪生買幾套衣服，好讓他看起來更受人尊重些。愛迪生實在是太過專注內在的東西了，以致完全忽略了外在的東西。愛迪生立刻就「依賴上」這位年輕人。

幾個月之內，英薩爾先生就參與到愛迪生公司的每一家企業。他不得不替愛迪生管理整個財務系統，照料好公司和愛迪生個人的各項事務。

英薩爾先生回憶道：「我替他開啟信函，並代他回覆。有時我會在後面落款愛迪生，有時候落款自己的名字。如果內容牽涉法律責任，我就會以愛迪生私人祕書落款。我拿著他的委託授權書，替他在支票簿上簽名。那段時間，愛迪生很少親自在信件上或支票上簽名。倘若他想親自與誰交流，而這個人是一位熟人好友，那這封信可能就會以備忘錄的形式出現，上面有鉛筆書寫的『愛迪生』字樣。

「我很少記錄愛迪生的口述內容，除非是技術方面我不懂的東西。他希望我用他那種簡單明瞭的方式來回覆所有的信函。對於愛迪生來說，一封信裡只寫『是』與『否』是稀疏平常的事，現在，決定權就在我手裡。愛迪生不常關注那些資料之類的東西。儘管他一直以來都宣稱自己既不是律師也不是會計，可是他卻有一種非凡的能力，能夠一眼就看出合約或帳目

中存在的問題。他在表達自己的觀點時，言簡意賅，主次分明。」

我問英薩爾先生：「那段日子裡，你們一天大概工作幾小時？」

英薩爾先生回答：「我一整天都得在辦公室工作，操心財務和業務方面的事情，到了晚上，我常常就在實驗室裡陪著愛迪生，一般 7 天裡有 4 天是這樣。星期天晚上我們不工作，不過按照慣例，我們星期一和星期二晚上要在實驗室裡度過。等到了星期三晚上，我們就會因缺乏睡眠而筋疲力盡，那麼星期三晚上就在床上睡覺。」

「星期四、星期五晚上，我們會再一次忙個通宵。我知道愛迪生能夠連續十天十夜工作不睡覺，他堅持不睡覺的時間，就像駱駝堅持不喝水的時間一樣久。」

那段日子真的是十分忙碌。他到達紐約兩個月後，寫信給他的英國朋友，信中表達自己對電業的前景充滿信心，他講述了在一條 8 英里長的街道上，700 顆燈泡如何被發電機同時點亮。他進一步詳述，紐約第一個輸電區域，將會出現大約 1,5650 盞白熾燈。

最後他又補充道：「我估計，供電地區將持續供電 3～4 個月，到時候，你將看到你願意看到的一切。你將親眼看到那些英國科學家，不得不紅著臉收回自己說過的話，我在英國之時，約翰遜在信中告訴過我這一切……現在最大的問題是，如何才能將我們的機器生產出來。」

西元 1882 年 9 月，第一個中心電站在紐約郊區珍珠街開業，那時候愛迪生已經完成了白熾燈發明改進的工作，可是卻面臨著其他一些巨大的難題，像是籌集經費和準備加工必要的材料、採用適當的方法使電流分流、減少輸電電纜中銅的消耗量等。愛迪生先生以高價售出了電話、電報兩項發明，這兩項發明為歐洲和美國本土都帶來巨大的好處。他把這筆錢慷慨地投入到各式各樣的工廠裡，用來生產燈泡、發電機、馬達、電線電纜、固定設備，以及各式各樣的電氣設備。即便愛迪生花光了自己所有的

錢，卻依然無法滿足當時的需求。

英薩爾先生告訴我：「事情一度看起來是那麼地令人絕望，有一天晚上，愛迪生十分嚴肅地告訴我：『要是我們無法渡過這個難關，我可以再回去做發報員，我想你也一定可以繼續當速記員。』」

「連續6個月來，事情一團糟，我們的資金嚴重短缺，我不得不向一個朋友求助，在困難的時候，他比我們其他人都有辦法。他借給我一些錢，讓我暫時能顧得上一日三餐，不至於露宿街頭。

「愛迪生先生以及身為財務主管的我，每到一個關頭都會被債權人逼得焦頭爛額。經過這麼長時間後再去回顧當時，我必須承認，那個時候我們的問題真的是非常嚴重。

「然而，我們一直咬牙堅持，最終站穩了腳跟。那個時候肯幫助我們的人，只有J‧P‧摩根和亨利‧維拉德。」

其他一些商界菁英曾告訴過我，若不是塞繆爾‧英薩爾的英勇奮戰，他們甚至懷疑，愛迪生先生能否克服這麼多困難。又有誰能猜想得出，假使愛迪生真的被壓垮了，從此默默無聞，一蹶不振，那麼這個世界將會損失什麼？我們的上一代人將會失去多少發展機會？英薩爾先生日日夜夜忠實地支持和鼓勵著愛迪生，美國人民真的是欠他一份情。

為了避免位於紐約高爾克大街生產機器設備的工廠，發生連續不斷的勞工問題，他們決定在紐約斯克內克塔迪建一間工廠，那裡的勞動力資源比較充足，而且斯克內克塔迪機車廠（現在屬於美國機車公司）已經樹立了良好的聲譽。英薩爾先生負責管理這個劃時代的企業，身為總經理，他一手將這間僅有250名工人的工廠，發展成為一家擁有6,000名雇員的大企業。正是有了這間工廠做基礎，才有了後來的通用電力公司。跟這位奇才的親密接觸，讓英薩爾先生澈底學會了管理企業的每一個步驟，同時也提高了他管理工人的能力。

說到學習和教育，有一次塞繆爾·英薩爾打算申請加入一個由博學之人組成的社團，要求愛迪生為他列出詳細的高等教育背景。作為答覆，愛迪生寫下這樣一句話：

「塞繆爾·英薩爾在實踐這所高等學府裡，接受過最好的教育。」

從西元1889年開始，塞繆爾·英薩爾出色的企業管理能力，就開始端倪初現。他將愛迪生五花八門的加工生產廠，統一合併成為愛迪生奇異公司，他親自擔任副總裁，並負責整間企業的生產和業務部分。他在這個職位上待到西元1892年6月，愛迪生奇異公司和托馬森——休斯頓公司合併成為現在的奇異公司。當年秋天，英薩爾先生辭職並接受了芝加哥愛迪生公司總裁的職位。

到達那裡後，他才發現這間公司的總資產僅為83.3萬美元，公司並不是芝加哥最大的公司，競爭對手有好幾個。公司裡只有那麼幾名員工，發電能力也只有4,000馬力。

在過去的25年裡，塞繆爾·英薩爾所做出的具有創造性、建設性工作，所做出的發展生產計畫，所克服的技術和社會問題方面的困難無人能及。

在他的管理下，芝加哥愛迪生公司的總資本從不到100萬，變成了現在的8,500多萬（公司現名為聯邦愛迪生電力公司）。

發電能力從原來的4,000馬力，變成現在的50萬馬力。

耗煤量從每週幾百噸，變成現在的每小時300噸。

他還是芝加哥民用燃氣公司和高架鐵路公司的負責人，這兩項業務再加上電力公司的業務，每週的資金吞吐量為100萬美元，相當於2.75億美元的投資。

透過組建和管理中西部公用事業公司和其他幾間公司，英薩爾先生為

13～14個州的350個社區，提供照明設備和電力供應，這些公司的總年度收入高達7,500萬美元，英薩爾的公司每年的總投資金額，在4億～4.5億美元之間。

員工人數由西元1892年時的幾名雇員，到現在壯大成為一支2.5萬人的工人隊伍。

客戶從原來的幾百個，發展到現在的幾十萬個，而且仍然在增加中。

25年之內，聯邦愛迪生電力公司的規模擴大了100倍。

幾年前，英薩爾先生用白紙黑字上鐵一般的事實，證明了他能夠向芝加哥高架鐵路公司提供低於其自備電廠發電成本的電力。現在，高架鐵路公司的鐵軌已遍布整座城市。

25年前芝加哥有好幾家小型電廠，而現在只有一座大型發電廠。西元1892年那個尚在襁褓中的小廠，如今已成為全世界工業城市中規模最大的企業。

或許，要闡述英薩爾先生的成就，最一目了然的辦法，就是將他負責管理的公司和企業，列出一張單子來，他在這些企業中擔任總裁、董事長以及管理者。

公司名稱	職位
民用燃氣照明和焦炭公司	董事會成員兼董事長
聯邦愛迪生電力公司	董事長兼總裁
北伊利諾公共服務公司	董事長兼總裁
中西部公用事業公司	董事長兼總裁
伊利諾北部公用事業公司	董事長兼總裁
特溫州立燃氣電器公司	董事長兼總裁
斯特林——狄克遜——伊斯頓鐵路公司	董事長兼總裁
伊利諾中部公眾服務公司	董事會成員兼董事長

公司名稱	職位
肯塔基公用事業公司	董事會成員兼董事長
密蘇里天然氣電器服務公司	董事會成員兼董事長
州際公共服務公司	董事長
俄克拉荷馬公共服務公司	董事長
維吉尼亞電力傳送公司	董事長
聯邦電力訊號公司	董事會成員兼董事長
西北高架鐵路公司	董事會成員兼董事長
南部高架鐵路公司	董事會成員兼董事長
城市西部高架鐵路公司	董事會成員兼董事長
芝加哥橡樹公園高架鐵路公司	破產企業管理人
芝加哥高架鐵路抵押信託公司	執行委員會主席
美國水力發電公司	董事長
西賓夕法尼亞公共運輸及水力發電公司	董事長兼總裁
西賓夕法尼亞公共運輸公司	董事長兼總裁
西賓夕法尼亞鐵路公司	董事長兼總裁
西賓夕法尼亞電力公司	董事長兼總裁
大湖地區電力有限公司	董事長兼總裁
國際運輸公司	董事長
中心電力公司	董事長
伊利諾中部地區煤礦公司	董事長
中部地區煤礦公司	董事長
芝加哥奧爾頓鐵路公司	董事長
電力測試實驗室	董事長
芝加哥城市鐵路網抵押信託公司	委員會成員
芝加哥北海岸密爾沃基鐵路	董事會成員兼董事長
芝加哥跨城市運輸公司	董事會成員兼董事長

他對待公眾和政治家的態度一向是「公開」的。從一開始，他就不遺餘力地為實現公共服務事業單一化管理而努力，因為重複建設公共設施，只能意味著投資的浪費和成本的抬高，最終對消費者不利。對於與企業有關的一切細節，包括成本、投資收益等，他都會盡可能詳細地公布出來。他的理論是：只有獲得了巨大的業務量，實現24小時持續均勻供電，才能以最低的價格為家庭和工礦企業提供電力服務。

芝加哥要感謝英薩爾先生這種積極進取的策略，多虧了他，消費者才能以國內外最低的價格，享受到電力帶來的種種好處。這是一個不容辯駁的事實。

在安裝新的設備，尤其是先進的、高效能的、可以用來進行大規模生產，從而降低成本的昂貴機械方面，他一直是個先驅者。

英薩爾先生一邊在提高產量的同時，在銷售方面也投入了不少精力。他相信廣告宣傳的力量，他要讓公眾了解到，電會給家庭主婦、商店店主、生產商、鐵路帶來什麼。10年前人們對當時頗具影響的企業調查厭惡至極，而英薩爾先生卻願意主動將自己公司的一切攤在陽光下。他還抽出許多時間，主要以演說的形式為其他企業提出建議，要他們坦誠、公平、愉快地處理和公眾之間的關係。

英薩爾先生堅信，電的時代才剛剛開始，此時這個行業正醞釀著一場誰也無法想像的重大發展，世界上會有越來越多的工作，要依賴於這種神祕的強大電流，對電能的利用和管理是一項複雜的工作，甚至連愛迪生本人都沒有機會去一一體驗。

比方說，他認為透過正確的管理，目前的中心發電站應該並且能夠為全國的鐵路系統配電，鐵路人員負責其系統的運行，電力工作者則認真投入供電工作。在英薩爾先生看來，德國的設想並非無稽之談，這種將整個國家劃分為幾個區域，並在每個區域建一個大型中央電站，為鐵路、工廠

和家庭提供電力能源的想法，是切實可行的。

幾年前，著名的英國工程師Ｓ·Ｚ·德·費倫蒂也提出了類似的計畫。我相信，如果英薩爾先生的生命是無限的話，他可能會在這方面為美國做許多事情。實際上，他已經在伊利諾州和美國中部的一些州，首先形成了一個良好的開端，儘管到目前為止，他在蒸汽鐵路上還沒能有所建樹。

我在採訪中問英薩爾先生：「在你的奮鬥歷程中，什麼是最難攻克的難關？是獲得特許經營權？人們的滿意度？還是其他？」

「是籌集資金。」英薩爾先生用強調的語氣回答，「當公眾充分了解到實情後，他們通常能夠做出公正的判斷。」

「最能讓你感到愉快的是什麼？」

「有所成就的那種愉快，那種能夠親自去做、去建造、去創造某些東西的愉快。」

我接著又問：「一個人事業成功的最基本要點是什麼？」

「健康的體魄、想像力、堅持、良好的記憶力，當然你還要想辦法保持下去。」

我又追問道：「一個人怎樣才能有良好的記憶力呢？」

「培養記憶能力的方法，就是要多去記憶。若是一個人對他所從事的事情十分感興趣，那他在記憶有關的重要事情上，就不需要花費什麼力氣。你通常會記住那些自己喜歡的人，同樣的道理，如果你喜歡現在的工作，那麼你就能輕而易舉地記住做這項工作的要點。」

我接著又問：「為什麼有這麼多年輕人，甚至是年紀稍大一點的人都失敗了呢？」

「因為他們不願意做出必要的犧牲。正如愛迪生曾經說過的那樣：『一個人除了需要確保早晨能夠早早開始工作外，根本就沒必要看鐘錶。』」

英薩爾先生是一個習慣早起的人，即使現在，他仍然是早晨第一個到達辦公室的人。

英薩爾先生繼續說道：「幾乎在每一間公司或機構裡，你都能聽到一些人這樣說：『某某人和老闆關係很好。』要是你花些功夫去了解一下，你必然會發現，那個和老闆關係好的人，是一個實實在在、肯工作的人，是一個處在工作狀態中的人，是一個隨時準備著做任何事、去任何地方的人。相反，抱怨的人往往是那些只考慮自己下班後該怎麼娛樂，而不是去考慮如何讓自己的工作更有成效的人。

「因此，沒有成功的人通常是因為看不到一些事情，無法機敏地注意到其他人在做什麼，無法搞清楚什麼是什麼，無法抓住身邊的機會。他們對周圍的一切似乎不是非常警惕。」

英薩爾先生完全有資格談論這些事情。他出生於西元1859年11月11日，14歲被迫輟學，開始在辦公室打雜，每週的薪資只有1.25美元。這樣少的薪資迫使他每天晚上要到別的地方工作才能生存。很小的時候，他就開始自學速記法，剩下的部分，我在開篇的時候已經大致講述過了。

他最大的愛好是務農。在距離芝加哥約3英里的伊利諾雷克郡，擁有一座3,500英畝的農場，在這裡，他不但親自養殖家畜，並且還教會當地的農民如何養殖良種牛、羊、馬匹和豬等家畜。此外，他還教授當地農民如何引進先進的農業方法。他對這個州的農業發展做出的貢獻是無可估量的。

塞繆爾・英薩爾

奧托‧H‧卡恩

　　奧托‧H‧卡恩（Otto Hermann Kahn），德裔美國投資銀行家，而且還是慈善家、收藏家、藝術資助人。被譽為無人能超越的銀行家，更是位大師級的藝術家。

OTTO H. KAHN

奧托・H・卡恩

美國有許多一夜暴富的百萬富翁，他們在相當程度上影響著藝術界，但是，他們中卻很少有人真正懂得或熱愛藝術。不少暴發戶一下子沉迷於大歌劇中——至少表面上是這樣，還有一些人形成了一種迷戀稀有字畫的癖好，他們收集這些書籍和字畫，卻對裡面的內容一無所知。在美國有這麼一位著名的金融家，他每次去字畫店裡淘寶，都用不著鑑寶行家的陪同，即使那一次他只花了 50 萬美元就買到弗蘭斯・哈爾斯（Frans Hals）的精品之作時也是如此。他去看法國、義大利、德國的歌劇時，根本不需要任何解說，他對大歌劇有一種發自骨子裡的了解，其程度甚至超過許多專業人士。

在現代金融家行列裡，他享有頭等地位，他在藝術、音樂、文學領域中的貢獻，讓人印象深刻，他在這些方面獲得的成就，甚至超過在金融方面的成就。他就是奧托・H・卡恩。

他比銀行家還要略勝一籌，他比藝術品鑑賞家更具備豐富的知識。在過去的十幾年中，沒有人能在金融領域超越他，也沒有人能夠像他那樣，不僅將世界上最好的歌劇藝術帶給美國人民，還將除了歌劇以外的多種藝術形式，送入普通美國人民的生活。

雖然近年來，在運輸系統重組的工作中他是最忙碌的人，但是他仍然會抽出時間來從事一些其他活動，比如說，他對大都會歌劇院也進行了自上而下的重組；他想盡辦法為美國其他大城市提供最好的歌劇；他是青年藝術家協會的領導人；他以便宜的售票價格舉辦夏季音樂會；他是美國法式劇院的主要代理商；他是莎士比亞 300 週年紀念委員會的負責人；他還專門為那些有著良好藝術品味的平民百姓，建造一座劇院，讓他們也能享受到歌劇這種美好的精神食糧。現在這個歌劇院已經成為模範劇場。

儘管他的出身、接受的教育和周圍的環境，決定了他的貴族身分，不過卡恩先生那些「不務正業」的行為，並不是為了迎合自己的社會地位，

也並非要刻意表現出對玉器飾品的興趣，只因為他對文化藝術中蘊含的美，有一種強烈的精神需求，而這種需求是他與生俱來的。

正如他在最近的一次談話中所說的那樣：「在藝術面前人人都是平等的，享受藝術的機會也應該是平等的。這種民主並不是那些被誤解或曲解的所謂民主，也不是那種促使庸俗之物大眾化的民主，而是在崇高理想的帶領之下，在堅定信念的支持之下，一種不斷提高人們思想境界的、真正意義上的民主。」

剛來到紐約不久，尚未在金融界有所建樹之時，他就第一次有了這種想法。他把這種渴望告訴自己的朋友兼知己——愛德華·H·哈里曼（Edward Henry Harriman），原本想著這位除了工作就是工作的鐵路奇人，說不定會對這種把音樂藝術和賺錢混為一談，將世俗與唯美、理想與現實相結合的想法表示反對。那個時候，通常只有那些藝術愛好者才會去出品歌劇，才會參與各種藝術活動，把時間花在這些花裡胡哨、不務正業的事情上，而且還會被人們看作是一種在現實生活和工作中缺乏嚴肅態度、沒有全心全意投入的做法。

然而，哈里曼先生卻明確答覆道：「去做你想做的事情吧！只要它不會影響到你投入自己的工作，只要你能把它放在適當的位置上，這不是件壞事，是件好事。它會鍛鍊你的想像力，永遠不要讓自己的想像力生鏽。」

沒過多久，戲劇界就感受到了奧托·H·卡恩帶來的影響。他接管了大都會歌劇院，並對它進行一系列改革。就像他對鐵路系統實施的改革一樣，精簡其中一些沒用的枝節，引進一些有價值的新方案，注入一些新的活力，重新設定目標，將原來的以賺錢為導向，改成現在的以藝術成就為出發點。要想做到這一切，需要解決許多問題，克服許多阻礙。順便說一下，許多方面他還得自己花錢，而且也沒什麼志同道合的人，理解他這種

毫不利己的目的。可是最後在紐約、波士頓、芝加哥、費城所取得的成果，用事實證明了他的這種大智慧。

對於卡恩來講，音樂、油畫、藝術雕塑、文學作品，以及其他一些不太被人們看重的東西，如同他的食物、水和宗教，是讓生活完整的必需品，是不可或缺的精神食糧。正如卡萊爾說過的那樣，「音樂是天使的語言。」這句話說出了卡恩的看法。

卡恩先生稱：「藝術產生的教育效果相當於一所大學。對於大部分人來說，藝術具有神奇的力量，它就好比是廚房裡的一道湯一樣滋養著你，就好比醫院一樣為你療傷，就好比保健品一樣讓你精神飽滿。藝術的各個領域都需要有贊助支持者，戲劇、歌劇、音樂會，還有音樂學院、藝術學院，以及美國作家、畫家、雕塑家、室內設計師都需要有人支持。

「實際上，在歐洲，所有這些事情都是由皇室、政府和社區來負責的。在這裡，你要是在這方面想做一些有幫助的事，機會多的是。我們要努力提高全民藝術生活品質，抵制物質主義的影響，緩解人民單調緊張的日常生活，喚醒並培養他們對高雅藝術的熱愛，避免受到那些低俗之物的影響。這是一種非常值得為之努力的博愛精神。」

卡恩先生為何會如此認真地對待高雅藝術呢？

簡單來說，他是受到了母親的薰陶和影響。從孩提時代起，那段在自己家裡度過的時光裡，他的父母就讓他明白了這樣一個道理：無論將來的路怎麼走，無論物質財富有多少，他都必須緊緊抓住這些無形卻無價的精神財富，只有這些才能令生命豐富多彩，富有意義。

這就是奧托·H·卡恩在德國曼海姆的家。這個家裡有 8 個孩子，他是其中之一。他的父親是一位富有的銀行家。卡恩的家裡也是各種藝術家、音樂家、歌唱家、雕塑家、作家的聚會中心。小卡恩最初的夢想是要成為一名音樂家，中學畢業前他就學會了好幾種樂器。然而，他的父親卻

對他另有安排。他只有一個哥哥從事藝術行業，進入柏林皇家音樂學院，成為職業音樂家。

奧托出生於西元1867年2月21日，17歲時，他被安排在曼海姆附近卡爾斯魯厄的一家銀行裡，悄然開始他的金融生涯。有一段時間，奧托的主要職責是為其他職員清理桌上的墨水池，以及跑出去為其他職員買一些香腸、啤酒之類的午餐和其他食品。他常常在別人的差遣下跑來跑去，理由是要糾正他的一些不合格之處，好讓他成為一位合格的銀行家。很難想像今天這位完美的、威嚴的、光彩照人的奧托‧H‧卡恩先生，當年提著啤酒罐，清理著墨水池的樣子。

當我問他，人們告訴我的這一切是否真實時，他點頭承認：「是的，是這樣。這是一種有用的、有益的訓練，它能教會你紀律和條理。士兵在成為將軍前，首先要學會服從命令，這樣的訓練會培養你的責任感，讓你明白即使是最不起眼的工作，也必須認真去做，這並不是一件有失尊嚴的事情。我猜自己清理墨水池的工作一定是做得不錯，因為沒過多久，我就升遷了，由另外一位實習生為我清理墨水池、買午飯。」

在銀行實習的那幾年裡，他繼續參加各類藝術講座，繼續研究和練習音樂，用這種方式去履行父母對他的告誡，讓他不要忽略了這方面的發展。父母的告誡是為了防止他形成錯誤的人生觀，顛倒了物質與精神的價值觀。

在卡爾斯魯厄的銀行度過三年後，他在輕騎兵軍團服役一年。這是一段至今對他仍有影響的經歷——卡恩先生從此有了挺直的身板，規矩的姿勢，幹練的說話辦事風格。

這位年輕銀行家的訓練一定要澈底符合日耳曼傳統。僅僅在國內的各種鍛鍊是不夠的，只有累積了國際工作經驗，才可以拓寬他的能力範圍。因此，他的下一步是要進入德意志銀行在倫敦設立的重要代理行。在這

裡，他展現了卓越的才華，很快就升到了第二負責人的位置。

儘管在去倫敦之前，他從來沒有打算過要在那裡久居，然而他卻漸漸對英國的生活模式產生一種強烈的喜愛和尊崇，無論是政治生活還是社會生活，它的無限自由、寬闊、機會，以及那種積極向上的傳統深深吸引著他，於是他放棄了德國國籍，加入英國國籍。是英國生活和德國生活的對比，使他選擇了前者，是他的信仰令他成為一名英國人。

正是這種民主精神，再加上渴望銀行管理方面的其他知識，促使卡恩先生抓住了機會。他的才能很快就引起倫敦施派爾家族的注意，他們為他提供一個紐約分行的職位。西元1893年，卡恩先生來到美國，原本只打算在這裡待一陣子。但是他發現這裡的工作相當吸引人，容易讓人興趣勃發，而且這裡的人也很好相處，最後便改變了主意。

西元1896年，他與阿黛・沃爾夫小姐結婚，她是庫恩——洛布公司的奠基人之一亞伯拉罕・沃爾夫的女兒。西元1897年1月1日，卡恩先生加入了這個當時聲望和影響力已經很大的公司，他注定會成就斐然。他十分幸運，立刻就結識了哈里曼，哈里曼也很幸運，立刻就結識了卡恩。他們兩個人雖然在脾氣和做事方式上截然不同，卻好得像兄弟一樣。哈里曼的處事方式是以火爆、猛烈、盛氣凌人、動不動就想要打架出名的。

卡恩先生十分清楚哈里曼的個性，經過多年的了解，他公開對這位鐵路鬥士做出了客觀、公正、嚴肅的評價：「那種用平和的手段，在不知不覺中領導著別人前進的技巧，那種讓別人妥協讓步的技巧，都不是他所採用的方法。他的能力是一種凱撒大帝式的俾斯麥（Otto von Bismarck）政策，他將統治建立在一種嚴酷的力量、鋼鐵般的意志，和頑強、不可抗拒的決定、不屈不撓的勇氣、不知疲倦的苦幹、讓人覺得不可思議的能力、預言家般的前瞻力之上。

「最後一點要說的，也是最重要的一點就是，所有的這一切，需要建

立在別人的信任和自信之上方可奏效，坦白說，他的統治是一種征服者的統治方式。從本質上來講，他既不會掩飾也不會欺騙。面對失敗，他是倔強的。」

而卡恩先生，卻是一位來自異域的、滿肚子墨水的銀行家和外交家。雖然他沒有施瓦布先生那樣和藹可親、討人喜歡的微笑，但他卻深知溫文爾雅的價值，也知道給鐵拳套上一副天鵝絨手套的好處，他更知道，一定要培養和他人的合作和友好關係，而不是引起別人的對抗情緒和憎惡。

通常他會用紳士的方式與哈里曼理論，而哈里曼的回答總是一成不變：「也許你是對的，那麼，完成這件事的人是你，不是我。我只能按照自己的方式做事，無法改變自己，或者做一些讓自己都不認識自己的事。我並不是傲慢，只不過讓我妥協、違背自己的本性或者聽從誰的指揮，我將一事無成。」

雖然卡恩只有30歲，不過他幾乎立刻就成為哈里曼在重組太平洋聯合公司這項重大工作中的左膀右臂。這項任務在初期一直由庫恩——洛布公司的負責人雅各布·亨利·希夫來管理，可是希夫在整個工作中的效率和方法，似乎不那麼令人滿意。

哈里曼發現卡恩這位年輕銀行家的思維，幾乎和他一樣敏捷有創意，年紀輕輕目光就如此深遠廣闊，他不僅能夠透澈準確、系統科學地分析金融問題，甚至是鐵路問題也一樣，這種能力深深吸引了這位鐵路奇才。卡恩先生將自己在鐵路金融方面的一些成就，歸功於他和哈里曼先生之間的親密無間，他第一個要感謝的人就是哈里曼。其實，在他的內心深處，一直保留著對這位了不起的朋友的熱愛和敬仰。

如今，奧托·H·卡恩被人們認為是美國最有能力的鐵路重組人。經他的手改組或正在接受改組的鐵路集團，主要是太平洋聯合公司，其中包括巴爾的摩俄亥俄鐵路、密蘇里太平洋鐵路、沃巴什鐵路、芝加哥和東伊

利諾鐵路，以及德克薩斯太平洋鐵路。身為金融專家顧問，他還要實行一些類似的手段。

卡恩先生評論道：「重組某種程度上代表一種構想，這需要具備一種建設性想像力。接管一個破產企業、幾條鐵道，透過改造，最終形成一個服務於整個國家的系統，順便使業主恢復往日的生機，這是一種創造性工作，這種工作吸引著我。它會讓你體會到創造的快樂。

「接管大都會歌劇院時也是如此，當時的歌劇院已經失去了本該具有的功用，相當程度上依靠自身的名譽和幾個重量級人物明星支撐著，而不是去考慮作為一個歌劇院，應該在其他必要方面有所發展，比方說合唱團、舞臺背景、樂隊等。然而要做好這樣一件事，同樣也要靠創造精神。就像那些破產的鐵路一樣，它已經無法再進行完全正常的營業活動了。改組這樣一個劇院，使之成為設備和設施都十分精良的藝術聖地，是一件有誘惑力的任務，是一件值得去做的事情。做這兩件事都能讓人體會到創造的快樂，而且還能讓服務公眾的價值得到展現。」

在調整密蘇里太平洋鐵路公司那種根深蒂固的錯誤管理方式，卻毫無效果時，正是卡恩先生拍案而起，最終採取了強制性手段，確定了決定性的方案。

當著名的皮爾森 —— 法奎爾 —— 辛迪加的發展規劃，已經超越了它實際能力，並企圖透過控制幾個大財團將現有的鐵路合併，形成橫貫大陸的鐵路系統時，又是卡恩先生及時跳出來阻止這場冒險，從而阻止了一個影響力巨大的集團走向覆滅，同時也讓整個金融界避免一場由此而來的災難。

美國股票在法國巴黎證券交易市場成功上市的談判過程中，卡恩先生也有著主導作用。這是一場複雜而周密的談判，談判的最終結果是 ——西元 1906 年，價值 5,000 萬美元的賓夕法尼亞債券，在巴黎證券市場開

始交易，這也是有史以來美國證券第一次在法國正式上市。隨後在戰爭期間，由庫恩——洛布公司發行的價值5,000萬美元的巴黎城市債券，以及價值6,000萬美元的波爾多——萊昂斯——馬歇利斯債券，卡恩先生無疑也是功不可沒。

就拿最近一件事來說吧！在組建和管理美國國際公司的過程中，卡恩先生的參與產生了關鍵作用。這是一家資產為5,000萬美元的公司，它的成立將大大推動美國在國際貿易和金融方面的影響力。公司的總裁查爾斯·A·斯通做了這樣一番敘述：「如果沒有卡恩先生的指導和實際幫助，我真不知道我們自己會做些什麼。他是一個奇蹟，他對國際事務的了解令人嘆為觀止。」

幾年前，湯瑪斯·F·瑞安有一次隨口說起誰將是下一位金融巨人，正當他們邊走邊說之時，他看到了迎面走來的卡恩先生，於是就說：「瞧，未來的金融界頭號人物來了。」而此時的卡恩早已超越了瑞安先生多年前的預言。

卡恩先生成功地說服了哈里曼先生，讓他在生命的最後兩年裡摘掉那張鐵面具，讓他坦誠地表露自己，說明自己的方法和目的。多年來哈里曼一直採用一種鼴鼠打洞的盲目做法，四處借債，只有當這些債務取得一定成效後，他才會讓公眾對他的做法略知一二。

然而卡恩早已意識到民主的力量，清楚地預見事情發展的趨勢所在。他敦促哈里曼要相信公眾，不要再躲避媒體的關注，這樣一來，在他提出全國運輸設備發展計畫之時，公眾就會站在他這邊支持他，而不是去反對他。他和哈里曼都堅信，這些計畫將積極有效地促進美國工業及農業的繁榮發展。在哈里曼態度有所改變後的短短兩年裡，他就在消除敵對情緒和贏得公眾好評中，取得了極大的成就，倘若他能再多活幾年的話，說不定還會成為一位民族英雄。

卡恩先生在有關「金融界高層」的演講中做了如下陳述：「過去，金融界最大的特徵就是崇尚緘默保密，一些慣例簡直比科學理論還神祕。然而，金融不但不應該在各方面避開公眾的視線，而且還要歡迎公眾的目光。公眾化不會有損於金融業的尊嚴，這種靠與世隔絕而獲得的尊嚴，永遠不會在市場上站穩腳跟，而且既沒有價值也不值得擁有。我們必須讓自己的業務漸漸從隔絕中走出來，融入民主的大潮中，去了解公眾，也讓公眾了解。

「傑出的成功之士應該知道，財富正在悄悄遠離冷漠和孤立。他應該時刻牢記，社會是一座大廈，這座令他心滿意足的大廈，是由人民的雙手建造起來的，它是人們無數的努力、犧牲和讓步的結果，人們的目標是共同繁榮。若是目前的大廈無法讓人們達到這個目標，若是那些成功人士太過傲慢，太過霸道，要占據更多、更好的空間，若是他們自私地將別人擠出去，那麼人們的憤怒會讓這座花了幾個世紀才建起來的大廈，在一個小時之內轟然倒塌。」

卡恩先生親自做了許多事情讓人們了解金融界，了解金融家。他不僅在金融和經濟方面是一位赫赫有名的評論家，而且還是一位公共演說家。雖然他並不希望自己日復一日地出現在鎂光燈之下，但他卻總是十分願意見到那些財經記者和其他相關的人，將合理的消息傳遞給他們，同時也會給出一些有關時局的合理觀點。

說到他的性格，我順便再補充一點。人們經常看到卡恩先生坐在大都會歌劇院廉價的座位上，與周圍的觀眾暢所欲言。他們都是真正的藝術愛好者，情願排幾個小時的隊來買票，哪怕只是聽聽也行。

卡恩先生在建設新劇院的構想中，提出的理念是：為了服務大眾藝術愛好者，要盡可能以適中的價格，提供完美的服務和富有情趣的劇目，為職業戲劇出品人樹立一個典範，最終的目標是將整個戲劇行業提高到新的

高度。在這項改造運動中,卡恩先生和他的一些同僚們有些太過前衛,所以整個計畫最終不得不放棄。新劇院現在被改造成世紀大劇院,這座劇院跟紐約的其他幾座劇院稍有不同。然而由卡恩先生和其他人共同發起的另一次類似活動正在醞釀中,這次活動就是莎士比亞300週年紀念活動,而且很可能會留下一些永恆的東西。

紐約將建起一座法國大劇院,建成後將由卡恩先生出任經理,這將是一次更大的成功。卡恩先生還以其他多種方式為戲劇和藝術界做出貢獻,並且仍在繼續貢獻,他支持和鼓勵著藝術界和藝術家們,其中包括許多真正有天賦的年輕人。

他的活動並不只限於紐約,除了擔任大都會歌劇院的經理外,卡恩先生還擔任世紀歌劇公司(為大眾消費者而建)的經理,新劇院的財務總監、副總裁,他還是芝加哥大劇院的主要籌建者,波士頓大劇院的董事長,倫敦考文花園皇家歌劇院的榮譽董事長,並且在法國歌劇圈裡也享有同樣的盛譽。事實上,奧托·H·卡恩是全世界大歌劇領域中最具影響力的人物,他對各種藝術形式的理解和鑑賞力,以及他對各種藝術及藝術家的支持與幫助,在歐洲和美國都是聞名遐邇的。

我問卡恩先生,對於那些有理想、有抱負的年輕人,他給出的建議是什麼?

他很快就回答道:「要思考。勤於認真思考的年輕人會越來越感覺到,竟然有那麼多的事情值得去思考。他永遠不會滿足於事情現有的樣子,也不會故步自封於眼前所取得的成就,無論這個成就多麼大、多麼重要。他應該繼續思考,並且會找出實現自己價值和能力的多種渠道。

「去做,也就是行動是第二個階段。經過了一定深度、綜合全面的考慮之後的行動,往往會具有同樣深度的影響力和效果。

「目前美國的年輕人以及更年長一些的人們,他們周圍的機會就好比

是17世紀中期，英國開始日漸強盛時隨之而來的機會，美國現在正處於這個時刻。因此對於那些政治家、商人、普通的工人以及其他各行各業的人而言，一定要趁著現在這個絕佳的機會，深思熟慮後有所打算或採取全面的行動。每一個特權必然有與之相對的責任和義務，在眼下各種事物層出不窮的時刻，我們首先必須透過認真的思考和研究，從各種紛繁複雜的思緒中，理清自己的思路。」

幾年前，卡恩先生厭倦了美國商業生活的這種單調與乏味，厭倦了在美國的工作中所面臨的巨大壓力和緊張，於是，他開始嚮往那種更寧靜、更安定的生活。他計劃返回英國，進入英國的公眾生活。英國對他表示了熱誠的歡迎，他成為英國議會成員的候選人。卡恩先生選擇了一個幾乎全部是工人的社區作為自己的選區，這正是他個性的經典展現。然而，沒過多久，就有電報傳來消息，說他放棄了自己的政治抱負，打算重返美國。

卡恩先生告訴我：「我發現自己在美國土壤裡扎根太深，實在是無法移植了。我血液裡流淌的是美國精神，我已無法將它根除。我原以為自己能夠放棄美國選擇英國，後來卻發現我錯了。在英國稍事體會過的悠閒讓我更加明白，自己渴望回到美國，而且注定要回來，重新投入這裡的緊張生活中，重新回到自己的工作和同事中，回到自己的職責任務中，回到自己的抱負志向中，重新再用自己微薄的力量，在金融和文化方面做些什麼。工作永遠都比閒著好。」

現在，他終於明白自己的位置，也明白了自己的心依然還在美國。後來，卡恩先生成為了美國公民。

富麗堂皇、歷史悠久的住宅聖鄧斯坦，是卡恩先生於西元1913年從朗茲伯勒伯爵（Earl of Londesborough）手中買下的，並打算定居於此。戰爭爆發後，這棟建築被當成醫院，專供盲人士兵使用和居住，至今依然如此。

當然，卡恩從一開始就是站在盟軍這一邊的，但他也不是一概而論地反對德國人民。在他看來，這場戰爭不光是兩個民族之間的衝突，其根本的原因也不是血統、種族或者是在此之前的從屬關係，這場戰爭的實質是兩個國家的文明、政府的領導方式、理念、倫理觀念之間產生的衝突。他有兩個女兒、兩個兒子，他的大女兒曾在法國紅十字會工作過一段時間。

除了為藝術和藝術家所做的一切努力外，卡恩先生也不忘積極地參與其他意義重大的機構活動，這些機構包括：哈里曼先生後期建立的、位於紐約市 A 大道第十大街男孩俱樂部，和神經病學研究機構。卡恩先生之所以協助建立這個機構，其目的就是要透過研究，尋求治療美國特有的通病 —— 緊張生活帶來的緊張情緒。

當他在金融或藝術方面沒什麼大事可做時，就會把時間花在駕駛一輛由四匹馬拉的馬車、騎馬、開車、打高爾夫球、駕船出海、拉小提琴和大提琴（他是大提琴大師）以及讀書上。不論夜有多深，每天睡前讀書一小時，是他恪守多年從未改變過的習慣。廣泛的涉獵、淵博的知識和豐富的閱歷，令他在後期的寫作天地中同樣名列前茅。

在有關公眾問題的討論中，卡恩先生最出色的成就，是在西元 1917 年 1 月舉行的證券券商年度酒會上發表的演說。他的演講題目為《紐約股票交易與公眾意見》，其中提出的一些合理觀點倍受股票交易權威人士的推崇，並以宣傳冊的形式將其發表。發行量幾乎相當於當時最暢銷的讀物。這篇演講中所涵蓋的觀點包括：股票交易是否應受到監管？股票交易僅僅是個人的事情嗎？短線交易是正當的嗎？股市對公眾「漫天要價」了嗎？股市是否被「莊家」所操控？股民的職責是什麼……

另外一篇由卡恩先生所撰寫的文章，題目為《關於戰爭稅的幾點看法》。這篇文章最初寫於西元 1917 年春天《戰爭稅法案》的草案尚未遞交國會之前。這篇文章因其對待問題的廣度、具體的建設性提議，以及愛國

主義精神,而引起人們廣泛的興趣和關注。比如說,談到關於在戰前向超額利潤企業徵收重稅的問題時,他這樣說道:「絕不能讓任何人趁著這場戰爭發國難財,我們要盡可能地杜絕這種情況。」同時,卡恩先生也盡自己所能,呼籲國民購買「自由債券」。

富比士巨人——美國經濟的奠基者：
鋼鐵大王卡內基 × 發明大王愛迪生 × 汽車大王亨利・福特……25 位商界巨人，美國夢背後的企業家精神

作　　　者：	[美] 伯蒂・查爾斯・富比士（B. C. Forbes）
譯　　　者：	孔寧
發　行　人：	黃振庭
出　版　者：	財經錢線文化事業有限公司
發　行　者：	財經錢線文化事業有限公司
E - m a i l：	sonbookservice@gmail.com
粉　絲　頁：	https://www.facebook.com/sonbookss/
網　　　址：	https://sonbook.net/
地　　　址：	台北市中正區重慶南路一段 61 號 8 樓 8F., No.61, Sec. 1, Chongqing S. Rd., Zhongzheng Dist., Taipei City 100, Taiwan
電　　　話：	(02)2370-3310
傳　　　真：	(02)2388-1990
印　　　刷：	京峯數位服務有限公司
律師顧問：	廣華律師事務所 張珮琦律師

-版權聲明-

本書版權為出版策劃人：孔寧所有授權崧博出版事業有限公司獨家發行電子書及繁體書繁體字版。若有其他相關權利及授權需求請與本公司聯繫。

未經書面許可，不得複製、發行。

定　　　價：450 元
發行日期：2024 年 10 月第一版
◎本書以 POD 印製

Design Assets from Freepik.com

國家圖書館出版品預行編目資料

富比士巨人——美國經濟的奠基者：鋼鐵大王卡內基 × 發明大王愛迪生 × 汽車大王亨利・福特……25 位商界巨人，美國夢背後的企業家精神 / [美] 伯蒂・查爾斯・富比士（B. C. Forbes）著，孔寧 譯 . -- 第一版 . -- 臺北市：財經錢線文化事業有限公司 , 2024.10
面；　公分
POD 版
譯　自：Men who are making America
ISBN 978-626-408-032-3(平裝)
1.CST: 企業家 2.CST: 企業經營 3.CST: 傳記 4.CST: 美國
490.9952　　　　113015349

電子書購買

爽讀 APP　　　臉書